1조 그루의 나무

A Trillion Trees

다시, 지구를 푸르게

How We Can Reforest Our World

1조 그루의 나무

A Trillion Trees

프레드 피어스

Fred Pearce

노엔북

CONTENTS

Ⅲ 자연복원

Ⅳ 산림 공유

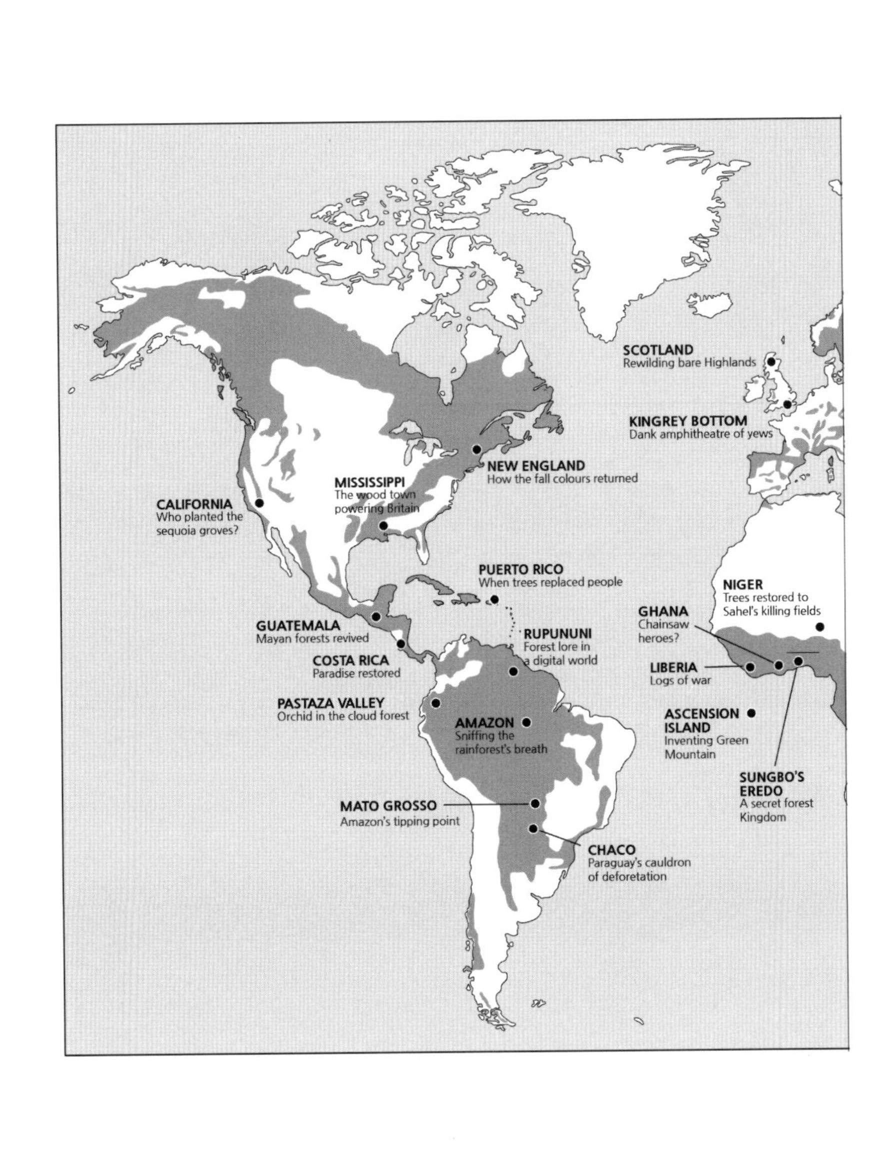
SCOTLAND
Rewilding bare Highlands
KINGREY BOTTOM
Dank amphitheatre of yews
NEW ENGLAND
How the fall colours returned
MISSISSIPPI
The wood town powering Britain
CALIFORNIA
Who planted the sequoia groves?
PUERTO RICO
When trees replaced people
NIGER
Trees restored to Sahel's killing fields
GHANA
Chainsaw heroes?
GUATEMALA
Mayan forests revived
RUPUNUNI
Forest lore in a digital world
COSTA RICA
Paradise restored
LIBERIA
Logs of war
PASTAZA VALLEY
Orchid in the cloud forest
AMAZON
Sniffing the rainforest's breath
ASCENSION ISLAND
Inventing Green Mountain
SUNGBO'S EREDO
A secret forest Kingdom
MATO GROSSO
Amazon's tipping point
CHACO
Paraguay's cauldron of deforetation

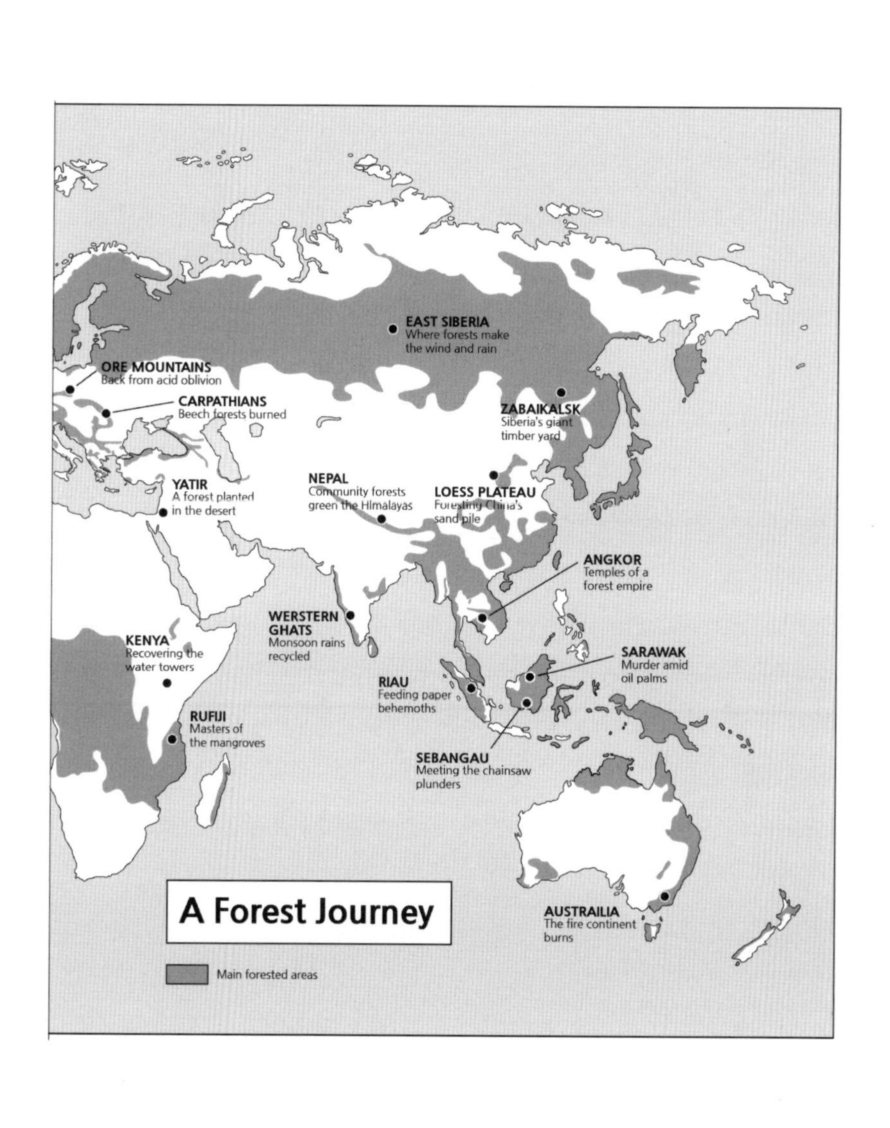

EAST SIBERIA
Where forests make the wind and rain
ORE MOUNTAINS
Back from acid oblivion
CARPATHIANS
Beech forests burned
ZABAIKALSK
Siberia's giant timber yard
YATIR
A forest planted in the desert
NEPAL
Community forests green the HImalayas
LOESS PLATEAU
Foresting China's sand pile
ANGKOR
Temples of a forest empire
WERSTERN GHATS
Monsoon rains recycled
KENYA
Recovering the water towers
SARAWAK
Murder amid oil palms
RIAU
Feeding paper behemoths
RUFIJI
Masters of the mangroves
SEBANGAU
Meeting the chainsaw plunders
A Forest Journey
AUSTRAILIA
The fire continent burns
Main forested areas

한국 독자들을 위한 편지

한국의 독자 여러분에게!

저는 한국인들이 나무를 사랑한다는 것을 잘 알고 있습니다. 천년이 넘은 오래된 은행나무를 신성하게 여깁니다. 야생에서는 거의 멸종된 이 "살아있는 화석(living fossils)"은 천연기념물로 지정되어 한국의 용문사 경내에서 하루에도 수많은 방문객을 맞고 있습니다.

한국인은 나무를 보호할 뿐 아니라 심기도 합니다. 한국의 숲은 20세기 초반과 중반의 대격변을 겪으면서 상당 부분 약탈당했지만, 평화를 되찾자마자 전 세계 유례가 없는 가장 드라마틱한 국가 차원의 녹화사업으로 대응했습니다. 나무가 거의 없었던 황무지가 지금은 3분의 2가 나무로 뒤덮였습니다. 1960년대 이후 한국의 녹화사업은 박 대통령과 그의 후임자들에 의해 적극적으로 추진되어 약 120억 그루의 나무가 심어졌습니다. 더욱 놀라운 것은 이 녹화사업이 산업화와 동시에 이루어졌다는 것입니다.

물론, 이 새로운 숲은 온전하지도, 자연스럽지도 않습니다. 활엽수들의 다양성을 잃어버리고 빠르게 자라는 외래 소나무로 대체되었습니다. 독재 시대였기에 무보수 노동력이 동원되었습니다. 마을 주민들은 지역의 조림 사업의 의무를 졌고 누구도 이의를 제기하지 않았습니다. 하지만 오늘날 그 국가적 희생이 보상을 받고 있습니다. 숲이 자라 산의 토양 침식을 막고 홍수를 막는 동시에 지구온난화를 야기시켰을 대기 중의 엄청난 양의 탄소를 저장합니다.

그런데 왜 한국 정부는 현재 국가 삼림 면적의 3분의 2를 차지하는 30년 이상 된 나무를 베어내고 새로운 어린나무로 대체하겠다는 결정을 내렸을까요? 왜 이 나무들이 "과도하게 성숙"했다고 생각했을까요? 이 부분은 좀 더 심사숙고할 필요가 있습니다. 이는 모든 성인들을 "과도하게 성숙"했다고 표현하는 것과 같습니다. 그게 아니라 나무들은 단지 성장했을 뿐입니다. 전성기입니다. 물론 건강한 숲에는 어린 나무가 필요하지만, 늙은 나무도 필요합니다.

정부의 논리는 이해됩니다. 성숙한 나무를 대량으로 벌목하는 것은 지구의 기후 변화를 방지한다는 명분이 있습니다. 성숙한 나무는 성장을 거의 멈추었기 때문에 대기로부터 많은 탄소를 포집하지 못한다는 주장입니다. 반면에 어린 나무는 자라면서 많은 탄소를 포집합니다. 따라서 오래된 나무를 뽑아내고 새로 심으면 '탄소 순 배출량 제로'라는 국가의 기후 목표를 달성하는 데 도움이 될 것이라는 이론입니다. 하지만 저는 이 주장에 큰 허점이 있다고 생각합니다. 숲에서 베어낼 수억 그루의 성숙한 나무에 무슨 일이 일어나는지 설명하지 못합니다. 그 안에 포함된 탄소는 어디로 갈까요?

이 나무들을 모두 수백 년 동안 사용할 수 있는 골동품 가구로 만든다면 좋을 텐데요. 한국의 모든 현대식 가정에 반닫이 함이 있다면 한국인은 물론 지구에도 좋은 일이 될 것입니다. 가구의 탄소는 공기 중으로 나가지 않기 때문입니다.

하지만 그렇게 될 것 같지는 않습니다. 벌채된 나무의 탄소는 곧 대기 중으로 다시 돌아올 가능성이 더 큽니다. 거의 확실하게 그럴 것입니다. 정부의 계획은 성숙한 나무로 펠릿을 만들어 발전소의 연료로 사용하고자 하는 것입니다. 2050년까지 한국 정부는 전기를 생산하는 "바이오매스" 연소를 6배로 늘린다는 목표를 수립했다고 들었습니다. 그렇다면 목재 펠릿의 탄소가 굴뚝을 통해 대기 중으로 돌아갈 것입니다. 저는 이것이 빠르게 자라나는 어린 나무에 의한 탄소 포집의 모든 이점을 상쇄시킬까 두렵습니다. 한국은 탄소를 저장한다는 환상을 위해 성숙한 나무를 성숙한 숲에서 베어내고 있는지도 모릅니다.

어떻게 그럴 수가 있을까요? 여러분은 나무의 가치를 잘 알고 있습니다. 여러분은 수천 년 동안 은행나무를 보호하고 숭배해 왔습니다. 여러분은 지난 세기의 제국주의 점령과 전쟁으로 잃어버린 숲을 복원하기 위해 끊임없이 노력해 왔습니다.

이 책은 자연과 숲에 사는 사람들을 신뢰함으로써 세계가 숲을 복원할 수 있는 방법에 대한 이야기를 담고 있습니다. 한국인들이 잃어버린 숲을 복원하는 데 선구자 역할을 한 점을 진심으로 치하하고 싶습니다. 한국인들은 20세기에 다른 나라들이 21세기에 열망하던 일을 해냈습니다. 제발, 신기루처럼 보이는 탄소 중립을 이루기 위해 그 유산을 낭비하지 않기를 바랍니다.

2025년 2월

프레드 피어스, 런던

신화와 마법
Myth and Magic

내가 열대우림의 경이로움을 실제로 처음 경험한 것은 에콰도르의 안데스산맥에서였다. 키토(Quito)에서부터 오랫동안 운전을 하여 어떤 지도 제작자도 지형을 그려내지 못하고, 어떤 위성에서도 그 아래의 지표면을 관찰할 수 없을 정도로 넓고 끝없이 펼쳐진 구름으로 가려진 숲에 다다랐을 때는 저녁이 다가오고 있었다. 흠뻑 젖은 공기를 들이마시며 어둠 속을 들여다보면서 왜 사람들이 500년 전에 잉카인들(Incas)이 묻은 황금 엘도라도를 나무들이 숨기고 있다고 생각하면서 이곳을 찾는지 이해할 수 있었다.

하지만 나는 황금을 찾아서 여기 온 것이 아니다. 바뇨스 계곡 마을 위의 영원해 보이는 안개 속으로 걸어가 루 조스트(Lou Jost)를 만났다. 미국 식물탐험가인 그는 이곳에 와서 다른 어떤 곳에서도 볼 수 없는 난초의 생물학적 보고인 자신만의 엘도라도를 발견했다. 그의 발견이 식물이 특정한 장소에 독특한 종으로 만들어지도록 어떻게, 왜 진화하는지 그리고 왜 숲이 지구상의 그 많은 생물다양성을 가졌는지에 대한 우리의 통념을 바꾸어 놓았다.

그는 미국에서 양자물리학자로서의 업적을 포기한 채 자신의 꿈을 위해 6년이나 바뇨스 주변 산등성이들을 헤매고 다니면서, 어떤 학술단체의 도움도 없이 홀로 작업해 왔다. 그는 난초를 찾아 구름 속 숲을 헤매는 것이 우주의 신비보다 훨씬 정신세계를 확장해준다는 사실을 알아냈다고 말했다. '양자물리학은 우리가 만질 수도, 느낄 수도 없는 것이다. 그런데 나는 이 구름 속에 숨어있는 숲으로 들어오자마자 이곳에 푹 빠질 수밖에 없었다'고 말했다. 볕이 들지 않는 촉촉한 땅에서 난초의 종들은 아주 가냘픈 꽃잎과 함께 희박한 공기 중에서 진화해 왔다. 그는 그동안 알려지지 않았던 90개의 난초를 발견했고, 지구상의 그 어떤 곳보다 다른 더 많은 종이 있을 거라고 믿고 있었다. 그는 자신이 찾아낸 것들을 스케치북에 그리는 예술가이기도 하다.[1]

바뇨스가 위치한 파스타자 계곡(Pastaza valley)은 동쪽으로 아마존강의 거대한 분지로 흘러가는 동부 안데스에서 가장 깊고 곧게 뻗은 계곡이다. 사실상 에콰도르에 있지만 뼈까지 오싹할 정도로 춥고 습하며 끝없는 구름 속에서는 더욱 위험한 절벽과 계곡으로 가득 차 있다. 이 길은 많은 사람들이 다니지는 않는다. 이런 인적이 드문 길은 주로 안데스 테이퍼(산맥, mountain tapir)와 안경곰(spectacled bear)이 만든다.

그럼에도 이곳 역시 외부 세계에서 끼어들기 마련이다. 매일 아마존 열대우림으로부터 바람이 불어 막대한 양의 물기를 끌고 와 응축되어 거의 영구적인 구름을 형성한다. '산등성이마다 받아내는 바람이 약간씩 다르기 때문에 조금씩 다른 미세기후를 가지게 된다. 종별로 강우, 안개, 바람, 온도의 특정한 조합에 특화된 것 같다'고 조스트가 말했다. 어떤 종들은 산등성이 꼭대기에 수천 개의 개체가 자라는데 단 몇 미터 아래에서 사라져 버리고 다른 곳에서는 전혀 찾아볼 수가 없는 것이다.

조스트는 내게 '이 숲속에 있는 식물들의 신비함을 찾아내는 유일한 방법은 발품을 파는 것뿐'이라고 말했다. 과학자들은 그 많은 언덕을 가본 적이 없다. 아니, 거의 없다. 조스트는 그가 존경하는 영국 식물학자로 1850년대에 파스타자(Pastaza) 계곡을 여행하며 이전에는 찾아보지 못했던 양치류(ferns)와 간이끼(liverworts)를 발견한 리차드 스프루스(Richard Spruce)의 발자취를 따라온 것이다. 파스타자 계곡은 에콰도르의 다른 유명한 생물학적 보고인 갈라파고스 제도와 필적할 만한 곳이다. 하루는 조스트가 이끼 한 조각에서 새로운 네 개의 종을 찾아냈다. 그래서 티게이아 속(genus Teagueia)으로 알려진 난초의 종 수가 여섯 개에서 열 개의 종으로 늘어나게 되었다. 그 후로 그는 이곳에서 더 많은 독특한 난초들을 규명해 왔다. 그중 하나가 그의 이름을 붙인 것(*Teagueia jostii*)이다.

조스트는 어린 난초 수집에 일생을 바쳤다. 바뇨스에 있는 그의 아파트에는 식물 표본으로 가득하다. 작은 옥상정원 온실에는 과거 탐험에서 채집한 식물들이 자라고 있다. 대부분의 식물은 그의 섬세한 보살핌 속에서 꽃을 피운다. 그는 '난초 채집을 갈 때는 먼저 무엇을 찾아야 할지 알아야 한다'고 말한다. '꽃은 몇 밀리미터에 불과하고 대개는 잎으로 가려져 있다. 새로운 종이라고 생각되는 것을 발견하면 이곳으로 가져와서 꽃을 피울 때까지 기다린 후에야 확신할 수 있다'고 말했다.

조스트의 아파트에서 활착시키는 일은 믿을 수 없는 수준이었다. 그는 마을의 불안정한 전력에 의존하여 전기 송풍기로 온실을 시원한 산악 공기와 같이 유지했다. 보조장치로 항상 물기를 머금게 해놓은 타일 위로 공기를 빨아들이는 패시브 공기조절기를 가지고 있었다. 습도를 유지하기 위한 문진 저울(paperweight balance)을 사용한 획기적인 기구도 있었다. 저울 위에 올려놓은 한 묶음의 식물 줄기가 말라 무게가 가벼워지면 저울이 움직이면서 습도조절 장치를 작동시킨다. 다시 물기가 많아지면 습도조절 장치를 끄게 된다. '완벽하진 않지만, 그가 식물채집을 떠나 표본들을 가지고 집으로 돌아올 때까지 살아있을 거라고 확신할 수 있는 것에 의미를 두고 있다'고 말했다.

조스트의 야생화 난초 엘도라도는 앞으로도 계속 유지될 수 있을까? 바뇨스 클라우드 숲의 생물학적 유산의 가치에 대한 인식이 점점 커지고 있다. 2006년, 조스트와 현지 관계자들이 바뇨스 계곡 바로 아래에 있는 폭포 근처에 스프루스의 탐험을 기리기 위한 흉상을 세웠다. 내가 외롭게 혼자 일하고 있는 조스트를 방문했을 때, 그 역시 유명 인사가 되어 있었다. 그는 현재 에콰도르 상부 생태계 보호를 위한 에코밍가 재단(EcoMinga Foundation)을 운영하고 있다. 2016년, 데이비드 애튼버러(David Attenbotough)는 조스트와 '바뇨스의 난초들'에 관한 영화를 제작했다.

지금 관광객들도 바뇨스로 몰려들고 있다. 어떤 사람들은 아마존으로 흘러 내려가는 파스타자강(River Pastaza)에서 카약을 타거나 래프팅을 하러 오기도 한다. 과학자들과 자연 애호가들도 있다. 그들의 열정은 클라우드 숲에 대한 지역 인식을 바꾸고 있다. 이러한 경향을 미리 발견하고, 파스타자 계곡에 에코롯지(ecolodge)를 설립한 바뇨스 전 부시장 패트리샤 게바라(Patricia Guevara)는 '옛날에는 농부들이 자연과 주변 환경을 빈곤한 자신들의 거울처럼 보아왔지만, 지금은 여기에 오는 과학자들이 그들의 자랑이라는 생각을 심어주었다'고 말했다. 조스트 역시 이곳의 관심이 커지는 것을 좋은 징조로 생각했다. 관광객들이 돈을 들고 와서 호텔을 채우고 있다. 이들을 위해 자연을 유지해야 한다는 것을 그는 알고 있는 것이다. 그 역시 한때는 스프루스(Spruce) 전설에 이끌려 이곳에 머물게 되었고 클라우드 숲 난초의 마법에 사로잡혔던 관광객이었다.

지구상의 유명한 숲들은 경외감을 일으키는 장소들이지만 나에게 가장 기억에 남는 숲 체험 중 하나는 바로 우리 집 앞에서 일어났다. 일곱 살 때쯤 켄트(Kent)의 노스 다운즈(North Downs) 근처의 숲에서 친구와 길을 잃었던 적이 있다. 작은 숲이었는데 우리는 숲 주변을 몇 번이나 빙빙 돌았다. 친구가 갑자기 영국 전쟁 중에 여기에 비행기가 추락했고, 그 충격으로 숲에는 분화구 같은 큰 구멍이 생겼다고 말했다. 우리는 거기에 파일럿 귀신이 아직도 있을지 궁금해하며, 엄청 겁을 먹었다. 그때가 아마 내가 지금 죽을지도 모른다는 생각을 처음으로 한 날이 아니었나 싶다.

한 종으로 조성된 숲은 항상 우리의 상상력을 가로막았다. 유럽의 동요에는 이 음침하고 신비한 장소인 숲에 대한 무서운 이야기들로 가득하다. 빨간 망토는 할머니에게 먹을 것을 가져다드리려다가 사악한 큰 여우에게 홀려 숲속에서 길을 잃는다. 헨젤과 그레텔은 길을 잃어 식인 마녀에게 유괴를 당한다. 아름다운 소녀 라푼젤은 숲속 깊은 탑 속에 갇힌다. 현대의 동화에서도 숲은 기묘하면서 사악하고 공포스러운 이미지를 떠올리게 한다. 반지의 제왕, 괴물들이 사는 나라, 브레어 위치(The Blair Witch Project)를 생각해 보자. 숲은 시체가 묻히고 어둠이 스며들고 악이 도사리는 곳이다. 스위스 정신분석학자 칼 융(Carl Jung)은 인간들에게 이러한 생각은 '원초적(primordial)'인 것이라고 해석했다.

하지만 경이로운 것도 있다. 나는 또 웰든 숲(Wealden woods)의 거무튀튀하고 싸늘한 공기 속을 걸었던 어린 시절을 기억한다. 어른이 되어서도 여러

번 유럽에서 가장 크고 오래된 웨스트 서섹스(West Sussex)의 킹리 바텀(Kingley Bottom)의 고대 주목 나무들을 둘러보곤 한다. 낮은 지역의 풀이 무성한 곳으로 둘러싸인 청동기 시대의 무덤에서 내려다보면 나는 인간이 고대로부터 자연 경관과 함께 존재해 왔음을 깨닫게 된다.

지구상 대부분의 종교는 나무를 생명의 상징으로 여긴다. 한국인들은 나무를 의로운 사람들의 영혼이 영원히 깃들어 있는 불멸의 상징으로 생각한다. 기독교인들과 유대인들은 에덴동산에서 인간이 타락한 이야기의 핵심인 지식의 나무(tree of knowledge)에 대해 전하고 있다. 인도 비하르(Bihar)의 마하보디 사원(Mahabodhi temple)에서 자라는 불교의 지혜의 나무(tree of wisdom) 가지들은 생명의 네 가지 강물의 기원(the source of the four rivers of life)이다. 그런 존경심은 놀라운 일이 아니다. 영국의 자연주의자 리처드 메이비(Richard Mabey)는 그의 저서 『춤추는 식물(The Cabaret of Plants)』에서 나무들이 '단지 인간 개개인이 아닌 문명 전체보다도 오래 존속할 수도 있다'는 점을 지적한다.[2]

나무는 개척해서 정복하려는 식민지 욕구를 불러일으키면서 문명을 형성하는 데도 도움을 주었다. 초기 유럽인 탐험가들이 열대지역의 열대우림을 맞닥뜨렸을 때 그들은 두려움과 흥분으로 가득한 상상을 했다. 기나긴 아마존을 처음으로 탐험했던 유럽인 프란시스코 데 오레야나(Francisco de Orellana)부터 오리노코(Orinoco)를 두 번이나 항해했던 엘리자베스 여왕의 심복 월터 롤리 경(Sir Walter Raleigh)까지 스페인 사람들과 영국인들이 수 세기 동안 금으로 가득하다고 알려진 정글 속 도시 엘도라도를 찾아 남미로 향했다.

경외심도 있었다. 롤리는 자신이 탐험했던 그 숲을 '아직도 처녀의 머리를 하고, 결코 약탈당하거나 변화를 겪지 않은 나라'라고 표현했다.[3] 20년 동안 프러시아의 과학자이자 탐험가였던 알렉산더 폰 훔볼트(Alexander von Humboldt)는 '파라다이스와 같은 무궁무진한 보물창고'를 찾았다고 말했다. 열대우림은 그가 쓴 글에 의하면 '말을 삼킬 수 있는 보아뱀부터 꽃 잔(chalice of a flower) 위에서 균형을 잡는 벌새(hummingbird)에 이르기까지 모든 객체가 힘의 위대함과 자연의 온화함을 천명할 수 있는 장소였다. 그는 그 안의 원주민들도 비슷하게 '순수함과 영원한 행복을 누린' '유아 사회(infant society)'

로 묘사하였다.[4]

그 개척자들도 공포를 경험했다. 그들은 목이 없고, 어깨에 눈이 있고, 가슴에 입이 달린 아마존 부족과 남성 노예들을 자기 마음대로 다루던 여성 전사들에 대한 이야기를 전했다. 아프리카에서 영국인 탐험가 헨리 모턴 스탠리*(Henry Morton Stanley)*는 열대우림을 '더럽고 탐욕스러운 악귀들'로 가득한 '살인적인 세계'라고 했다.[5]

어떤 19세기 개척자들은 좀 더 냉정하게 관찰할 수 있는 시간을 가졌다. 요크셔*(Yorkshire)*에서 온 수줍고 병약한 수학 교사 조스트의 영웅 리차드 스프루스는 아마존 분지에서 고사리*(ferns)*, 선태식물*(mosses)*, 지의류*(lichens)*, 이끼류*(liverworts)*를 수집하면서 15년을 보냈다. 그의 노트에서 새를 먹는 거미, 8인치의 달팽이, 7인치의 나비와 골리앗 딱정벌레로 정글에서의 '거대화 경향*(tendency to gigantism)*'을 분석했다. 그리고 '영혼의 포도나무'로 알려진 식물 환각제 아야우아스카*(Ayahuasca)*를 식물표본에 추가하면서 그 강렬함에 굴복해 버렸다. 첫째, 열대우림은 그에게 '아름다운 호수, 과일로 가득 찬 숲, 찬란한 깃털의 새'들에 대한 비전을 주었다. 그러고 나서 파라다이스는 그의 몸이 '매우 창백해지고 사지가 떨리며 땀이 분출하고 무모한 분노에 사로잡힌 것처럼 보이도록 변하면서' 지옥이 되었다.[6]

오늘날에도 그곳에서 살지 않는 사람들에게 숲은 어떤 '다른 것'으로 여겨진다. 독일의 영화 제작자 베르너 헤어초크*(Werner Herzog)*는 '꿈의 무게*(Burden of Dreams)*'에서 열대우림을 '압도적인 고통과 압도적인 음행, 압도적인 성장과 압도적인 무질서'로 보았다.[7] 숲은 여전히 세상의 일들과 동떨어진 것처럼 보이는 장소이며 원주민들은 가끔 현실과 괴리되었다. 세계 2차 대전 참전 군인들이 수십 년 동안 전쟁이 끝났는지도 모른 체 정글에서 살았다는 이야기도 있다. 1930년대에 스탈린의 숙청 사업으로부터 도망친 한 러시아 가족이 스탈린 사망과 세계 2차 대전이 끝났는지도 모른 체 시베리아 숲 속에 숨어 있다가 40년 후에 발견되었다.[8]

지금 우리는 긍정적인 점에 좀 더 방점을 찍곤 한다. 새로운 엘도라도는 주로 생물학적이다. 공포스러운 '정글'은 풍요로운 열대우림, 자연이 암을 치료할 수 있는 화학물질을 만들어 내는 기적의 종 다양성으로 이미지가 쇄신되었다. 가장 저명한 산림 과학자들 중에서도 순수한 경이로움이 지속되고 관철된다. 종 다양성의 대가인 에드워드 윌슨(Edward Wilson)은 열대우림을 '시간을 초월한 불변하는 진화의 장'이라고 말한다.[9] 기후학자들에게 숲은 '지구의 허파(lungs of the planet)'이다.

숲의 비밀을 알아내고자 하는 과학자들의 노력에도 불구하고 많은 미스터리들이 남아있다. 이 책은 그중 일부를 조사하고 우리가 숲을 좀 더 명확하게 볼 수 있도록 도와주고자 한다. 언급된 적 없는 사실 중의 하나는 지구상에 존재하는 숲의 대부분은 방대하거나 격리된 경우라도 우리가 생각하는 것만큼 오래되거나 간섭되지 않은 상태가 아니다. 약간의 예외들, 에콰도르의 클라우드 숲의 산등성이 한두 곳이나 시베리아 북부의 광활한 산림들, 동남아시아의 이탄지 늪(peat-swamp) 습지와 같은 곳들은 우리의 관심에서 벗어나 있을 수는 있다. 하지만 대부분의 숲은 그 안의 생태에 각인되어 있는 광범위한 인간들의 점유와 전용의 흔적이 있다. 여전히 처녀지'인 숲은 없는 것이다.

가장 간섭받지 않거나 길들이지 않은 것처럼 보이는 숲들도 지금 그 안에 살고 있는 조상들이 조성해 놓은 무성한 정원에 지나지 않는다. 나는 그 점이 우리의 숲과 그 안의 생명들을 어떻게 다루어야 할지 중요한 교훈을 주고 있다고 생각한다. 우리는 숲의 환상에 빠질 수도 있다. 그렇다고 하더라도 원시적인 천국(pristine paradise)과 같은 결국 인간의 풍경이라는 점을 알아야 한다.

수십 년 동안 나는 뉴 사이언티스트(New Scientist)를 포함한 잡지들에 기온을 낮춰주고, 지구의 종들을 보호하며, 강우를 조절하고, 기근을 완화하고, 원주민들을 보호해 주는 나무의 중요성에 대해 기고를 해왔다. 숲을 소유하고, 숲을 이용하고, 숲을 보호하고, 숲을 버리는 사람들에 대해서도 글을 써왔다. 이 책은 그러한 작업의 연장선이다. 나무와 숲의 마법과 미스터리, 숲의 침입자와 약탈자에 대한 이야기이며, 나무와 숲이 지구와 우리에게 왜 중요한지에 대한 이야기이다. 그 과정에서 20세기 말에 정점을 찍었던 산림 파괴의 놀라운 속도와 또한 회복되고 있는 곳들과 그 이유에 대해서도 논할 것이다. 다가올 수십 년 동안 대규모의 산림 복원을 기대하며 어떻게 이루어지고 왜 꼭 그래야만 하는지 설명할 것이다.

또한 내가 숲속으로 들어가거나 원주민들과 인터뷰하기 위해 방문했던 40여 개 국가들, 스프루스 이래로 외부인들이 거의 탐험해 보지 못했던 에콰도르 안데스의 클라우드 숲과 우크라이나 체르노빌 주위의 방사능 숲*(그렇지 않았다면 건강했을)*, 인도네시아의 늪지 숲, 히말라야의 공동체 숲, 중앙 유럽의 산성비로 황폐해진 숲, 영국의 전기공급을 위해 벌목되고 있는 미국의 디프 사우스*(American Deep South)*의 침엽수림, 인도의 신성한 숲*(sacred groves)*, 라이베리아*(Liberia)* 전쟁 자금을 지원한 숲, 깊은 아마존, 대서양 한가운데에 있는 아센시온 섬*(Ascension Island)* 그린 마운틴*(Green Mountain)* 정상, 시베리아의 광활한 낙엽송과 소나무 숲, 뉴 잉글랜드 가을의 장엄한 단풍과 같은 세계 숲의 여정으로 데려갈 것이다.

여행 중에는 아마존의 수억 그루 나무들 상공으로 몇 시간 동안 비행하여 영국 총독의 정원에 있는 강풍에 휩쓸린 포클랜드 제도*(Falkland Islands)*의 유일한 나무에 가까이 간 적도 있다. 나는 나이지리아의 잘 알려지지 않은 고대 산림 문명 유적과 아프리카 사헬*(African Sahel)*의 건조한 땅에서 자연 복원되고 있는 주목할 만한 산림을 방문하기도 했다. 나는 브라질 목장 사업으로 포위되어 있는 파라과이 차코의 희귀한 가시나무 숲에 들어가 중국이 조림 사업으로 사막을 되돌리려 하는 것을 보기도 했다. 나는 보르네오에서 팜오일이 침범하고 있는 최전선과 우리들이 사용하는 프린터에 종이를 공급하기 위해 수마트라*(Sumatra)* 숲을 훼손시키는 현장을 방문하기도 했다. 나는 지구온난화를 더욱 가중시키는 이스라엘 사막 경계에 있는 숲을 여행하고 독일 과학자들이 지구의 허파의 숨결을 느낄 수 있도록 에펠탑 만큼이나 높게 세운 철조탑*(gantry)*을 오르기도 했다.

하이랜드*(Highlands)*를 재조림하고 있는 스코틀랜드 소작농들과 전화기의 GPS로 숲의 지도를 만들고 있는 원주민 부족들과 숲이 지구상의 바람을 만들어 낸다고 믿고 있는 러시아 핵물리학자들과 자신의 뒷마당에서 자기의 가설을 증명하려는 콘월(Cornish) 모험가, 아마존 숲속의 물이 지구를 위해 비를 만들어 내는 '플라잉 리버(flying river)'임을 증명한 플레이보이 부시 파일럿(bush pilot), 사하라(Sahara)를 조림 사업으로 아마존처럼 울창하게 할 수 있다고 말하는 이스라엘 사람, 숲 활동가를 암살한 혐의로 처형될 위기에 처한 말레이시아 농장의 직원, 어떤 경우에는 산림이 기후에 나쁜 영향을 끼칠 수도 있다는 제안으로 질타를 받고 망명 중인 미국 과학자를 만났다. 집으로 돌아와서 킹글리 바텀(Kingley Bottom)의 울퉁불퉁한 주목과 버튼 파크(Burton Park) 근처의 블루 벨 숲(bluebell woods)과 왕단밤나무(colossal sweet chestnut)를 다시 만났다. 이들 숲과 숲을 가장 잘 아는 사람들과의 모든 만남이 우리의 지구와 인류 생명의 지속성을 위해 나무들이 얼마나 중요한지 이해하는 데 많은 도움이 되었다.

문명화가 시작된 이후로 지구 산림의 약 절반이 사라졌다. 같은 하나의 생물 종(species)으로서 인간은 우리가 잃어버린 것에 대해 부끄럽게 생각해야 한다. 러시아 스텝부터 호주 불모지(backwoods)에 이르기까지 새소리 대신 기계톱 소음으로 진동한다. 하지만 우리에게 남겨진 것은 엄청나게 소중한 것이다. 지구 표면 1/3이 아직도 은하수(Milky Way)의 모든 별보다 많은 약 3조 그루의 나무로 덮여 있다.[10] 지구상 절반이 넘는 종들의 고향이다. 공기와 물을 정화한다. 과일과 견과류, 고무와 목재, 꿀과 치료제를 가져다준다. 물의 순환, 토양 내의 물 저장을 조절하여 강물의 흐름을 유지하고 홍수를 조절해 준다. 기후를 조절하기도 한다. 산업혁명 이래로 인류가 대기 중으로 배출한 만큼의 탄소를 저장하고 있다. 잎 속에 있는 100경 개에 이르는 미세한 기공을 통해 공기에 수분을 뿌려 열을 식혀주면서 매일 나무 한 그루는 약 50리터의 물을 공기 중으로 뿜어낸다.

좋은 소식은 지구상의 엄청난 벌채 행위가 끝날 수 있다는 것이다. 어떤 국가들에서는 인간에 의해 나무들이 되돌아오고 있다. 어떤 경우는 조림 사업에 의한 것이다. 지구상에서 가장 많은 인구를 가진 중국과 인도는 더 많은 숲을 만들기 위한 장소를 찾아냈다. 코스타리카와 네팔도 비슷한 상황이다. 하지만 그만큼 중요한 일로서 천연림이 회복될 수 있는 장소 또한 제공하고 있다. 숲에 대해 잘 알려지지 않은 또 다른 중요한 사실은 숲이 인류의 폭력에 대한 수동적인 희생물이 아니라는 것이다. 숲은 어느 곳에서나 영토를 되찾기 위해 투쟁하고 있다.

이번 세기까지 1조 그루의 추가적인 복원으로 기후변화에 대응하고 생태계를 회복시키며 종의 멸종을 중단하기 위한 캠페인이 확대되고 있다. 이러한 아이디어는 매력적이면서도 실제로 실행할 수 있는 것이다. 최근의 연구에 의하면 농장이나 도시, 광산 등으로 변경된 적이 없었던 이전에 산림이었던 면적이 대부분인 지역들이 있다. 어떤 사람들은 광활한 초지의 일부에도 조림할 수 있다고도 한다. 사막도 그렇다.

1조 그루가 더 많은 지구는 지금보다 훨씬 더 나은 공간이 될 것이다. 내가 제시하는 것은 1조 그루의 더 많은 나무가 아니라 '조림 사업'이라는 것이다. 이는 재조림이라는 명분으로 농장들과 이전에 산림이었던 토지를 몰수하고 가끔은 지역의 권리를 무시하는 전 지구적 산업이라는 것을 의미하며, 실제로도 필요한 과정인 것이다. 우리가 지구상에 1조 그루라는 더 많은 나무를 원한다면 우리가 해야 한다고 믿는 것처럼 우리가 절대로 하지 말아야 할 일은 과대한 전 지구적 사업으로 밖으로 나가 조림하는 것이다. 인류에도, 산림에도, 그리고 결국에는 지구에도 좋은 일이 아니다. 전혀 불필요한 것이다. 조림이라는 행위를 할 필요가 없는 것이다. 우리는 조림하지 말아야 한다. 우리를 위해 자연이 스스로 할 것이다. 더 잘할 것이다. 뒤로 물러서서 여지만 남겨주면 숲은 다시 자라날 것이다.

유럽은 현재 1900년대보다 1/3이나 더 많은 나무를 가지고 있다. 대부분 조림한 것이 아니다. 지구는 전체적으로 10년 전보다 더 많은 나무를 가지고 있다. 위대한 산림 복원은 이미 진행 중인지도 모른다. 지구상에서 가장 건조하고 배고픈 나라인 니제르*(Niger)*를 보자. 농부들에게 말라버린 들판에 땅에 묻힌 뿌리를 채우게끔 했고 더 많은 소출과 기름진 토양과 건강한 가족들로 보상받게 되었다. 사하라의 확장으로 버려졌던 지역이 2억 그루의 더 많은 나무로 녹화되어 촉촉하고 시원해진 것이다.

이제는 간섭받지 않은 원시 상태로의 복귀는 불가능할 것이다. 이미 세계는 너무 많이 변했고 사실상 상당수의 원시림이 존재한 지 수 세기가 지났다. 의기소침하게 들릴 수도 있지만 실제로 우리에게 희망을 주는 것이다. 자연은 어디에서나 탄력적이고 복원될 수 있다는 것을 보여주기 때문에 기적이 사라지지는 않을 것이다. 위대한 숲은 과거에 인류의 노력으로 복원되었다. 다시 가능한 일이다.

전 세계의 산림지역과 황폐해진 산림이 복원된 지역들을 거쳐 온 나의 여정으로부터의 교훈은 일관된 것이다. 우리는 삽과 불도저를 치워버릴 수 있다. 묘목장을 없애고 돈을 아끼자. 대부분의 장소에서 지구상의 숲을 복원시키기 위해 우리가 해야 할 일은 단 두 가지이다. 지구상 숲의 소유권을 그 안에 살고 있는 사람들에게 귀속시킬 것과 자연 스스로에게 기회를 주는 것이다. 지구의 복원은 조림 사업을 뜻하는 것이 아니라 완전히 반대인 것이다.

이 책은 네 부분으로 구성되어 있다. 첫 번째 장 '기후 창조'에서 숲이 지구의 생명 유지 시스템에 어떻게 근본적인지, 나무들이 또한 우리들과 번영하고 있는 환경을 말 그대로 어떻게 만들었는지에 대한 새롭고 특별한 과학적 사실을 탐구한다. 중요하기는 하지만 지구 온난화의 온실효과 억제를 위해 저장하는 탄소만의 문제가 아니다. 또한 숲을 지속시키기 위한 강우를 어떻게 만드는지, 숲의 화학적 '호흡'이 구름을 형성하는데 혹은 심지어 바람을 만들 수도 있는 데 대해서 어떤 도움을 주는지에 대한 것이다. 숲은 비를 만들고 비는 숲을 유지시킨다. 한계점을 넘어서면 숲은 급격하게 황폐해지거나 사라질 수도 있다. 우리는 아마존 열대우림에서 바로 지금 한계점을 넘어서고 있는 최전선을 방문하기도 했다.

둘째 장, '낙원에서 약탈까지'는 우리가 어떻게 한계점까지 도달했는지를 묻는다. 한때는 인류가 숲과 좋은 협력 관계를 맺기도 했다. 인류는 대부분 숲을 파괴하지 않고 수확해 왔다. 그러나 좀 더 최근에 와서 우리는 어떻게 그렇게 해왔는지는 잊어버리고, 대신 전체 산림의 반을 벌채하고 지구를 기후적 아마겟돈으로 몰아넣었다. 내가 환경 취재를 해온 30년 동안 대두 농장, 팜오일 플랜테이션, 가축 목장에서 벌어진 파괴를 목격해 왔다. 하지만 여기에서도 좋은 소식은 있다. 오늘날 원시적이라고 생각하는 곳을 포함하여 인간이 숲을 점유해 온 역사는 산림 개간이 영구적이지는 않았다는 것을 보여준다. 너무 심하게 몰아붙이지만 않는다면 숲은 인간의 약탈로부터 회복할 수 있고 또 회복한다. 아마존의 대부분은 실제로 이전의 문명화로부터 다시 자라난 것이다. 패배주의자가 되기보다는 냉철하게 생각할 필요가 있다. 기회를 주면 많은 숲들이 돌아올 수 있다.

셋째 장, '리와일딩(Rewiding)'에서 우리는 산림 복구가 이미 일어나고 있다는 것을 발견한다. 유럽과 북미에는 150년 전, 혹은 100년 전, 심지어 50년 전에 비해 훨씬 더 많은 산림이 있다. 어떤 숲들은 예전과는 꽤 다르기도 한데 특히 조림된 곳이 그렇다. 하지만 대부분 자연은 이미 방치된 현장들에서 새로운 숲을 형성하고 스스로 되찾고 있다. 영국 남부 하단에서 러시아 스텝(Russian steppes)까지, 뉴 잉글랜드에서 딥 사우스(Deep South)까지 천연 산림 복원과 농장으로의 놀라운 산림 복구의 용맹한 신세계를 탐험한다. 리와일딩(Rewilding)은 분명 21세기를 위한 새로운 환경 아젠다이다.

그리고 마지막 장, '산림 공동체(Forest Commons)'에서 나무의 귀환은 자연, 숲 그리고 토지에 대한 새로운 공동체 중심 접근방식이다. 토착 아마존인 혹은 네팔 언덕 거주민, 케냐의 농부 혹은 멕시코 농민이건 현존하는 숲의 최적 관리자 및 보호자이며 새로운 숲이 자라날 여지를 마련해 줄 최고의 임업인이라는, 우리가 절대 잊지 말아야 했을 것들을 다시 깨우쳐 주고 있다.

명확히 해 두자. 나는 40여 년 동안 오존층, 산림개간과 우리의 텅 빈 바다, 도시 스모그와 종의 멸종, 기후변화와 사막화에 관한 환경문제에 대해 저술해 왔다. 이 모든 것들에도 불구하고 나는 낙관주의자로 남아있다. 세계가 바뀔 수 있기 때문이다. 숲은 다시 자랄 수 있다. 지구의 숲, 과거, 현재 그리고 내가 근본적으로 믿고 있는 미래에 대한 나의 여정에 여러분들이 동참해 주길 간절히 바란다.

I

기후 창조자

Weather Makers

숲이 존재하기 전 지구의 대기는 뜨겁고, 건조했으며 산소는 부족하고 이산화탄소가 풍부했다. 지금은 3조 그루의 나무들이 이산화탄소를 흡수하고 전 지구상에 비를 뿌려주는 '플라잉 리버(flying rivers)'를 유지하기 위해 물기를 뿜어냄으로써 우리의 열을 식혀주고 물을 공급해 준다. 나무의 호흡은 구름을 만들고 심지어 바람을 형성하면서 대기의 화학적 구성을 변화시키기도 한다. 간단히 말하자면 나무는 우리 지구의 생명을 유지하는 기후를 창조하고 유지해 주는 것이다. 여기서 그 이야기를 해보려는 것이다.

1

쿨한 나무

Trees are Cool

기공, 증산 그리고 변화하는 지구

Stomata, Transpiration and a Planet Transformed

나무는 행성 지구에서 가장 크고 오래 생존하는 유기체다. 나무는 90m까지 자랄 수 있고, 천 톤 이상의 무게가 나가며, 북미의 브리슬콘 소나무*(bristlecone pines)*는 4,000년 이상을 살기도 한다. 사실은, 나무의 복제 능력은 실질적으로 영원히 살 수 있음을 의미한다. 유타*(Utah)*의 피시레이크 국유림*(Fishlake National Forest)*의 복제된 사시나무*(aspen)* 40,000개체로 구성된 하나의 클러스터 – 혹은 사시나무 한 그루인 – 는 43 헥타르에 걸쳐 있는 단 한 개체의 수컷 유기체이며 6,000톤 이상의 무게가 나간다. 영국의 자연주의자 리처드 메이비*(Richard Mabey)*는 그것이 적어도 80,000년 이상 되었고 지구상에서 '아마 나무 조직*(tree tissue)*이 연결된 가장 오래된 물질'일 것이라고 말한다. 한동안 자라지 않아 죽을 수도 있다.[11] 그건 누구도 확신할 수 없다.

여전히, 나무는 어디에나 있고 수억 년 동안 있었다. 산꼭대기에 걸쳐있는 구름 숲, 열대 해안가 물속에 뿌리를 내리고 있는 망그로브, 열대지역에 걸쳐 있는 푹푹 찌는 정글, 북극을 둘러싼 눈 덮인 한대림, 건조한 초지에 걸쳐 펼쳐진 산발적인 숲, 계곡 바닥의 반쯤 잠긴 버드나무*(willows)* 여과 습지*(filter swamps)*. 지구의 육지 표면만큼 전형적인 것도 없다. 바이오매스의 대부분은 식생이다. 육지 위의 식생 절반 이상과 그 중 2/3의 탄소 성분이 열대지역에 있다. 하지만 가장 넓은 단일한 산림은 세계의 수목 1/4을 가지고 있는 먼 북부 러시아의 11개 시간대에 걸쳐 펼쳐져 있다.

수목은 우리가 살아가는 세계를 단순히 점유하는 것이 아니라 창조해 냈다. 약 3억 년 전 식생 전에는 대륙들은 대부분 뜨겁고 건조하고 생명체가 없었다. 대기는 전혀 달랐다. '이산화탄소 레벨은 10배나 높았으며 기온은 10도나 높았다'고 엑서터 대학교(University of Exeter)의 클레어 벨처(Claire Belcher)가 말한다. 토양은 거의 없었다. 맹렬한 바람이 헐벗은 암석 위로 쉿소리를 냈다. 하지만 나무들이 우리와 함께 번영할 수 있었던 세계를 창조해 냈다. 세필드 대학교(University of Sheffield)의 데이비드 비어링(David Beering)은 '나무들이 황량한 지구를 변화시키고 푸른 세계로 변화시켰다'고 말한다.[12]

초기에는 해안가의 습지만을 점령하는 것으로 시작했다. 물을 증산하여 대기로 뿜어내고 바닷바람에서 온 빗물을 순환시켜 내륙이 건조했던 지역들에 더 많은 강우를 만들어냈다. 이에 따라 나무들이 원하는 대로 대기를 변화시키면서 새로운 식생들이 영토를 확장할 수 있게 되었다. 숫자가 늘어나면서 지구를 시원하게 만들어 나무들이 번영할 수 있는 장소들을 계속 확장해 나가면서 또한 대기 중의 이산화탄소 농도를 감소시키기 시작했다.

예를 들어 잎들을 연결해 울폐된 수관을 만들어 그 아래의 토양에 그늘과 보호막을 만드는 등 수목들의 지역 환경을 재조성하며 거대한 숫자로 늘어난다. 수목이 자라는 토양을 만들어 내는 데 중요한 역할을 하면서 마찬가지로 대지 하층과 함께 공생한다. 토양 속으로 내려와서는 일종의 지하 수관으로 다시 한번 연결된다. 나무뿌리의 가느다란 실과 거기서 살아가는 균류가 어우러져 서로 함께 소통을 한다. 영양분을 나누고 화학물질을 배출하여 주변에서 일어나는 일들에 대한 신호를 보낸다. 지금은 과학자들이 '우드 와이드 웹(wood wide web)'이라고 부르며 서로를 돌보아 준다. 따라서 숲은 환경을 조절하고 공통된 목적으로 보이는 – 혹은 실제로 공통된 목적인 – 것을 위해 교류하고 자원을 나누는 초유기체(superorganisms)와 같다.

이것이 숲 전체가 성취한 일이다. 뚜껑을 열어 무슨 일이 벌어지는지 살펴보자. 초유기체(superorganism)가 아니라 지구상에서 숲의 거의 모든 힘을 발휘하게 해주는 나무의 가장 미세하고 중요한 기공(stomata) – 잎에서 공기 중의 이산화탄소를 받아들이고 산소와 물을 내보내는 미세한 구멍 – 에 대해 살펴보자. 브리티시 콜롬비아 대학교 프레드 색(Fred Sack)은 '지구상의 생명은 기공에 크게 좌우된다'고 말한다.[13] 광합성은 식물을 형성시키기 때문에 지구상에서 가장 중요한 생물학적 과정이라고 할 수 있는데 기공이 광합성에 필요한 원재료를 공기 중으로부터 받아들이는 것이다. 인간인 우리는 다른 동물들과 마찬가지로 궁극적으로 지구의 물질들로부터 음식물을 얻는다. 한편, 식물들은 태양으로부터 대기 중의 이산화탄소와 나무의 뿌리에서 받아들인 물을 합성시킬 에너지를 이용하는 화학적 과정인 광합성을 통하여 만들어낸다. 식물세포를 형성시키는 글루코스(glucose)를 생성하는 것이다. 이 모든 것이 기공이 이산화탄소를 흡수하고 광합성에서 폐기되는 주요 배출 물질인 산소와 잉여 수분을 내보내는 잎에서 일어나는 것이다.

나뭇잎 한 장에는 백만 개가 넘는 기공이 있다. 나무 한 그루는 수십만 장의 나뭇잎이 있을 것이며 따라서 수천억 개의 기공이 있을 것이다. 아마존과 같은 큰 열대우림은 수천억 그루의 나무가 있을 수 있으니 엄청난 기공을 만들 것이다. 아마도 10의 21승 개 정도가 아닐까. 색(Sack)은 공기 중으로부터 기공을 열기만 하지는 않을 것이라고 말한다. 식물이 이산화탄소와 수분의 이용을 최적화하도록 하는 방법으로 이산화탄소의 유입과 수분의 유출을 조절하면서 밸브와 같이 작동하기도 한다. 기공은 광합성을 활성화하기 위해 나무가 토양으로부터 더 많은 수분을 빨아들이도록 자극하지만, 가뭄 중에는 잠시 닫아 둘 수도 있다.

기공은 산소와 물의 흐름을 나무뿐만 아니라 지구를 위해서도 조절한다. 나는 여기서 산소 문제를 다루지는 않을 것이다. (수목은 산소를 배출하는 만큼 흡수한다. 모든 것이 균형을 이루고 있다. 아마존이 지구 전체 산소의 1/5을 생산한다는 것은 잘못된 생각이다. 그렇기는 하지만 그만큼 또 흡수하는 것이다) 하지만 수목이 물을 생성하는 과정은 흥미롭다. 기공은 물을 대기 중으로 수증기의 형태로 내보낸다. 이 증산(transpiration)이 세상을 적당한 습도로 유지하기 위해 비를 순환시키면서 대기에 수분을 공급해 주는 것이다. 이는 엄청난 규모로 커다란 결과를 가져다준다. 지구상의 3조 그루의 나무들이 일 년 동안 6만Km^{3}로 추정되는 물을 내뿜는 것이다. 이 물이 바람이 부는 대로 구름이 만들어지면서 육지에 내리는 모든 비와 눈의 최소한 절반에 해당하게 된다. 대륙의 내륙에는 그 수치가 90% 이상까지 오르게 된다.

얼핏 보면 이는 이상한 현상이다. 토양으로부터 나무줄기를 통해 잎까지 수분을 끌어올리는 것은 많은 에너지가 소모된다. 광합성을 위해 필수적이지만 잎에 도달한 물의 90% 이상이 사용되지 않고 남겨진다. 기공을 통하여 공기 중으로 증산되는 것이다. 나무는 왜 귀찮은 일을 하는 것일까? 확실하게 물은 나무를 식혀주지만, 다른 방법으로도 달성할 수 있는 일이다. 대신 집단적 목적이 있는 것 같다. 나무는 더 많은 나무를 위한 적합한 세상이 되도록 물을 내뿜는 것이다.

이 역할은 몇 년 전에 리즈 대학교*(University of Leeds)*의 도미니크 스프라클렌*(Dominick Spracklen)*에 의해 밝혀졌다. 그는 열대지역 전역의 수천 개의 측우기*(rain gauge)*로부터 데이터를 플로팅하여 이전 10일 전 동안 비를 몰고 온 바람이 온 곳을 들여다보았다. 그는 놀라운 발견을 했다.[14] 아마존에서 콩고분지와 보르네오에 이르기까지 마찬가지였다. 산림지역으로부터 온 대기 중에는 산림이 훼손된 지역의 공기보다 2배 많은 비를 가지고 왔다. 숲이 비를 만드는 것이다. 숲이 없어지면 사막화까지는 아니더라도 분명 건조해질 것이다.

나무들이 강우량을 증가시킨다는 생각은 전혀 새롭지 않다. 최소한 로마 시대의 대 플리니우스*(Pliny the Elder)*의 자연사*(Natural History)*까지는 돌아간다. 내가 방문했던 많은 산림공동체가 암묵적으로 믿고 있다. 크리스토퍼 콜럼버스*(Christopher Columbus)*는 대서양 횡단 후에 숲이 우거진 자메이카에는 어떻게 비가 매일 내리고 있으며, 그가 지나간 카나리 제도*(Canaries)*와 아소르스 제도*(Azores)*와 같이 숲이 훼손된 섬들에는 강우가 매우 드물었다고 기록한 바 있다.

한참이나 지나고 나서 영국의 제국주의자들은 지역의 기후를 개선하기 위해 때때로 나무를 심기도 했다. 의도적으로 대기 조건을 조절하는 좋은 사례는 찰스 다윈(Charles Darwin)의 친구였던 식물학자이자 후에 런던 큐 가든(Kew Gardens) 식물원장이 된 조셉 후커(Joseph Hooker)의 의견이다. 1843년 그는 영국의 가장 작고 외딴섬 아센시온섬(Ascension Island)을 방문했다. 어느 쪽으로부터나 천 km 이상 떨어져 남대서양 한가운데에 좌초되어 있는 건조한 이 사화산(extinct volcano)은 해군기지에서 선박의 돛대를 수리해야 할 경우를 대비해서 노퍽 소나무(Norfolk pine tree) 몇 그루를 심어 놓은 것을 제외하고는 나무가 전혀 없었고, 물의 공급이 부족했다. 그래서 후커는 그 화산섬에 숲을 만들자는 생각에 다다랐다. 그는 나뭇잎이 지나가는 구름으로부터 물을 머금기 때문에 '강수량이 직접적으로 늘어날 것'이라고 예상했던 것이다.[15]

그 섬은 영국 선박들이 연료를 보충하는 지점이었다. 후커가 요청한 바와 같이 영국 정부의 해군 당국 해군성(Admiralty)은 멀리 떨어진 식민지로부터 돌아오는 선원들에게 나무를 가지고 오도록 지시하여 산기슭에 심었다. 20년이라는 시간과 5천 그루의 나무를 심은 후 해군성은 아센시온섬이 '이제 다양한 관목들과 함께 40종 이상의 울창한 산림을 가지게 되었다'는 만족스러운 보고를 했다. 보고서는 결론적으로 강우가 개선되었고 '물의 공급은 현재 훌륭하다'고 쓰였다. 불모지였던 화산섬은 곧 그린 마운틴(Green Mountain)이라는 새로운 이름으로 오늘에 이르고 있다.

섬을 방문했을 때 여전히 나무들이 있었고 자연적으로 재생되고 있었다. 그린 마운틴에 오르면서 남아프리카 주목(South African yews), 버뮤다 삼나무(Bermuda cedars), 페르시아 라일락(Persian lilacs), 브라질 구아바 나무(Brazilian guava trees), 중국 생강(Chinese ginger), 뉴질랜드 아마(New Zealand flax), 마데이라 타로(taro from Madeira), 유럽 블랙베리(European blackberry), 일본 벚나무(Japanses cherry trees), 태평양에서 온 스크류 소나무(screw pines from Pacific)들을 지나쳤다. 원숭이 퍼즐 나무(monkey puzzle trees, 칠레 소나무), 자카란다(jacaranda), 향나무, 바나나, 포도나무, 팜나무, 마다가스카르 대수리(Madagascan periwinkles)도 보았다. 바람에 흔들리는 몇 헥타르의 대나무가 산 정상을 장식하고 있었다.

현재 링컨대학교 식물학자인 데이비드 윌킨슨(David Wilkinson)에 따르면 아센시온섬에는 현재 300종 이상의 수목이 있다.[16] 자연적으로 형성된 숲은 생태학적으로 매력적이다. 전 세계로부터 옮겨온 다양한 종류의 나무들로 형성되었지만, 단일한 생태계로 작용하는 것으로 보인다. 나무에 매달린 벌레들은 어떤 대륙의 식생으로부터 또 다른 대륙의 식생으로 거리낌 없이 옮겨 다닌다. 나는 이러한 불협화음 같은 나무들의 조합이 어떻게 기후를 변화시켰는지 궁금해졌다. 아센시온섬의 보호 담당관 스테드슨 스트라우드(Stedson Stroud)와 내 산행 가이드는 아래쪽 평지는 이전보다 건조했지만, 산지 쪽은 (후커가 예견했던 바와 같이) 더 다습해졌다고 말했다.[17] 정상부에 올라섰을 때 산지 공기의 시원한 습기가 평지의 열과 대조를 이루었다. 정오에 가까워지자, 우리 위에서 만들어진 한 점의 구름이 내려와 산을 안개로 뒤덮었다. 곧 이슬비가 내렸다.

관찰에 뿌리를 두고 있지만, 숲이 비를 생성한다는 개념은 19세기 과학적 통념에서 벗어났다. 새로운 지식은 '비는 쟁기를 따라온다(Rain follows the plough)'는 것이었다. 다른 말로, 비를 유발하는 가장 좋은 방법은 나무를 제거하는 것이었다. 이 캐치프레이즈는 미국의 땅 투기꾼이자 파트 타임 저널리스트였던 찰스 윌버(Charles Wilber)가 만들었다.[18] 대박을 치고 싶은 사람들에게 새로 개간한 산림으로 부동산을 매각할 때 이용하여 그를 부자로 만든 것이다. 그의 슬로건은 적중했고, 통념처럼 되어버려 기후학 교과서에 인용되곤 했다.

하지만 통념이라는 것은 위험하다. 윌버의 캐치프레이즈는 스프라클렌(Sprackeln)을 오랫동안 당황스럽게 했다. 기상학적 통념과 숲이 비를 만들어낸다고 하는 열대지역 사람들이 하는 말이 서로 다르기 때문에 고민스러웠던 것이다. '나는 생각했다. 지역 사람들의 이야기가 맞는지 확인해 보자. 그런데 그들이 옳았다'고 내게 말했다. 기상학자들이 틀렸던 것이다.

기상학자들은 언제나 나무를 과소평가한다. 육지에 내리는 강우의 대부분은 바다로부터의 수분 증발에서 시작하는 것이라고 오래 고수해 왔다. 다시 이는 모든 교과서에 실렸다. 일정 부분은 맞는 이야기일 수 있다. 그렇다. 해양의 수분은 해안 지역을 습하게 한다. 그러나 해양의 수분은 대개

해안으로부터 몇백 Km 이내까지만 비를 내린다. 육지 안쪽으로 들어가면 해풍은 건조하다. 스프라클렌(Spracklen)이 보여준 바와 같이 수분을 공기 중으로 다시 증산시켜 주는 숲이 없다면 말이다. 그 결과가 서부 아프리카와 아마존 간의 차이다. 서부 아프리카 몬순으로 알려진 강한 해풍에도 불구하고 서부 아프리카 해안으로부터 내륙으로 들어갈수록 강수량은 빠르게 감소한다. 결국 사하라 사막에 도달하게 되는 것이다. 하지만 아마존 분지를 거쳐 내륙으로 들어가는 경로에서는 갈수록 더욱 다습해진다.

열대우림이 지구상에서 다습한 지역에서 자라기 때문에 많은 강수량을 갖는다고 추정되어 왔다. 지금은 스프라클렌 덕분에 열대우림 스스로 비를 만들어 내곤 한다는 것을 알게 되었다. 전 세계의 숲이 그러하다. 남서부 호주의 예를 들어보면, 1950년대 이래로 해안에 별다른 변화가 없었음에도 내륙지역은 20% 강우가 줄어들었다. 지구 기후변화의 현상일 수도 있다. 하지만 해안으로부터 겨우 몇백 Km 떨어진 내륙지역이 왜 다른 추세를 보여주는 것일까? 결국 같은 바람을 받고 있다.

서부 호주 대학교의 수문학자 마크 안드리히(Mark Andrich)와 외그르 임베르거(Jörg Imberger)는 해안 식생이 내륙지역을 다습하게 유지해 준 것이라고 생각한다. 그들은 호주 남서부 쪽 해안을 따라 장엄하게 높은 활엽수 카리(Karri)를 포함하여 거의 영국만 한 크기 면적의 나무들이 지난 50년 동안 벌채되었다고 말한다. 해당 지역은 밀밭과 주의 수도인 퍼스의 도시 확장으로 대체되었다.[19] 해안 지역의 벌채는 순환되는 해안 강우의 비율을 감소시켰다. 나무의 증산 없이는 내륙의 바람이 이전보다 더 건조해져서 해안으로부터 떨어진 곳의 강수량은 적어진다. 결과적으로 작물은 실패하고 저수지는 말라갔다.

사우스 오스트레일리아 대학교(University of South Austrailia) 존 볼랜드(John Boland)는 1950년대 이래로 남호주 에어 페닌슐라(Eyre Peninsula)의 광범위한 관목의 개간 이후에 의심스러운 강수량 감소가 보인다고 내게 말했다. 좋은 소식은 영구적이지는 않다는 것이다. 강수량 감소의 예외적인 사례는 1970년대에 조림 사업이 이루어진 애들레이드(Adelaide) 남동쪽 모나르토 고원(Monarto

Plateau) 지역이다. 그곳의 수목들은 새로운 '녹색' 도시의 일부로 의도된 것이었다. 그러한 도시는 건설되지 않았지만, 수목은 남았다. 볼랜드*(Bolend)*가 과일나무를 키우는 머리 브릿지*(Murray Bridge)*와 같은 인근 마을의 강우는 1/3이나 증가했다.[20] 다른 원인이 작용하고 있었을까? 분명, 모두 스프라클렌이 식별해 낸 패턴에 들어맞는다.

물순환이 대기의 습도만 유지해 주는 것이 아니다. 시원한 온도를 유지해 주기도 한다. 숲속 그늘로 들어가면 공기는 직사광선이 없기 때문에 시원해질 것으로 가정할 수 있지만 그 이상이다. 숲은 커다란 에어컨이기도 한 것이다. 100경 개의 기공*(stomata)*에서 수분을 증산하려면 에너지가 필요하기 때문이다. 엄청난 에너지이다. 그것이 주변 공기를 식혀주는 것이다. 하루에 100리터의 물을 증산시키는 한 그루의 나무는 가정집 2대의 에어컨에 맞먹는 냉각 효과가 있다.[21] 수천억 그루의 나무로 환산하면 엄청난 냉각 효과인 것이다. 아마존 경계에 있는 숲은 온도는 주변 농장들보다 5℃나 낮다.[22] 인도네시아의 거대한 울창한 숲의 섬인 수마트라에서는 숲속 공기가 주변 팜오일 농장보다 10℃나 시원하다.[23]

그런 효과는 국소적일 수 있다. 뉴욕에서 홍콩과 런던에 이르기까지의 도시들에서는 나무들이 있는 지역들은 다른 곳들에 비해 평균 1℃가 낮다. 장거리에 걸쳐 기온에 영향을 주기도 한다. 아마존의 기온 패턴을 조사하는 연구원들은 50km나 떨어진 곳의 산림개간이 온전한 숲*(intact forests)*에 비해 낮 동안의 최대 기온이 눈에 띄게 증가할 수 있다는 사실을 알아냈다.[24] 국립우주연구원*(National Institute for Space Research)*의 브라질 최고 기후학자이자 UN 기후변화 국가 간 패널*(UN's Intergovernmental Panel on Climate Change)*의 전문가인 카를루스 노브레*(Carlos Nobre)*는 열대우림이 전체 열대지역에 대해 수목이 없는 경우에 비해 1℃ 이상 냉각시킨다고 계산했다.

온대지역에서는 증산작용이 덜해 차이가 절반 정도에 미친다. 그럼에도 불구하고 연구에 의하면 산림지역은 수목이 없는 지역에 비해 뜨거운 여름 가뭄을 덜 갖는다고 한다.[25] 노스 캐롤라이나에서는 숲이 여름 동안 2~3℃의 냉각 효과를 가져다준다.[26]

이러한 냉각 효과는 나무줄기, 잎, 뿌리와 토양에 탄소를 저장하여 온실가스인 이산화탄소가 대기 중에 들어가는 것을 방지함으로써 우리가 잘 알고 있는 숲의 지구 냉각 효과를 보완하고 강화해 준다. 수목의 절반은 탄소로 이루어진다. 지난 세기를 넘어 지구의 숲을 개간했던 인류의 엄청난 시도에도 불구하고 여전히 3조 그루가량의 나무가 있다. 나무들은 인류가 산업혁명을 시작한 이래로 대기 중에 축적시켜 온 만큼 축적하고 있는데, 즉 현재 살아있는 사람 1명당 120톤에 해당하는 탄소인 것이다.[27] 탄소에 대한 나무의 관계는 나무의 생애주기를 통해 변화한다. 성장하는 나무는 탄소를 흡수한다. 고사하는 나무는 바이오매스가 썩으면서 탄소를 방출한다. 성숙한 숲은 탄소를 손실하는 만큼 얻으면서 탄소평형을 이룬다.

열대지역의 산림개간은 인류가 초래한 이산화탄소 배출량의 15%만큼의 기여를 한다. 하지만 나무들은 지구 녹화*(global greening)*로 알려진 현상 덕분으로 반격하고 있다. 지구 온난화 이외에도 대기 중의 이산화탄소 레벨의 상승은 나무들이 광합성을 훨씬 용이하게 한다. 1995년 이래로 식생들은 지구상 많은 부분에 거쳐 급격한 성장을 가져온다. 위성사진은 많은 곳들이 말 그대로 푸르러진 것을 보여준다. 더 크게 자라는 것은 탄소 저장량에 더 많은 이산화탄소를 흡수하는 것을 의미한다. 이에 따라 대기 중의 온실가스가 축적되는 것이 종료되거나 지구온난화를 멈추는 것은 아니지만 완화해 준다.

지구 녹화*(global greening)*는 위에서는 볼 수 있지만 현장에서 탄소 축적을 측정하는 것은 어려운 일이다. 현재 링컨대학교 연구원인 란치에*(Lan Qie)*가 이를 해냈다. 그녀는 2015년에 1958년도의 젊은 시절에 보르네오 지역 수목의 성장률 측정을 했던 산림 분야 원로들을 만나기 위해 보르네오로 갔다. 그녀는 연구 결과에 대한 기록을 가지고 있었고 원로들에게 나무들이 어떻게 되었는지 볼 수 있도록 데려가 달라고 부탁했다. 그녀는 온전한 숲*(intact forest)* 1 헥타르는 과거 50년에 걸쳐 20톤 이상의 탄소를 추가적으로 저장했다는 것을 알아냈다.[28] 아프리카 숲은 대체로 헥타르당 24톤을 저장했다고 그녀의 전 동료인 리즈대학교*(University of Leeds)* 시몬 루이스*(Simon Lewis)*가 말했다. 아마존 역시 일부 지역의 산림훼손에도 불구하고 아마도 여전히 탄소를 축적하고 있는 지역일 것이다.[29]

한 연구는 1980년대 초반 이후 지구상의 나무들에 의한 탄소흡수 작용이 지구온난화를 1/4만큼 절감시켰을 것으로 추정한다.[30] 그렇다고 자기만족 할만한 일은 아니다. 지구 녹화는 지구온난화를 멈추는데 충분하지 않은 것만은 분명하다. 이는 많은 연구자들이 생각한 바와 같이 모든 잉여 이산화탄소로 인해 나무가 '빨리 자라지만 일찍 고사'한다고 한다면, 일시적인 것으로 밝혀질 수도 있다.[31] 고사하면 잉여의 이산화탄소를 모두 포기하게 되는 것이다.

지금으로서는 나무 녹화는 우리에게 좋은 일이다. 그러나 우리는 나무들이 스스로의 원칙에 따라 역할을 한다는 것을 절대 잊지 말아야 한다. 나무들은 지역 여건에 적응하고 인간이 아닌 스스로의 지역적 필요성에 따라 시역 기후를 조절해 왔다. 지구상의 가장 추운 지역들 대부분에서는 나무들이 대기를 뜨겁게 하고 있다는 뜻이다. 느린 성장은 따뜻한 기후의 숲에 비해 아주 적은 이산화탄소를 흡수하고 있다는 뜻이다. 증산작용이 지역의 냉각 효과를 갖지만 완전히 다른 효과를 통해 야기되는 온난화 효과가 훨씬 더 크다. 캐나다와 시베리아를 거쳐 수천 Km를 뻗어가는 어두운 산림의 수관이 지구 지표면의 반사 효과를 감소시키는데 산림의 수관 반사하는 효과가 그들이 대체하는 눈의 하얀색보다 훨씬 적기 때문이다.

반사를 표현하는 기술적 용어가 알베도*(albedo)*이다. 이는 라틴어에서 온 단어로 알비노*(albino)*라고도 한다. 과학자들은 알베도를 1에서 0까지의 스케일로 측정한다. 1은 완벽한 흰 표면으로 태양복사 대부분을 바로 우주로 반사한다. 0은 어두운 지표면을 나타내며 들어오는 태양복사 모두를 흡수하여 열의 형태로 주변 대기 중으로 복사하게 된다. 흰 표면은 사물을 냉각시키며 어두운 표면은 가열한다. 깨끗한 눈은 0.8에서 0.9, 사막의 모래는 약 0.4, 초지와 작물은 대체로 0.25, 활엽수의 연속된 수관은 0.15 정도로 낮으며 침엽수와 어두운 바다는 0.08까지 내려간다.

북극지방의 대규모 산림은 대부분 어두운 침엽수이다. 한낮 동안 수관들은 유입되는 태양에너지를 흡수하고 주위 공기를 가열한다. 산림 피복이 안 된 육지는 눈으로 덮여 모든 에너지를 바로 우주로 돌려보낸다. 물론, 겨울에는 매우 어둡다. 그러나 태양이 떠오르면 알베도 대비가 더 클 수는 없다. 열 배의 차이가 난다. 이곳의 수목은 실제로 온난화를 부추긴다.

현재, 지구상의 모든 곳의 모든 숲의 모든 나무는 온난화 효과와 냉각 효과가 경쟁하고 있다. 어두운 잎의 알베도는 대기를 가열하고 증산작용과 탄소 저장은 냉각시킨다. 이들 간의 균형은 어디에 있는지에 따라 달라진다. 열대지역에서는 나무는 빠르게 자라고 많은 수분을 내뿜어 냉각 효과가 우세하다. 추운 기후에서는 나무가 천천히 자라고 증산작용이 적지만 알베도 대비가 훨씬 높아 가열 효과가 우세하다.[32]

시베리아 일부 지역은 침엽수들의 엄청난 확대로 인해 냉각 효과보다 가열 효과가 5배가 된다. 계속되는 추운 밤에도 따뜻한 담요를 덮는 것과 같이 그들에게는 매우 좋은 일이다. 산림이 스스로를 위하여 자기 지역의 기후를 조절하는 능력은 또 다른 예이다. 하지만, 지구온난화 시대에서 다른 곳의 숲이나 인간에게는 좋은 것만은 아니다.

2.

플라잉 리버

Flying Rivers

비를 따라 새로운 수문학 지도를 그리다

Chasing the Rain and Mapping a New Hydrology

제라르 모스*(Gerard Moss)*는 전통적인 모험 이야기의*(in the swashbuckling tradition)* 부시 파일럿*(bush pilot)**이다. 영국에서 태어나 스위스에서 자란 그는 단발 엔진 비행기를 타고 세계를 두 바퀴나 비행한 후 자신이 입양된 곳인 브라질에서 아마존을 가로지르는 비구름을 추적하는 새로운 미션의 여정을 떠났다. 2019년 말, 스위스 로잔*(Lausanne)*에서 내가 그의 공적을 기리는 전시회를 둘러볼 때 내게 이렇게 말했다. '나의 목표는 브라질 사람들에게 그들이 단지 아마존강의 물 뿐만 아니라 열대우림 상공에 있는 구름 속에 있는 물과 관련된 금광 위에 있다는 것을 알려주는 것이다.' 그의 항해가 사로잡은 것은 브라질 사람들뿐만이 아니었다. 그는 전 세계에 걸쳐 비가 왜 내리는지에 대해 세계적인 인식을 바꾸는 데 도움을 준 것이다.

그 비행에 대한 아이디어를 떠올린 것은 2006년, 마나우스*(Manaus)*에 있는 국립 아마존 연구소*(National Institute of Amazonian Research)*에서 아주 멋진 형제인 카를로스*(Carlos)*의 동생, 기후 과학자 안토니오 노브레*(Antonio Nobre)*를 만났을 때였다. 모스와 노브레는 아마존을 운행하는 선상에서 개최된 환경 컨퍼런스에 참석하고 있었다. 노브레는 기후 과학자들간에 떠도는 아마존 열대우림이 남아메리카 강우 형성의 가장 큰 원인으로서 다시 말하면 남아

* bush pilot : 부시 파일럿이란 상대적으로 사람이 살지 않는 넓은 지역의 외딴 지역을 오가는 소형 항공기를 조종하는 운전사를 말함 (WIKIPEDIA 영문판 번역, 역자 주)

메리카 대륙 전역에 강우를 내리는 대부분의 구름이 아마존 열대우림에 의해 몇 번씩 대기 중으로 순환되면서 흡수된 수분을 담고 있다는 이론에 흥미를 느끼고 있었다. 그는 더욱이 최근 기상학자들이 확인한 남아메리카의 저고도 제트기와 같이 경주용 오토바이의 속도로 아마존에 불어오는 집중된 바람의 흐름에 의해 이 수분들이 옮겨진다고 믿었다. 그는 이 수분을 함유한 제트기를 지상 위의 광대한 아마존강과 다르지 않은 '수증기 강*(river of vapour)*'라고 불렀다.

그 두 남자는 열대우림 상공의 구름을 항해함으로써 그 이론을 검증하자는 생각을 하게 되었다. 두 사람 모두 자칭 유레카 모멘트*(eureka moment)*라고 주장한다. 노브레는 '내가 제라르에게 파일럿이니까 수증기 강을 따라갈 수 있겠네'라고 말했고, 모스는 내게 '아마존 상공을 비행하는 데 많은 시간을 보냈어. 비가 온 뒤에 숲의 수관 위에서 올라오는 구름을 보면 정말 흥분된다. 비행을 해서 증거를 만들어 오자'고 말했다고 했다.

그 당시로 돌아가면 모스의 비행 업적은 그를 유명인으로 만들었다. 리우 데 자네이루*(Rio de Janeiro)* 전 플레이보이가 일요일 밤마다 TV 쇼를 하고 있었다. 그는 비행기에 수증기를 채집하는 장치를 마련하기 위한 모금을 위해 인맥을 찾고 있었다. 마침내 브라질 오일 거대기업 페트로브라스*(Petrobras)*가 이를 수락했다. 노브레는 샘플을 분석할 과학자들을 모아 비행을 시작할 준비를 하였다. 첫 비행 바로 전의 미팅 자리에서 그 당시 국립우주연구소*(National Institute for Space Research)*의 기상학자 호세 마렌고*(José Marengo)*가 '플라잉 리버'라는 단어를 창안했다. 이제 그들은 캐치프레이즈를 갖게 되었다. 모스는 곧 날아올랐다. 아마존 플라잉 리버에서 물방울을 쫓고 샘플을 채집하기 위해 그의 32년 된 낡은 비행기는 700시간이나 비행을 했다. 그는 '우리는 나무 꼭대기*(수관, canopy)* 위의 상공으로부터 약 10미터 지점을 비행했기 때문에 샘플은 나무에서 나온 물방울이라고 보장할 수 있다'고 말했다. '때때로 숲 상공의 푸른 하늘을 날고 있을 때 갑자기 10~15분 동안 습도가 급상승하면 다시 밑으로 내려가자'고 그가 말했다. '우리는 플라잉 리버 안으로 들어갔다 나왔다 한 거죠.'

천천히 그는 물 흐름을 그림으로 그려 나갔다. '우리는 수분이 최초에 북동쪽으로부터 해풍을 타고 대서양에서 들어오는 것을 볼 수 있었죠. 그 수분들은 비가 되어 내리고 수백 Km 정도마다 다시 대기 중으로 증산된다.' 하늘 속의 강은 변덕스러웠다. 왔다가는 다시 없어져 버렸다. 어떤 때는 빠르고 집중적으로 흘렀다가, 어느 땐 퍼지거나 굽이쳤다. 2~3Km씩 높게 확장되거나 수백 Km까지 넓어지기도 했다. 노브레가 고용한 조수가 모스의 비행기에서 내내 공기 샘플을 수집하는 작은 펌프를 작동시켰다. 그리고는 액체 질소로 공기를 냉각시켜 물방울로 응축시켰다. 착륙하면 모스가 분석을 위해 샘플을 상파울루 대학교 동위원소 생태학 연구실(*University of São Paulo's Isotopic Ecology Laboratory*)로 가져갔다. 마지막으로 실험실에서 수천 개에 이르는 샘플로부터의 물방울을 분석하여 물방울의 출처를 규명하고 특히 해양에서 증발한 것인지, 숲으로부터 증산된 것인지 알아내기 위한 화학적 지문을 찾아냈다. 그들의 분석은 식물로부터의 물 분자는 중수소(*heavy hydrogen*)라고도 하는 듀테륨(*deuterium*) 원자를 더 많이 포함하고 있다는 사실에 근거했다. 이는 플라잉 리버의 수분 반, 그리고 아마존에 내린 빗물 반 정도가 열대우림으로부터 증산된 것을 나타내는 것이다. 그들이 찾고 있었던 아마존 열대우림이 대부분 자체적으로 강우를 만들어내고 있다는 증거를 갖게 된 것이다.

처음에는 모스가 이 '플라잉 리버'에 날아 들어갔다 나오기를 반복했다. 놀이동산처럼 재미난 일이었다. 하지만 그가 진정으로 원했던 것은 열대우림 전역의 플라잉 리버를 따라가 보는 것이었다. 몇 번의 실패 후 그는 물이 가득한 플라잉 리버를 8일 동안 따라갈 수 있었다. 대서양에 가까운 열대우림의 북동쪽 경계에 있는 도시 벨렘(*Belém*)으로부터 플라잉 리버가 안데스산맥을 향해 아마존을 따라 서쪽으로 가로지르고 남쪽으로 꺽어진 후 마지막에는 동쪽 미대륙에서 가장 큰 도시인 상파울루로 향했다.

이 모험은 과학에 생명을 불어넣은 휴먼스토리라는 언론의 상상력을 사로잡았다. '나는 언론에 그날 내가 벨렘을 떠날 때와 같은 공기 안에서 도착했으며 그날 저녁 비가 올 때 그 빗물은 분명 열대우림에서 온 것'이라고 말했다. 우리가 전시회 안내판에 쓰여 있는 헤드라인을 보고 있을 때 그는 나에게 '언론들은 좋아했지요. 나는 데이터 근거가 있는 메시지를 가지고 있었거든요. 우리가 열대우림을 잃게 된다면 상파울루는 사막이 될 것이라고 말할 수 있다'고 했다.

그 메시지는 룰라(Lula) 정부가 산림훼손을 단속했을 때 상파울루에서 크고 선명하게 들렸다. 아마조니아(Amazonia) 주지사가 모스에게 전화를 걸어 그 물에 의존하고 있는 작물이 있는 남부의 농업 주 지방들에 청구서를 보낼 수 있을 만큼 그 물이 얼마나 많은 가치가 있는지 물어보았던 그 정글까지 퍼져 나갔다.

모스의 발견은 엄밀히 말해서 과학적인 공개는 아니었다. 노브레는 한동안 그 건에 관여하고 있었다. 1988년으로 돌아가면 국립 아마존 연구소 소장 에네아스 살라티는 '구름은 거의 산림으로부터 올라오는 것으로 보인다'고 말하며 산림훼손의 확대는 '대기 중으로 순환되는 물의 양을 감소시키고 따라서 강수량이 줄어드는 연쇄 현상을 일으킬 것'이라고 경고했다.[33] 하지만 모스의 데이터는 설득력이 있었다. 예를 들어 그 데이터는 그가 벨렝에서 상파울루까지 따라갔던 플라잉 리버가 1초당 3,200m^3의 물을 운송한다는 것을 보여주는데, 하루에 거의 4개월 동안 2백만의 상파울루 거주자들에게 공급하기에 충분한 것이었다.[34] 아마존의 강우는 단 한 번이 아니라 열대우림을 거치는 여정 동안 일반적으로 다섯 번에서 여섯 번 정도 순환되고 있었다. 아마도 비행 스토리의 더 중요한 점은 새로운 과학이 공개적으로 멋지게 확인되었다는 것이다. 그는 아마존의 내음을 맡으며 비행했고 그 물방울을 연구실로 가져왔다. 모스는 로잔(Lausanne)의 전시회 오찬의 마지막 와인 잔을 들며 '과학자들은 우리가 그들이 이미 믿고 있었던 사실에 입각하고 있다고 말할 수 있을 것이다. 하지만 대중들에게 있어서 그것은 모든 변화를 불러왔다'고 말했다. '내 여행을 이해하면서 그들은 아마존이 그들뿐 아니라 도시에 살고 있는 사람들에게도 생명줄이었음을 알게 되었다'며 그 당시 브라질 환경부 장관이었던 마리나 실바(Marina Silva)는 모스가 이 스토리로 과학적 메시지를 분명하게 전달할 수 있을 것이라는 생각에 2009년 코펜하겐의 유엔 기후 협상*(UN climate negotiation)*에 파견했다. 모스는 내게 '브라질은 플라잉 리버가 있다는 것을 보여주게 되어 자부심을 느끼게 되었다'고 말했다.

아마존의 플라잉 리버는 남미 대륙 반 이상에 강우를 뿌려주는 주요한 물 줄기다. 예를 들면 그 물들이 에콰도르의 루 조스트 난초*(Lou Jost's orchid)*가 뒤덮인 산등성이 위에 구름을 만들어낸다. 캠브리지 대학교 환경경제학자 파르타 다스굽타*(Partha Dasgupta)*가 말했던 것처럼, '칠레를 제외한 남미의 모든 나라들은 아마존 수분의 혜택을 받는 것이다.'[35] 주목할 만한 것은 플라잉 리버가 바다에서 멀어질수록 육지 산림의 증산으로 인해 더 많은 비를 내린다는 점이다. 산타렝*(Satarem)* 인근 바다의 연간 강수량은 215센티미터이며 아마조나스*(Amazonas)* 중부의 테페*(Tefe)*에서는 245센티미터인 것이다. 이 현상은 하천 항구인 레티시아*(Leticia)*에서 더욱 두드러진다. 아마존 습지 서쪽 끝 콜롬비아, 페루, 브라질 간의 경계 레티시아는 안데스산맥으로 태평양 바람이 차단되고 동풍을 받게 된다. 경로를 따라 수목들이 없었다면 건조한 바람이었을 것이다. 하지만 식생 위를 지나는 바람으로 인해 정글처럼 다습한 것이다. 레티시아는 연간 330센티미터의 비가 내린다.

안데스에 도달한 후 아마존 플라잉 리버는 산맥에 의해 남쪽으로 밀려난다. 여전히 포화된 상태로 아마존 서쪽 측면과 브라질 남부, 볼리비아, 파라과이, 우루과이 상공을 거쳐 아르헨티나 팜파스*(Argentine pampas)*로 향한다. 남쪽으로의 경로 대부분은 결과적으로 아마존 플라잉 리버로부터 수분의 70%를 얻게 되는 플라타 강*(River Plata)* 습지 상공이다. 국립 자연재해 관측센터*(National Center for Mornitoring Natural Disasters)*의 센터장인 마렝고*(Marengo)*는 아마존의 부분적인 산림훼손만으로도 그 습지의 건기 강우량의 1/5 이상이 감소할 것이라고 말한다. 저수지들 바닥이 드러나고 대두 농장과 소목장들이 말라비틀어질 것이며 거대한 판타나우 습지*(Pantanal wetland)*가 먼지 구덩이가 될 것이다. 그는 '실제 강의 지류를 단절시키는 것과 같을 것'이라고 말한다. 나무를 지켜야만 우리가 물과 플라잉 리버를 지킬 수 있는 것이다.

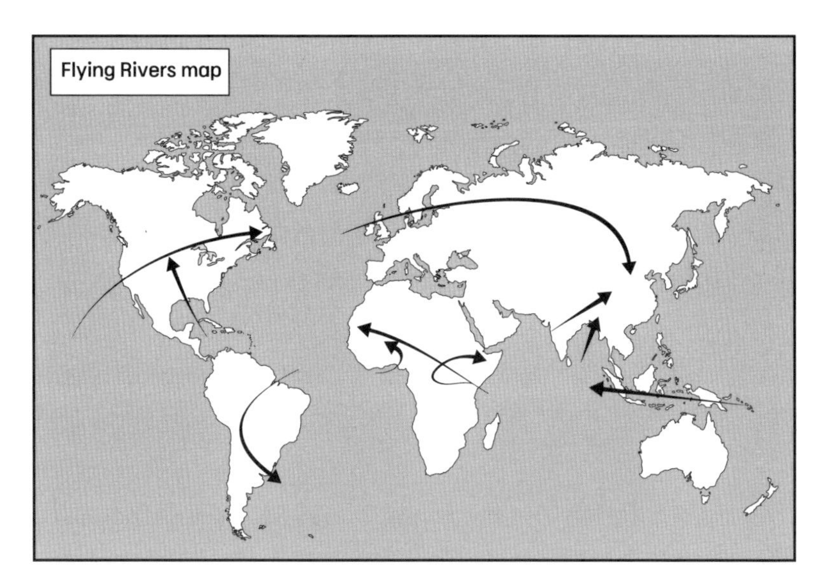

아마존 플라잉 리버에는 어떤 특별함이 있을까? 플라잉 리버가 상공에서 다른 쪽으로 흐를 수 있을까? 아마존 열대우림의 광대한 크기로 인해 플라잉 리버로 먼저 시작했다. 하지만 실제로 건조지역이 되었을 내륙지역에 나무에서 기인한 강우를 확산시키는 마찬가지로 중요한 또 다른 플라잉 리버들이 있는 것으로 알려졌다.

브라질의 기후 연구자들이 아마존 물순환에 대한 개념을 정립했던 1990년대에 네덜란드 델프트 공과대학교*(Delft University of Technology)*의 수문학자 허버트 사베니제*(Hubert Savenije)*가 서부 아프리카에서 물순환 연구를 시작했다. 그는 내륙지역으로 이동할수록 산림에서 나온 강우의 비중이 증가하여 내륙의 90%에 이른다는 것을 알아냈다.[36] 서부 아프리카 몬순이라고 하는 연중 기간동안 해풍이 있었다. 하지만 산림이 빈약해서 말리*(Mali)*, 니제르*(Niger)*, 부르키나 파소*(Burkina Paso)*와 같은 국가들을 지나면서 곧 건조해진다. 결국 사하라 사막이 된 것이다.

사베니제는 똑똑한 젊은 학생 루드 반 데르 엔트*(Ruud van der Ent)*에게 이러한 현상이 전 지구적 차원에서 있을 수 있는지 연구해 보라는 임무를 맡겼다. '자료를 읽어보았는데 물순환 분석에 있어서 큰 차이가 있다는 것을 알아냈다'고 반 데르 엔트가 내게 말했다. 강우는 주로 해수로부터 증발한 수분으로 생성된다는 통념은 데이터와 일치하지 않은 것이다. 그는 곧 그 차이의 원인이 산림이었음을 깨달았다. 그래서 증발, 증산, 바람, 기온, 강우 패턴에 대한 실제 데이터에 맞춘 지구상의 대기 흐름의 컴퓨터 모델을 창안해 냈다. 그의 발견은 10년에 걸쳐 논문 시리즈로 출간되어 전 지구적으로 강우의 40% 이상의 수분이 해양이 아닌 육지로부터 온 것을 밝혀내었다.[37]

그가 수분의 흐름을 그린 지도를 내게 보여주었다. 하늘 위로 흐르는 강들은 모두 지구상의 주요 산림지역으로부터 뻗어 나가고 있음을 나타내고 있었다. 아마존과 플라잉 리버는 물론 북아메리카, 동남아시아 산림지역, 콩고 열대우림으로부터 사헬과 에티오피아로 수분을 이동시키는 다른 플라잉 리버들이 있었다. 이들 중 가장 긴 플라잉 리버는 유라시아 대륙을 거쳐 서쪽에서 동쪽까지 6,000km를 휩쓸고 지나간다. 동쪽에 더 다다를수록 더 많은 수분이 산림지역으로부터 순환되었다. 중국 북부에서는 강우의 80%가 스칸디나비아와 시베리아의 산림으로부터 생성되어 여러 단계를 거치면서 6개월 이상이 소요되는 여정을 거치게 된다.

'내가 찾아낸 것 중에서 중국이 처음이었고 제 눈을 뜨게 해주었다'고 반 데르 엔트가 내게 말했다. '우리가 고등학교에서 배웠넌 이전의 지식과는 맞지 않았다. 중국은 태평양에 인접해 있지만 대부분의 강우는 먼 서쪽 내륙에서 순환된 수분에서 비롯된 것'이라고 말했다.

리얼-월드 데이터*(Real-world data)*는 그의 모델에서 나온 결과물을 지지한다. 아마존 플라잉 리버가 해안가보다 더 많은 강우를 내륙에 전달할 수 있는 것처럼 콩고 분지의 산림도 마찬가지다. 푸앵트 누아르*(Pointe-Noire)*와 같은 해안 도시에서는 연간 1,000mm의 강우가 내리지만, 깊은 내륙 키상가니*(Kisangani)*에서는 1,600mm가 내린다. 북극에서 거대한 북부 산림을 거쳐 내륙을 지나갈 때도 같은 패턴이 나타난다. 순환된 물은 오비*(Ob)*, 예니세이*(Yenisei)*, 레나*(Lena)*과 같은 시베리아의 거대한 강과 캐나다 북부의 매킨지 강을 채운다.

내륙의 산림이 없는 곳에서는 이야기가 완전히 달라져서 내륙의 강우량이 급격히 감소된다. 사베니제(Savenije)가 연구를 최초로 했던 서부 아프리카에서는 라이베리아(Liberia) 해안 지역의 4,600mm에서 내륙 2,000km 지점인 알제리아 오아시스인 타만라세트(Tamanrasset)에서는 단 50mm 수준으로 떨어진다. 호주 북부 해안의 다윈(Darwin)은 연간 1,800mm에서 약 1,500km 내륙인 앨리스 스프링스(Alice Springs)는 단 280mm일 뿐이다.

언급하기에 이상하지만 10년 전 처음 출간되었을 때 반 데르 엔트의 모델링에 대해서는 아무도 관심을 가지지 않았다. 그가 정의한 수분 컨베이어 벨트(conveyor belts of moisture)는 아마존 외부에는 거의 알려지지 않았다. 대부분의 기후 연구자는 산림의 영향에 대해서 이산화탄소의 관점 혹은 증산의 지역적 영향으로만 바라보았다. 지금은 인식이 달라지고 있다. '글로벌 수문학적 순환의 새로운 이미지가 부상하고 있는 것'이라고 스톡홀름 대학교의 수문학자 란 왕 에를란손(Lan Wang Erlandsson)은 말한다.

그 시사점은 중요하다. 세계의 많은 곳에서 산림훼손으로 인한 물순환의 손실은 지구온난화보다 더 임박한 위협이다. 콜로라도 주립대학의 대기화학자인 패트릭 키스(Patrick Keys)는 중국의 농업지역, 아프리카의 사헬, 아르헨티나의 팜파스(pampas) 모두 강수량을 멀리 떨어진 산림에 의존한다고 말한다.[38] 열대우림은 주로 농업을 위한 유용 토지를 늘리기 위해 벌채된다. 산림훼손으로 빗물의 수도꼭지를 잠가버리면 궁극적으로 넓은 지역에 걸쳐서도 농업을 지탱할 수 없게 만들 수도 있다.

산림은 먼 도시에도 물을 공급한다. 키스(Keys)는 29개의 글로벌 대형 도시에 강우를 공급하는 원천을 추적했다. 그는 파키스탄의 카라치(Karachi), 중국의 우한과 상하이, 인도의 델리와 콜카타 등 19개 도시가 멀리 떨어진 산림의 증산에 높은 의존을 하고 있다는 사실을 발견했다.[39] 산림 의존도가 높은 상위 10개 도시의 총인구는 2억 명이다. 그는 '바람이 불어오는 방향의 토지이용 변화로 인해 발생하는 강수량의 약간의 변화일지라도 도시의 물 공급의 취약성에 큰 영향을 끼칠 수 있다'고 말한다.

세계에서 가장 큰 도시 중에서도 경고 신호는 이미 명확하다. 인도의 수목 손실은 2019년 인도 동부의 거대한 메가시티인 첸나이(Chennai)가 가뭄으로 충격을 입었던 이유를 설명해 준다. 경제활동이 멈췄고 물 폭동이 일어났다. 물탱크가 긴급 공급을 위해 거리를 순회했다.[40] 원인을 찾던 사람들은 인도 서부 해안의 산줄기인 서고츠산맥(Western Ghats) 산림의 증산이 건기 동안 도시 강수의 50%를 담당했다는 사실을 알아냈다. 그러한 산림의 약 35%가 지난 세기에 손실되었다. 2016년 발간된 논문에서 뭄바이 기술연구소(Institute of Technology in Mumbai)의 수판타 폴(Supantha Paul)과 수비말 고쉬(Subimal Gosh)는 이러한 '최근의 산림훼손이 바람이 향하는 지역의 물 가용량에 영향을 끼칠 것'이라고 예측했다.[41] 이러한 예상이 현실화하는 데에는 3년밖에 남지 않았다.

그들과 연락했을 때, 둘은 더 나아갔다. 첸나이뿐만이 아니었다. 산림은 인도 강수량의 80%를 가져오는 인도 몬순풍(Indian monsoon winds) 미래의 습도를 결정했다. 그들은 몬순 기간 중 하반기 동안 인도에 내리는 모든 강우량의 1/4이 전반기 동안 내린 빗물을 순환시킨 산림으로부터 발생한 것으로 추정했다.

인도네시아를 이루는 섬들은 둘러싼 바다로부터 증발한 수분으로 고맙게도 많은 강수량을 얻을 수 있다. 하지만 반 데르 엔트는 가장 큰 섬 보르네오가 강우의 약 1/4을 증산하는 수목들로부터 얻는다고 추정한다. 지난 반세기 동안 보르네오에 걸쳐 강수량이 20% 감소한 것이 식생 절반이 손실된 것과 일맥상통하는 것은 의심의 여지가 없다. 이는 또한 산림훼손이 가장 컸던 보르네오 섬 남동부에 강수량이 가장 크게 감소한 이유를 설명해 준다.[42]

산림이 더 많이 사라진다면, '이러한 열대지역의 생태계가 무너질 것입니다,'라고 호주의 퀸즐랜드 대학교(University of Queensland) 생태학자 클라이브 맥알핀(Clive McAlpine)이 말한다.[43] 만약 인도네시아와 다른 국가들이 손실된 강수량을 복구하고자 한다면 가장 좋은 방법은 사라진 산림을 복원시키는 일이 될 것이다.

어느 날 아침 베를린 밖의 한 카페에서 나는 포츠담 기후영향연구소(Potsdam Institute for Climate Impact Research) 근처에서 온 대만 지리학자 웨이 웽(Wei Weng)을 만났다. 그녀는 '스마트 산림복원(smart reforestation)' 일을 해오고 있었다. 그녀는 아마존 플라잉 리버를 보충하고 가장 큰 도시 산타크루즈(Santa Cruz)를 위한 강우를 생성시키기 위해 7백만 헥타르가 훼손된 볼리비아 산림의 재조림 계획을 내게 보여주었다. 지역의 산림이 강우를 어떻게 순환시키는지에 대한 그녀의 모델링은 재조림이 연간 6억m^3을 추가로 공급할 수 있다고 제시한다.[44] 그녀는 심지어 브라질과의 경계에 있는 판도(Pando)와 엘베니(El Beni) 두 지역이 식생을 복원시킬 가장 좋은 장소라는 것을 밝혀내기도 했다. 그러한 특정한 계획은 모델링의 정확성에 대한 자신감이 과도하다고 보일 수 있지만 산타크루즈의 권위자들은 열정적이었다. 관계자들은 나중에 내게 시험을 위한 일부 농장을 찾아냈다고 말했다.

산타크루즈는 그러한 조치를 고안한 많은 도시 중 단지 첫 번째일 뿐일 수도 있다. 첸나이는 서고츠(Western Ghats)에 나무들이 돌아오게 할 수 있을 것이다. 브라질 상파울루도 간절할 것이다. 그 대도시들은 2015년 초 도시의 가장들이 아마존의 산림훼손을 비난했던 가뭄 동안 물이 거의 고갈되었다. 서반구(western hemisphere)에서 가장 큰 도시를 위한 가장 큰 상수원인 칸타레이라(Cantareira) 저수지는 마지막 6%까지 내려갔다. 많은 수도꼭지가 말라버렸다.

다른 곳에서는 어떤 과학자들은 제임스 후커(James Hooker)의 식민지 시대에 건조 지역에 비를 내리도록 구체적으로 나무를 심는 방법으로 돌아갈 것을 요구하고 있다. 하지만 그들은 작은 섬들에 수분을 공급하는 것보다는 지구상의 큰 사막들을 마음속에 생각하고 있다. 2018년 이스라엘 바이츠만 과학 연구소(Weizmann Institute of Science)의 길 요셉(Gil Yosef)는 아프리카 사헬 사막의 건조한 가장자리와 호주의 북부 건조지역에 대규모 조림 사업을 진행했다.[45] 그는 서아프리카 몬순의 수분 공급을 강화하고, 사헬과 사하라에 연간 300mm까지 강수량을 증가시키기에 충분한 지역 증산량을 높일 멕시코 크기의 산림을 구상했다. 니제르(Niger)의 수도 니아메(Niamey)에서는 50% 이상 증가할 것이다. 좀 더 건조한 지역들은 증가율이 훨씬 클 것이다. 증가한 강우는 새로운 대형 산림이 더 이상의 인간의 도움 없이도 확대되도록 할 것이다.

이론적으로는 이런 방법으로 사하라에 6,000년 전 버팔로와 악어 떼들이 서식하던 산림과 호수와 큰 강과 풍부한 습지가 있던 당시의 기후를 돌려줄 수 있다.[46] 요셉의 주장대로 지구상 산림에 의해 탄소 흡수량을 1/10까지 증가시킬 수도 있다. 이러한 사업이 미친 짓으로 들릴 수는 있지만 비가 내리지 않아 나무가 죽고 물을 순환시키는 능력이 줄어들어 공기를 더 건조하게 만들어 바람이 향하는 방향으로 더 많은 나무가 쓰러지는 한계점(tipping point)을 훨씬 넘어가 버려 사하라가 완전히 말라버린 좋은 과학적 증거가 있다. 그렇다면 이러한 폭주 효과를 역으로 적용해 보는 것은 어떨까?

어떤 기후 모델링은 산림이 대기 주변의 에너지가 어떻게 움직이는지 영향을 미쳐 플라잉 리버의 경로 훨씬 이상의 기후 패턴을 조절한다고 제안한다. 마이애미 대학교의 기후학자 로니 아비사르(Roni Avisssar)는 아마존 열대우림이 미국 중서부 곡창지대의 강우량과 캘리포니아의 중요한 물 공급원인 시에라 네바다(Sierra Nevada)의 강설량을 조절한다고 말한다.[47]

나는 또다시 말도 안 되는 소리 같을 수도 있겠다고 생각했다. 하지만 아비사르는 굽힘이 없었다. 그는 그 효과가 열대 태평양 해양(tropical Pacific Ocean)의 수온 변화인 엘 니뇨와 유사하다고 말한다. 바다에서 증발의 정도를 변화시킴으로써 강우 패턴을 뒤집고 사막을 비로 흠뻑 적시고 열대우림을 가뭄에 휩싸이게 하면서 전 세계적으로 기상 이변을 일으키고 있다. 아비사르는 산림이 사라지면 육지로부터의 증산을 변화시키면서 일어나게 될 일과 흡사하다고 말한다. 물론 시간의 스케일이 매우 다르다. 엘 니뇨는 몇 개월 동안 일어나지만, 산림황폐화는 수십 년이 걸린다. 엘니뇨는 먼 지역 강우에 미치는 영향을 보게 되지만 말하자면 아마존 열대우림 손실의 영향은 훨씬 느릴 것이라는 뜻이다. 하지만 그 효과는 마찬가지로 클 수 있으며 훨씬 영구적일 것이다.

키스(Keys)와 왕 에를란손(Lan Wang Erlandsson)은 정부가 강수량에 대해 국경을 훨씬 넘는 육지에 대한 의존성에 좀 더 많은 관심을 갖도록 독려했다. 말리

(Mali)와 니제르와 같은 위생이 취약하고 가난한 가뭄에 취약한 국가들을 포함한 건조한 아프리카 사헬은 그들의 지역 밖에서 생성된 물로부터 희박한 강우량의 90%를 얻는다. 에티오피아 고지대로부터 시작되는 지구상에서 가장 긴 강인 나일의 주요 강줄기는 강우량의 40%를 콩고 분지의 산림으로부터 얻는다.[48] 왕 에를란손(Lan Wang Erlandsson)은 '우리는 이러한 중요한 원천지역의 산림을 유지하기 위한 국제 수문학 협정(international hydrological agreement)이 필요하다'고 말한다.

플라잉 리버에 대한 산림황폐화의 위험성은 아무리 강조해도 지나치지 않다. 농사와 대형 도시들이 생존을 위해 멀리 떨어진 산림에 의존한다는 발견은 전 세계 산림을 보호하고 복원하기 위한 전쟁의 중요성을 획기적으로 높였다. 우리는 플라잉 리버를 둘러싼 미래 전쟁을 상상할 수 있다. 그렇다고 할지라도 이는 또한 기회를 제공한다. 플라잉 리버를 유지하고 증가시키기 위한 미래의 수력 외교(hydro-diplomacy)는 강우가 내리게 유지하는 바람이 불어오는 방향의 산림 복원과 바람이 가는 방향의 국가들 간에 이루어지는 협상과 함께 국경을 넘는 흥미로운 협력을 가능하게 할 것이다. 베이징의 물 공급을 보호하기 위해 중국은 러시아에 북부 산림을 연장해 달라고 요청할 수도 있다. 콩고 분지의 국가들은 에티오피아에서 수단을 거쳐 이집트로 향하는 나일의 흐름을 확보하는 방법으로 식생 지대를 유지하도록 금전적인 지원을 받을 수도 있다. 이러한 방법으로 숲을 유지하는 것은 또한 국제 평화를 이루는 방법이 될 수도 있다. 플레이보이 비행사가 분명 무언가를 시작한 것이다.

3

숲의 숨결

Forest's Breath

공기를 마시고 바람을 뿜어내다

Sniffing the Air and Shooting the Breeze

위에서 창문 밖을 내다보면 현기증이 난다. 그럼에도 불구하고 나는 일생일대의 여행을 떠나려던 참이었다. 나무 꼭대기 정도가 아니라 나무가 저 아래로 자그맣게 보일 때까지 더 높이 올라갈 것이다. 우리는 새벽이 오기 전에 출발했다. 아마존 열대우림 심장에 있는 정글의 도시 마나우스*(Manaus)* 밖으로 세 시간을 달렸다. 다시 아마존 주요 지류 중 하나인 우아투마강을 보트로 몇 시간을 타고, 낮은 로더 트럭으로 한참을 더 숲속을 달려 캠프에 도착했다. 가이드와 나는 순례 목적지로 향했다. 울창한 숲 사이로 햇빛이 눈부시게 들어오고 고함원숭이들*(howler monkeys)*이 울어 대기 시작할 무렵 하늘로 우뚝 솟아오른 철제 탑이 눈에 들어왔다. 325m 높이의 아마존 고탑 관찰대는 라틴 아메리카에서 가장 높은 구조물이자 파리의 에펠탑보다 더 높지만, 훨씬 덜 견고하다는 것을 금방 눈치챘다. 방송국 철탑에 좀 더 가까운데 리프트가 없고 꼭대기 층까지 대부분 노출된 계단이었다.[49]

이 탑을 올라가지 전에 우리는 안전 브리핑을 열중해서 들었다. 나무의 수관 높이 이상으로 올라가려면 천오백 개의 계단을 올라야 했다. 우리는 몸을 구조물에 연결하는 안전장치를 착용했지만, 설계 문제로 인해 계단이 꺾일 때나 계단 백 개째마다 장치를 풀었다가 다시 연결해야 한다는 주의를 들었다. 이미 포기하기에는 너무 늦었다. 긴 숨을 들이쉬고 고개를 들었다. 처음에는 온통 주위에서 야생동물의 울음소리와 노랫소리를 들으며 어둡고 습한 정글 속을 올라갔다. 나무 수관을 지나 올라갈 때 얼굴 몇 인치 앞에서 큰 새가 우리를 스쳐 지나갔다. 그때부터는 거의 한 계단마다 날씨가 바뀌었다. 기온은 나무 수관 바로 밑에서 가장 높았다가 떨어지기 시작했다. 습도도 떨어졌다. 약간 흔들리던 내 노트에 150m를 기록하자마자 강한 바람이 불기 시작했다. 나는 구조물을 강하게 붙잡았고 계단이 꺾이는 곳마다 잠깐 서서 안전장치를 더블 체크하고는 다시 올라갔다.

한 시간 정도 시간이 흘렀을 때 우리는 그동안 올라왔던 길의 풍경을 보기 위해 잠시 멈췄다. 꼭대기에 이르기 한참 전이지만 나무들은 지평선까지 끊임없이 펼쳐진 브로콜리 머리처럼 아주 작게 보였다. 대기 중에는 안개가 있었다. 이때가 아마존이 불탔던 2019년 9월 중순이었다. 산불로 인한 훼손된 지역이 수백 Km에 이르렀다. 바람을 타고 불에 탄 나무 냄새가 느껴졌다.

나와 함께 동행한 독일 연구원은 구조물을 오르는 내내 모니터링 장비를 확인했다. 타워에 부착된 지상의 데이터 로커에 연결된 장치들이 우리 아래로 뻗어 있는 수십억 그루의 나무로부터 배출되는 가스를 기록하고 있었다. 산림은 지구상 살아있는 모든 바이오매스의 40%를 포함하고 있다. 나무는 이산화탄소를 들이마시고 수증기와 산소를 내뿜는다. 하지만 독일 연구원의 관심사는 나무들과 관련된 수십 가지의 다른 화학성분들이었다. 그중 최고는 VOCs라고도 하는 휘발성 유기 화합물(*volatile organic compounds*)이었다. 나무에서 배출되는 수분을 재활용하여 구름을 생성시키는 데 도움을 줄 것이라고 추측하고 있다. 타워를 방문하기 전에 마나우스(*Manaus*)에서의 컨퍼런스에서 그들의 연구 결과를 들었다. 연구를 시작했던 당사자로부터 직접 좀 더 자세한 이야기를 듣고 싶어 우리는 구름 속을 올라가고 있었던 것이었다. 맨 꼭대기에 올랐을 때 마인즈(*Mainz*)에 있는 막스 플랑크 화학 연구소(*Max Planck Institute for Chemistry*)의 디렉터이자 타워의 수장인 마인라트 안드레애(*Meinrat Andreae*)를 만났다. 조용하고 차분한 성격의 그는 컨퍼런스에 참석하기 위해 유럽에서 출장을 온 것이다. 그는 우리가 도착하기 전에 먼저 혼자 타워에 올라와 있었다. 그는 숲을 즐기는 사람이라는 것을 금방 알 수 있었고, 내 질문에 집중할 준비가 되어 있었다. 우리는 바람을 맞으며 어느 방향을 쳐다보든 수백 Km씩 펼쳐져 있는 산림을 바라보았다. 마침내 나는 그 타워가 어떻게 건설될 수 있었는지 물어볼 기회를 갖게 되었다.

2007년, 안드레애는 열대우림의 대기와의 상호작용을 이전보다 더 상세하게 조사하기 위한 구조물을 제안했다. 열대우림 수관층 이상 높이의 하늘에 영구적인 센서를 설치한 것은 이 구조물이 처음일 것이다. 끝없이 양탄자처럼 펼쳐진 나무들을 응시하며 그는 내게 당초에는 마나우스로부터 150km 북쪽인 이 지점이 '산업화 이전 지구의 대기화학에 대한 창문'을 제공하기에 충분히 멀리 격리되어 있기를 원했다고 말했다. 광활하고 대체로 원시림인 숲(pristine forest)의 숨결을 분석하기 위한 장소였다.

그는 바라던 바를 일부 달성했다. 이곳은 우기 동안 대서양으로부터 깨끗한 공기가 대체로 온전한 산림(intact forest) 800km를 거쳐 불어온다. 바람은 대륙을 거쳐 긴 여행을 하는 아마존의 플라잉 리버이다. 하지만 우리는 확실히 그다지 깨끗하지 않은 냄새를 느끼고 있었다. 우리가 그곳을 오른 시기는 브라질 사람들이 '초승달 모양의 산림훼손 구역'이라고 말하는 지역인 남쪽으로부터 가끔 바람이 불어오는 건기의 끝자락이었다. 숲속에 활활 타오르는 불에서 나오는 연기의 악취가 있었다. 과거 원시림으로의 창문 외에 안드레애와 동료 연구원들은 이 타워가 아마존의 디스토피아적인 미래에 대한 창문을 보여주고 있다는 우려를 했다.

2015년 타워가 개설된 이래로 장비들이 열대우림 상층으로부터 이산화탄소, 황화합물, 꽃가루, VOCs, 미립자, 메탄, 질소산화물 등을 샘플링해왔다. 모든 데이타는 연구원들이 원래 수치들을 수목의 광합성 비율, 탄소와 수분의 대기와의 교환 비율과 같은 편리한 매개변수로 변환하는 타워 지하의 이동 연구실에 접속되어 있다. 이 모든 정보들이 지구상에서 가장 거대하고 복잡한 생태계가 대기와 어떻게 상호작용 하는지에 대한 독자적인 밑그림을 구축한다.

화학물질 중 일부는 예측하지 못 해왔었다.[50] '우리가 아직 설명할 수 없었던 공기 중에서 일어나는 반응들이 있다'고 안드레애가 내게 말했다. '우리도 몰랐던 건데 나무에서 나오는 배출가스들이 있는 것 같다'며 그 사실이 그를 흥분하게 했고, 그것이 그가 타워를 건설한 이유라고 말했다. 내 경험상 과학자들은 그들이 알고 있다고 생각하는 사실을 확인하기 위해 연구를 하는 데만 관심이 있다. 안드레애와 같은 정말 좋은 사람들은 미지의 것을 알아내는 것을 즐긴다. 그는 숲의 숨결에 특정한 향기를 주는 복잡하고 알려지지 않은 VOCs의 기능을 찾아내고 있었다.

대부분의 수목은 이러한 가스를 내뿜는다. 여기에는 수십 개의 상이한 물질들이 있다. 최소한 제일 많이 알려졌지만, 같은 것이 아닐 수도 있는 주요 카테고리들은 아이소프렌류*(isoprenes)*와 테르펜류*(terpenes)*이다. 아이소프렌류는 대부분 활엽수들에 의해 생산되고 전 지구적으로 약 절반을 차지한다. 침엽수들이 독특한 소나무 향의 원인이 되는 테르펜류를 생산한다. 이들중에 안드레애의 직감으로는 빠르게 반응하는 세스퀴테르펜류*(sesquiterpenes)*가 아마존의 가장 중요한 것으로 밝혀질 수 있다고 내게 말했다. 이들은 굉장히 빨리 사라지기 때문에 찾아내기가 힘들다. 이러한 가스들이 극도로 반응성이 높다는 의미이고 그 사실이 그에게 흥미로운 것이다. 그는 가스들이 어떤 것들과 반응을 하고 무엇을 생성시키는지 알고 싶은 것이다.

VOCs는 수증기와 산소와 함께 잎의 스토마타에 의해 배출된다. 가스로 배출되지만 자주 공기 중에서 빠르게 산화되어 구름 형성에 필수적인 에어로졸로 알려진 작은 입자를 형성한다. 구름이 형성되는 데는 물론 수분이 요구된다. 또한 기상학자들이 구름 형성 응축 핵*(CCN, cloud condensation nuclei)*이라고 부르는 공기 중을 떠도는 작은 입자가 필요하다. 수증기가 결국 강우로 떨어지는 물방울을 형성하는 이러한 입자들 주변에 있다. 해양과 대기오염으로부터의 소금을 포함한 공기 중 다른 많은 입자가 스모그를 일으키며 이러한 기능을 할 수 있다. 격리된 산림지역에서는 주요 구름 형성 응축 핵이 VOCs로 형성된 입자들이다. 이러한 과정과 관련된 복잡한 화학을 조사하는 것이 안드레애 타워의 기본 목적인 것이다. 타워를 내려오기 시작했을 때 그는 내게 깨끗한 '산업화 이전' 공기와 아마존의 수백만 건의 산불에 의한 연기 중 공기 모두에서 어떻게 작용하는지 알고 싶다고 말했다.

그가 숲의 숨결의 이러한 비밀을 밝혀낼 수 있도록 허용될 것인가? 그날 저녁 캠프에서 맥주를 마실 때 브라질의 독보적인 대통령 자이르 보우소나루*(Jair Bolsonaro)*의 뉴욕의 유엔 기후 정상회담*(UN's climate summit)* 연설을 시청하기 위해 모두 긴장하여 TV 주위로 모여들었다. 그는 보존과 과학으로 위장한 채 열대우림에 대한 통제권에 대해 열망하는 '제국주의자들*(colonialist)*'로 간주하며 비난하면서 아마존에 대한 외국의 간섭을 격분했다. 고함원숭이들이 어둠 속에서 소음을 일으키기 시작하면서 독일 과학자들은 당황한 표정을 지었다. 보우소나루가 그들을 의미한 것일까? 그들을 초빙한 브라질 사람들은 유럽 협력자들이 곧 집으로 보내질 수 있다고 큰소리로 걱정했다.

내가 글을 쓰는 1년 동안 외국 과학자들은 코로나 바이러스에 의해서만 아마존과 타워로부터 격리되었다. 그들은 다시 돌아가 아마존 숨결에 대한 비밀을 밝혀내기만을 고대하고 있다. 하지만 그들의 작업에 대한 위협은 남아있다.

모든 숲은 VOCs를 내뿜는다. 여름에는 미국 동부가 핫스팟이다. VOCs가 잘 알려져 있는 스모키 마운틴*(Smoky Mountain)* 상층부 안개를 형성한다.[51] 전 지구적으로 나무는 연간 십억 톤으로 추정되는 VOCs를 배출한다. 3조 그루의 나무로 나누면 한 그루마다 약 1/3 킬로그램인 것이다. 나무들은 이러한 복잡한 화학물질을 만드는 데 수많은 에너지를 소모시키는데 아이소프렌의 경우 공기와 만난 후 약 30분 정도의 짧은 생을 갖는다. 생물학자들은 무엇이 원인인지에 대해 오랫동안 궁금해 왔다. 이론은 풍부하다. 그들 중 일부는 해충을 쫓고 수분 매개자들을 끌어들이는 것 같다. VOCs가 생성시키는 안개와 구름은 뜨거운 날씨에 나무들을 식혀 주고 강우를 촉진하는 것일 수도 있다. 화합 물질 중 일부는 연소가능해서 가뭄동안에 식생 재생에 산불이 필수적인 곳의 많은 산림에서 수월하게 발화될 수 있도록 연료로 작용할 수도 있다.

대부분의 이러한 설명은 긍정적이고 유용하다. 숲이 자연이 이루어 낸 성취의 정상이라는 환경 측면으로 좋은 편이라는 우리의 이미지와도 들어맞는다. 이 모든 것이 진실일 수 있다. 하지만 나무들이 하는 일에는 언제나 우리의 기대와 일치하지는 않는 그들의 이유가 있다. 슬프게도 이것을 지적하는 누구도 과학이 결국 상당히 정치적으로 될 수 있기 때문에 점점 거칠어 지는 것을 알게 된다.

언급한바와 같이, VOCs는 그 주변에서 구름 방울이 형성되는 작은 입자들로 산화되기 때문에 구름 생성에 도움을 준다. 이러한 산화는 VOCs가 대기 중에서 천연 화학물질들과 반응할 때 발생한다. 수산기*(hydroxyl)*이라고 불리는 이 화학물질은 주요 공기청정제*(atmosphere's cleansing agent)*이다. 최근에는 많은 수산기가 맹독성 온실가스 메탄*(methane)*과의 반응에 소모되고 있다. 여기에서 문제가 생긴다. 주변에 많은 VOCs가 있으면 너무 많은 반응을 하게 되어 메탄을 중화시켜야 할 수산기가 너무 적어진다는 것이다. 결과적으로 메탄은 공기 중에 더 오래 존재하게 된다. 그 농도가 높아져 공기를 가열시킨다. VOCs가 강우에 도움을 주지만 메탄을 축적함으로써 지구 온난화에도 기여하게 되는 것이다.

여기에서 던져지는 질문이 있다. VOCs는 대기에 좋은 영향을 끼치는 것인가 악영향을 끼치는 것인가? 또한 이로 인해 나무도 대기에게 악영향을 끼치는 것인가? 나딘 웅거*(Nadine Unger)*라는 예일*(Yale)*의 젊은 과학자를 검색해 보라. 그녀는 2014년 뉴욕타임즈지에 VOCs에 관한 그녀의 연구에 대한 논평을 기고했다. 이는 전 세계 리더들이 지구 온난화를 감축시키는 방법으로 숲을 보호하고 복원시키고자 하는 전 지구적 캠페인을 요구하기 위해 뉴욕 기후 정상회담에 모여들 당시에 출간되었다. 웅거는 논평에서 '이러한 종래의 통념은 잘못되었다. 사실은 모든 상호작용을 고려하면 대규모 산림 피복률 증가는 실제로 지구 온난화를 악화시킬 수 있다'고 기술했다. 불속으로 연료를 쏟아붓는 격이라면서 편집자는 그녀의 기고문으로 '지구를 구하려면 나무를 심지 말아야 한다'고 헤드라인을 썼다.[52] 웅거는 대기 중의 메탄 레벨을 끌어 올리는 효과로 숲이 생성 시킨 너무 많은 VOCs가, 구름 형성, 이산화탄소 흡수를 통한 식생의 모든 냉각 효과를 상쇄시켜 버린다는 계산을 보여준다고 말했다.[53] 그녀는 1850년 이래로 일반적인 생각처럼 산림 감소가 지구온난화를 가속하지는 않았고 오히려 실제로 약 1/10도 정도 지구를 냉각해 왔다고 말한다. 그러므로 조림 사업은 역효과일 수 있는 것이다. 지구를 뜨겁게 할 수 있는 것이다. 그녀의 논평은 뉴욕에 모인 세계의 지도자들에게 '더 많은 산림 투자는 손쉬운 목표 달성의 유혹일 수 있으나 오히려 악성 채무인 것'이라고 말하고 있다.

이 논평은 비난의 폭풍에 휩싸였다. 동료 기후 및 산림 과학자들은 격분했다. 대부분 과격한 언어와 극단적인 단순화로 그녀의 과격한 언어와 극단적인 단순화를 비난했다. 어떤 사람은 '이 의견은 여기에서 다루기에는 힘들 정도로 너무 많은 수준에서 잘못된 것'이라고 기술했다. 사실은 너무 어려워서 그가 그녀의 과학적 논점의 핵심을 강조하는데 완전히 실패한것이다. 그와 많은 사람들에게는 그들이 반대해야 할 과학 이상의 '메시지'였던 것이다. 그들은 대부분의 환경과학자들 간의 숲의 장점이라는 신앙과 같은 조항에 의문을 제기한 그녀를 미워할 수밖에 없었다. 그녀는 기후변화를 부정하는 사람으로 낙인찍혔다. 그녀는 죽음의 위협까지 받았다. 예일의 캠퍼스에서조차도 몇 동료들은 그녀와 말을 섞으려 하지 않았다.[54] 그녀는 방출되어 5년 후 내가 그녀를 만났던 엑서터 대학교(University of Exeter)의 아틀란틱(Atlantic)의 다른 쪽에서 거주하며 일하고 있었다.

그녀는 상처를 받았지만, 여전히 전투적이었다 '여성 과학자가 과학에 관해 이야기를 하면 여전히 위협적'이라고 그녀가 내게 말했다. 그녀가 받은 많은 비판은 여성혐오였다. (그녀는 신문 속의 과학 기반 논평 중 여성에 의한 것은 1/10뿐이라는 것을 알아냈다) '엄청나게 고통스러웠고, 자신의 경력에 해를 끼쳤다'고 내게 말했다. '그래도 지금 그녀는 훨씬 좋은 곳에 있다'고 했으며, 자기의 분석을 견지했고 동료 연구원들도 계산해 보기를 바랄 뿐이었다. 그녀가 틀렸다면 틀린 것일 것이다.

일부는 도전에 나섰다. '그녀는 나쁜 평가를 받았다. 엄청난 비난이었다'고 리즈 대학교*(University of Leeds)*의 도미닉 스프랙클렌*(Dominick Spracklen)*이 내게 말했다. 그는 그녀가 옳다고 생각하지 않았지만, 인정되는 상식에 대한 도전자로서 그의 팀이 그녀의 주장을 시험해 보도록 했다. 질문의 요점은 VOCs가 수산기를 소진하고 메탄의 대기 수명을 연장하느냐 하는 것이 아니었다. 그들은 그것을 확실히 했다. 중요한 것은 결과적으로 온난화가 VOCs가 구름을 형성하는 냉각 효과보다 큰 것인가 하는 것이었다. 스프랙클렌*(Spracklen)*의 동료 캣 스콧*(Cat Scott)*이 웅거의 계산을 다시 해보았고 그녀가 잘못일 수도 있다는 결론을 내렸다.[55] 스콧은 대부분의 장소와 대부분의 시간에 있어서 수목은 여전히 냉각의 영향을 준다고 생각한다. '하지만 여전히 의문'이라고 내게 말했다.

숲의 호흡 그 자체와 기후에 대한 영향에 대해 모르는 것이 너무 많다. 그래서 우리는 나무의 다재다능함과 순전한 영리함, 그리고 인간이 아닌 나무 스스로를 위해 기후를 어떻게 만들어 가는지 놀랍게 바라보는 사람들인 상식을 깨뜨리는 과학자들이 더 많이 필요하다. 나는 이 책을 기술하면서 그런 사람들을 꽤 만나게 되었다. 많은 사람들이 여성이었다. 또 생각나는 한 사람이 있다.

수니타 판갈라*(Sunitha Pangala)*는 영국의 박사후 과정 연구원이다. 그녀는 작은 배로 아마존강을 2개월동안 여행하면서 13개의 범람원*(floodplain)*으로부터서 부유식물, 토양, 거의 2,400그루나 되는 수목의 수간*(stem)*에서 배출되는 가스를 측정하여 2017년에 큰 관심을 끌었다. 그녀는 메탄을 쫓아다녔으며, 많은 사실을 알아냈다. '수목들은 모두 배출을 꽤 많이 한다. 범람지역에서 수목들은 메탄을 대기 중으로 뿜어내는 대규모 굴뚝이 된다'고 그녀가 내게 말했다. 그녀는 범람된 산림의 1 헥타르마다 매일 수 kg이라던 이전 기록보다 몇백 배 이상이 배출된다는 사실을 알아냈다. 그녀는 아마존의 식생들이 모든 북극 툰드라 생태계를 합친 것보다 더 많은 메탄을 배출한다고 산출했다.[56] 현재 지구상 식생의 대부분이 최소한 일정 시기에라도 메탄을 배출하는 것으로 보인다.

산림 과학자들은 나무껍질에 작은 구멍을 내어 줄기로부터 쉭쉭거리며 나오는 가스에 불을 붙여 오랫동안 학생들을 즐겁게 해왔다. 이러한 가연성 가스에 대해 최초로 분석하여 기록된 것은 1907년 캔사스 대학교(University of Kansas)의 화학자 프란시스 부송(Francis Bushong)이 캠퍼스의 미루나무(cuttowood)를 베어 60%가 메탄이라는 것을 알아낸 것이었다.[57] 아무도 관심을 보이지 않았지만 현재 기후변화 시대인 지금 메탄 폭발은 더 이상 단순히 신기한 현장 학습만이 아니다. 메탄은 두 번째로 중요한 온실가스이다. 각 국가는 그 배출량을 산정해야 한다. 감축시켜야 할 목표가 주어져 있다.

판갈라는 자신의 측정이 받아들여지게 하는 데 많은 어려움을 겪었다. 다른 고참 선배(더 많은 남성) 연구원들은 이전에 산림이 메탄의 흡수원이라고 알고 있었다. 그들은 자신들이 틀렸다는 말을 듣고 싶어하지 않았다. 그러나 그녀가 아마존에서 발견한 내용들은 의심의 여지가 없었다고 뉴욕 스키드모어 대학(Skidmore College)의 크리스토퍼 코비(Kristofer Covey)는 말한다. '그녀는 이 사실들을 폭로했고, 함께 논쟁하기 무척 어려웠다'고 했다. 이것은 아마존 상공을 정기적으로 비행하는 위성들이 지상의 연구원들보다 열대우림에서 나오는 메탄을 두 배나 많이 측정하는지 설명할 수 있다. 지금 판갈라는 그들이 무엇을 놓쳤는지 밝혀냈다.

연구원들은 부패하는 매립지의 미생물, 논, 소의 내장, 석탄 광산과 천연가스 파이프라인에서 누출되는 화석 메탄들로부터의 메탄 배출 목록을 작성해 왔다. 그들은 오래전에 예를 들어 습지에서의 천연 미생물 활동으로 인한 배출에 대해서 알고 있었다. 거기에서 솟아오르는 메탄은 '습지 가스(marsh gas)'로 알려져 있었다. 그러나 판갈라때까지는 수목은 대부분은 목록에서 제외되어 왔다. 이는 크나큰 오류였다. 수목은 잎, 줄기에서 그리고 메탄 생성 원료를 뿌리 안에서 살아가는 미생물들에게 공급함으로써 메탄을 생성해 낸다고 밝혀졌다. 그리고 수목들은 습지에서뿐만 아니라 어디에서나 그렇다. 왜일까? 폐기물일 뿐인 것일까? 아니면 어떤 감춰진 목적에 도움이 되는 것일까? 아직 아무도 모른다. 산림 호흡에 대한 미스터리는 아직 완전히 풀리지 않았다. 또 하나의 남은 질문은 산림의 호흡이 지구상의 바람을 이끄는 원동력인가 하는 점이다.

*

매년 여름, 낮이 길어지면, 러시아 핵물리학자 아나스타샤 마카리예바(Anastassia Makarieva)는 성 페테스부르그(St Petersburg)의 그녀의 연구실을 떠나 북부 러시아의 광활한 침엽수 숲에서 휴가를 보낸다. '숲은 저의 내향적인 생의 큰 부분'이라고 말한다. 지난 25년에 걸친 연간 순례는 그녀의 전문가적 인생에서 점점 더 중요한 부분을 이루고 있다. 백해(White Sea) 해안선의 가문비나무(spruce)와 소나무 숲에서 캠프를 하고 반짝이는 강을 따라 카약을 타면서 자연과 날씨에 대해 기록하는 동안 그녀는 자신의 멘토이자 여행 동반자, 페테르부르크 핵물리 연구소의 동료였던 고 빅토르 고르시코프(Victor Gorshkov)와 함께 발전시킨 이론을 정립했다. 지구상에서 가장 광활한 숲인 러시아 북부의 산림이 아시아의 많은 지역의 기후를 조절하는 바람을 어떻게 생성시키는지 그리고 다른 대륙들의 산림이 어떻게 같은 역할을 하는지에 관한 이론이다.

우리가 앞서 본 바와 같이 스칸디나비아로부터 러시아를 거치고 몽고를 지나 중국으로 뻗은 북부 유라시아의 광활한 땅덩어리가 가장 긴 플라잉 리버를 가지고 있다. 대서양에서 시작되어 동쪽으로 부는 바람은 아마존보다도 더 큰 식생 지역인 거대한 북부 산림에 의해 증산되어 축적된 수분을 머금고 있다. 플라잉 리버가 움직이는 비구름들은 동부 시베리아 지상의 거대한 하천을 흐르게 하고 지구상에서 가장 인구가 많은 곡창지대인 중국 북부 평야의 수자원을 유지해 준다.[58]

마카리예바와 고르시코프는 이러한 바람과 비의 관계를 보면서 한발짝 물러서서 무엇이 수분을 머금은 바람을 만드는지 질문한다. 무엇이 플라잉 리버를 동쪽으로 몰고 가는가? 논란이 많은 그들의 대답은 역시 숲이 바람을 만든다는 것이었다. 그들은 이 거대한 지구 선풍기(giant global wind machine)를 생물학적 펌프(biotic pump)라고 부른다. 웅거와 판갈라 이후에 마카리예바는 남성들이 발을 내딛기 무서워하는 곳으로 갈 준비가 되어있는 세 번째 독보적인 여성 과학자이다. 나는 수학을 가지고 독자들을 귀찮게 하고 싶지 않지만 본질적으로 여기가 논쟁의 지점이다.

대기의 온도 차이로 인해 바람이 분다는 사실은 기상 과학자들에게 오래 받아들여져 왔던 사실이다. 대체로 이는 여름에 강하게 더워지고 겨울에 엄청나게 차가워진 지상 위 공기와 열을 더 잘 유지하고 계절에 따른 온도변화가 훨씬 적은 대양 위의 공기 간의 차이를 의미한다. 여름에는 육지 위의 뜨거운 공기가 상승하고 더 차가운 해상의 공기가 유입된다. 겨울에는 반대로 된다. 대륙 몬순(monsson)으로 부터 현지 바닷바람까지 모든 것이 이러한 방식으로 기술된다.

마카리예바는 이를 부차적인 것으로 본다. 그녀는 대부분의 바람은 실제로 기온 차이가 아니라 산림의 증산작용으로 만들어진다고 말한다. 나뭇잎에서 나온 수분이 기체 수증기의 형태로 대기 중으로 증산된다. 이것이 부양해서 산림 상공으로 떠올라 냉각되어 액상 수분의 물방울로 응축된다. 이 정도는 논란의 여지가 없다. 그러나 마카리예바는 이 액상 수분이 대기 중에서 수증기보다 더 적은 공간을 차지한다는 것에 주목한다. 그 변화가 부분적인 진공상태를 만든다고 그녀는 말한다. 진공 공간을 채우기 위해 더 많은 수분을 품은 공기가 아래에서 위로 빨려 올라온다. 이 상승하는 습한 공기 자체가 수직으로 이동하는 대기로 대체된다. 그래서 이 과정을 진행하는데 공급할 충분한 수증기가 있는 한 계속 불어대는 바람이 형성되는 것이다. 다른 표현으로, 숲이 있는 한 말이다.

이 아이디어는 직설적으로 들리지만, 바람이 온도의 차이로 생긴다는 기존의 생각이 너무 오랫동안 확고했기 때문에 이 대체 이론이 거의 고려되지 못해왔다. '물로 변하는 수증기에 의한 압력 강하에 대해 아무도 들여다 보지 않았던 거다'라며 마카리예바가 자신의 아이디어를 알리기 위해 유럽 전역에 강연 투어를 하는 동안 비엔나에서 만났을 때 내게 말했다.

물론, 물 분자 하나가 기체에서 액체로 전환할 때 대기압에 미치는 영향은 미세하다. 그러나 우리가 아는 수억 헥타르의 면적에 이르는 거대한 면적의 산림의 몇조 단위(1012)에 이르는 나무 개체들의 몇경 단위(1018)에 이르는 스토마타(stomata)로 부터 증산되는 막대한 양의 수분이라면 그 잠재적인 효과는 극단적으로 클 것이다. 그녀에 의하면, 숲은 '단순한 대기의 허파' 일 뿐 아니라 고동치는 심장이기도 한 것이다. 생물학적 펌프(biotic pump)는 지구상의 대기 순환의 주요 동인인 것이다.[59]

이 이론은 주류 기상학자들로부터 거센 비판과 맞서야 했다. 일부는 문화적인 것이다. 40년 동안의 저술로 알게 된바, 과학은 놀랍게도 집단적일 수 있다. 마카리예바와 고르시코프는 비주류였는데 기상학계에서 이론 물리학자들은 서구 과학자들이 러시아인들을 압도해 왔고 마카리예바의 경우는 심지어 여성이었기 때문이다. 받아들여지지 않은 이유는 그 이론의 토대가 사악할 정도로 복잡한 수학적 계산과 연결된 복합적 이론 물리학에 있었기 때문인 것도 있었다. 이는 내가 어쩔 수 없는 일이지만 대부분의 기상학자를 방어적으로 만드는 것 같았다. 그들은 머리를 돌릴 수 없었다. 한 최고의 기상 모델학자는 마치 이 이론을 기각시키는 이유인 것처럼 '이건 그냥 수학일 뿐이다'고 내게 말했다.

이 계산과 결과는 몇몇 대기물리학자들의 지지를 받았고 저명한 물리학회지에 실렸다. 비록 어려운 일이기는 했다. 2007년에 출간된 첫 번째 논문은 무시되었다.[60] 2010년 그들은 많은 대기과학자들이 구독하는 대형 저널인 대기 화학과 물리(Atmospheric Chemstry and Physics)에 다시 시도했다. 『바람은 어디서 오는가(Where Do Winds Come From?)』라는 제목의 신규 논문이 출판되기까지 3년이 걸린 셈이다.[61] 편집자는 출간이 '동의 하는 것'은 아니지만 '반증 혹은 검증으로 이어질 수 있는 논란의 이론에 대한 과학적 대화가 지속되도록 독려하기 위한 것'이라는 토를 달았다. 슬픈 이야기지만 10년이 지난 후에도 검증되지도 반증되지도 않은 채 표류하고 있는 중이다.

베테랑 기후학자 호세 마렌고는 브라질에서 내게 '그 펌프라는 것이 있다고는 생각하지만, 얼마나 중요한지 우리는 알 수 없다. 반면에, 그 러시아 분은 세계에서 가장 훌륭한 이론가들이니 검증하기 위한 적절한 현장

실험을 해 볼 필요가 있다'고 말했다. 노르웨이 생명과학대학교(Norwegian University of Life Sciences)의 산림생태학자 더글라스 쉐일(Douglas Sheil)은 '지금껏 내가 배워 온 바에 의하면 생물학적 펌프 이론은 맞다. 우리는 그 이론이 진실일 가능성이 매우 희박하다고 생각하지만 어떤 식으로든 아는 것이 매우 중요할 것이다.' 실망스럽게도 2020년에 내가 몇 개의 저명한 기후 모델을 제시했던 최고 기후 과학자들로부터 의견을 받아보려고 했을 때 대부분 여전히 관여하기를 거절했다. 아예 무시하기도 주저하는 이들도 지구의 바람 현상에 대해 그들의 설명이 이미 잘 받아들여지고 있다고 말했다. 망가지지 않는 한 고칠 필요가 없다는 것이다.

진실일까? 나는 최고 저널 사이언스지에서 현재의 기후 모델이 열대성 강우를 정밀하게 예측하지 못하고 있는 점을 지적한 리뷰를 찾았다. 가장 정확한 것도 아마존 강우의 오직 절반만을 설명할 수 있을 뿐이다. 이는 큰 일이다. 열대성 강우는 전체 기후 체계에 있어서 가장 의미 있고 역동적이며 중대한 동력 중 하나이다. 그 저자는 이를 '기후 과학의 진보에서 주요 장애물'이라고 일컫는다. 생물학적 펌프가 비주류에 머물러 있는 것이 더욱 놀랍게 만드는 리뷰이다.[62]

기후에 있어서 설명할 수 없는 특징 중 이 펌프이론이 풀어낼 수 있는 다른 하나는 브라질 기후 과학자면서 생물학적 펌프(biotic-pump)이론의 팬인 안토니오 노브레(Antonio Nobre)가 '추운 아마존의 역설(the cold Amazon paradox)'이라고 말하는 것이다.[63] 바람이 추운 지역에서 더운 지역으로 불어오게 된다는 기존 이론을 상기하라. 글쎄, 대서양에서 돌진해서 아마존을 거쳐 가는 바람은, 이 전통적인 이론에 부합하는 것 같지 않다. 대신 1년 중 아마존이 대서양보다 더 추운 시기에도 아마존을 향해 계속 바람이 분다. 노브레는 이 바람이 기온 차이에 기인한 것이 아니라는 유일한 설명은 산림의 생물학적 펌프에 의한다는 것이다.

아무도 실제 지구상에서의 대규모로 펌프이론을 검증할 수 있는 실행 가능하고 합의된 실험을 생각해 내지 못했다. 하지만 한 사람이 응축이 바람을 생성하는 것을 소규모로 시연해 본 적이 있다. 나는 활달한 환경 사상가이자 작가인 피터 번야드(Peter Bunyard)를 알아 온 지 수년이 되었다. 과거 1990년대에 처음으로 내게 플라잉 리버의 개념과 기후에 대한 잠재적인 지구적 영향을 소개해 준 것이 그였다. 최근 그는 콘웰(Cornwell)의 자기 집 마당에 생물학적 펌프 장비를 갖추느라 분주했다. 내가 테스트 실행을 보러 런던으로 밤 기차를 타고 갔다.

아침을 먹고 나서 이웃한 공터의 나무들 위로 해가 떠오를 때 우리는 수분의 응축이 실제로 공기의 흐름을 일으키는지 보기 위해 그가 연구실을 꾸며 놓은 뒷마당 창고로 향했다. 연구실 안 케이블과 센서들의 미로 속에 냉장고에서 가져온 구리 냉각 코일을 설치해 놓은 것이었다. 스위치를 켜자 습한 아침 공기 속에서 물방울을 형성하면서 몇 그램의 수증기를 응축 시키기에는 충분한 냉기가 돌았다. 증산시키는 나무들로부터의 수증기가 산림의 수관(forest canopy) 위로 상승하는 응축을 모방한 것이다. 냉각 코일 위 약 2미터 위로 번야드가 넓은 도우넛 모양의 굴뚝을 만들어 놓았고 그 위에 기상학자들이 풍속을 측정하는 기구인 풍속계(anemometer)가 있었다.

그가 냉장고 코일을 가동했고 우리는 보고 있었다. 몇 초 동안은 아무 일도 일어나지 않다가 냉각 코일 옆 온도계가 공기 온도가 떨어지는 것을 기록하고 있었다. 섭씨 3도에 이르러 고개를 들어 풍속계를 봤더니 공기가 흐르는 것을 기록하고 있었다. 강한바람은 확실히 아니었다. 풍속은 초당 0.18미터, 즉 시간당 6.5킬로 미터로 상승했다. 그렇게 지속되었다. 응축이 많을수록 굴뚝의 공기 흐름을 증가시켰다. 번야드가 냉각코일을 중지시키자, 온도가 다시 올라가면서 풍속계도 0을 기록하였다. 그가 성취감의 미소와 함께 '확실한 것'이라고 말했다. '응축률이 공기의 흐름을 결정한다'는 것이다.

창고 밖에서 번야드가 굴뚝 뒤쪽의 막힌 부분을 열었다. 공기의 흐름을 촉발하기에 충분했던 응축수의 몇 방울에서 비롯된 '비'로 인해 바닥에 작은 물웅덩이가 있었다. 그가 닦아내어 무게를 쟀더니 54g이었다. '가끔 우박이 떨어지기도 한다'고 그가 말했다. 그의 실험은 약간은 히스 로빈

슨(Heath Robinson)** 같아 보였고 창고는 실험실 조건을 재현하기 어려웠다. 처음에 그는 공기 흐름을 감지하기 위해 굴뚝에 화장실용 휴지를 걸어 사용했다. 이후에 센서와 데이터 로깅 장비를 설치하기 위해 생태학 및 수문학센터(Center for Ecology and Hydrology)에서 은퇴한 영국 정부 수문학자 마틴 호드넷(Martin Hodnett)을 고용했다. 반복된 실험에서 나온 데이터는 응축과 공기흐름이 꼭 맞아떨어지도록 명확하고 정밀하며 최근에는 상호 심사저널(peer-reviewed journal)에 게재되기도 했다.[64]

마술사의 트릭이던 그의 실험이든 마카리예바와 고르시코프가 하라는 대로 한 것이었다. '모두가 공기 흐름을 얻을 수 없다고 했지만 나는 해냈다'고 그가 내게 말했다. '도우넛을 순환하는 공기는 펌프이론으로만 설명될 수 있다. 여기에 자신이 가진 조잡한 센싱 장치로도 작동한다면 이는 강력한 반응인 것을 보여주는 것이다. 나는 기후학자들이 생물학적 펌프(biotic pump)를 부징하는 것이 잘못했다는 것을 보여준다고 생각한다'고 말했다.

번야드나 마카리예바에게나 과학에 있어서 실망스럽게도 생물학적 펌프 이론에 대해 찬성하는 사람이든 반대하는 사람이든 아무도 콘웰의 마당에서 그가 해 왔던 일을 가서 들여다보는 수고를 하지 않았다. '기후 모델학자들의 정직한 태도는 제대로 갖춰진 실험실에서 내가 한 일을 그대로 재현해 보고 다른 일들에 비교해 볼 때 얼마나 중요한 일인지 알아보기 위해 그 현상을 모델링 해보는 것'이라고 말한다. 그것이 이론을 검증하고 연구를 재현해 가면서 과학이 진보하기 위해 해야 할 일인 것이다. '하지만 알아보려고들 하지 않더라'고 말했다.

세인트 피터스버그(St Petersburg)로 돌아가면, 마카리예바는 결국 그녀의 생각이 이길 것이라고 확신한다. 그녀는 물리학이 그것을 반론할 수 없게 만든다고 말한다. '과학에는 자연 관성(natural inertia)이 있다'고 한다. 그녀가 전설적인 독일 물리학자 막스 플랑크(Max Planck)의 씁쓸한 러시아 유머 한 마디

**윌리엄 히스 로빈슨(William Heath Robinson, 1872~1944) : 영국의 만화가, 일러스트레이터, 예술가로서 단순한 목표를 달성하기 위한 기발하고 정교한 기계 그림으로 잘 알려져있다. 불필요하게 복잡하고 믿을 수 없는 고안을 설명하는 명사로 'Heath Robinson'을 사용하기 위해 옥스퍼드 영어사전에서 가장 먼저 인용한 것은 1917년임(WIKIPEDIA 내용 번역, 역자 주)

인 과학은 '한 번의 장례식에 한 번씩 진보한다'고 덧붙여 그녀가 말했다.

그녀가 주류 과학자들이 따라오기를(혹은 사망하기를) 기다리면서 러시아의 산림 기본법(basic forest law)인 산림 규칙(Forest Code) 개정에 관한 공청회에 참여했다. 산림규칙에는 엄격하게 보호되는 몇 개의 지역을 제외한 모든 러시아 산림은 상업적 개발이 허용된다고 나와 있다. 벌목자가 갈 수 있다면 그녀가 그렇게도 사랑하는 북극의 대규모 산림에서라도 원목을 벌목하는 데 법적 제한이 없는 것이다. 그러나 변화가 계획 중이다. '우리 산림 부서의 몇 대표들이 생물학적 펌프에 감명을 받고 어떤 개발에서도 제외되어야 할 새로운 범주의 기후 보호 산림(climate-protection forests)을 도입하려고 한다.' 그것은 영원한 아웃사이더가 아닌 새로운 공감대의 일부가 되는 환영받는 변화를 만들었다는 데에 그녀는 동의한다. 이는 또한 기후에서 식생의 중요성이 그 어떤 나라보다도 많은 산림을 가지고 있는 국가인 러시아에서 결국 인정받는다는 신호일 수도 있다.

만약 러시아가 지구상의 생명 유지 시스템(life-support system)에 있어 산림의 진정한 중요성을 인식하고 있을지도 모른다면 브라질은 어떤가? 2020년에 브라질은 위험한 한계점(tipping point)을 향해 가고 있는 것 같다.

4

탕구로에서

In Tanguro

대두농장의 한계점은 아마존의 위기를 예고한다

Tipping Points in Soya Fields Foreshadow Crisis in the Amazon

추운 밤, 버스를 타고 브라질의 수도인 브라질리아를 떠나 초목이 있는 거대한 축우 목장들과 지평선까지 펼쳐진 대두 농장과 듬성듬성 있는 임야들을 거쳐 16시간을 달려 마토 그로소*(Mato Grosso)* 농업의 중심부에 도착했고, 새벽에 열대우림으로 가는 도로의 마지막 도시 카나라나*(Canarana)*에서 하차했다.

곡물 사일로*(silos)*, 바*(bars)*, 존 디어 프랜차이즈*(John Deere franchises)*로 가득찬 카나라나는 1975년 민간 식민지화 사업 시행 제공을 위해 설립된 이래 지구상에서 가장 큰 규모의 대두 재배의 중심이 되었다. 이 지역은 지금 금을 찾아 이곳에 왔던 에드워드 시대의 탐험가들*(Edwardian adventurers)*에게 보인 방식과는 매우 다르게 보인다. 아침 식사 후 현지인들은 100년 전 코로넬 퍼시 포셋*(Colonel Percy Fawcett)*이라는 영국의 괴짜 탐험가가 당시 강을 건넜던 곳을 어떻게 방문했는지 이야기했다. 그는 그곳에서부터 그의 십 대 아들과 함께 금맥이 감춰줘 있다고 예상되는 한 오래된 지도에 표시된 '잃어버린 도시 Z*(Lost City of Z)*'를 찾아 정글로 향했다. 나중에는 방송국 직원들까지 동행하여 그들을 찾기 위해 최소한 13번의 원정대가 꾸려졌지만 둘은 그 이후에 다시 볼 수 없었다. 지역 부족의 원로들은 아버지 포셋*(Fawcett)*이 탕구로*(Tanguro)* 마을에서 아이를 때렸다는 이유로 그들의 증조부들에게 죽임을 당했다는 이야기를 들었다. 그곳은 우연히도 내가 가고 있던 곳이었다.

탕구로에는 더 이상 마을이 없었다. 대신 중국으로 보내질 대두를 가득 실은 트레일러를 끌고 가는 대형 트럭들이 지나가는 미로 같은 길을 따라 카나라나에서 두 시간을 달려 농장이 되어버린 곳의 출입구에 도착했다. 탕구로 농장은 마토 그로쏘(Mato Grosso) 혹은 지구상 어디보다도 가장 큰 대두 농장으로 맨하탄14개 규모의 면적이었다. 이 토지는 원래 1980년대에 마토 그로쏘 지역 대부분을 차지했던 국유림의 불법 파괴의 일부였던 소 방목지로 개간되었던 곳이다. 그 이후에 세계 최대 대두 대기업 아마기 그룹(Amaggi Group)의 주인 브레이로 매기(Blairo Maggi)에 의해 매입되었다.[65]

한때는 거칠고 무법천지였을지 모르지만 지금은 탕구로에서 차분한 분위기의 첨단 전문성이 있는 곳이다. 350명의 농장 근로자는 네이비 블루 모노그램의 회사 유니폼을 걸친 매니저 간부단들이 통제하고 있다. 매니저는 산림벌목업자로 보이지 않도록 걱정하면서 '우리는 지금 땅이 충분해요. 우리의 주 사업은 현재의 땅에 고수익 작물을 재배하는 것이죠.'라고 주장한다. 대두와 옥수수 옆에는 곧 가격이 높은 면화를 심을 계획이었다.

우리는 아마기(Amaggi)사의 온도가 조절되는 사무실로 이동했다. 나는 다른 종류의 에어컨을 보러 왔다. 정부 산림 규칙을 일부 준수하면서 농장의 상당 부분이 산림지역을 거의 만들지 않으면서 관리되지 않는 천연상태로 남겨져 있었다. 그 너머로 우리는 마침내 농장이 끝나고 열대우림이 시작되는 경계에 다다랐다. 좁고 지저분한 길 한쪽은 식재를 기다리는 뜨거운 나대지였다. 다른 한쪽은 키 큰 나무들이 싱구(Xingu) 원주민 보호지역을 거쳐 북서쪽 수백 Km로 그대로 뻗어 있는 시원하고 습도가 충분한 열대우림이었다. 여기가 바로 직선, 단일품종 재배, 컴바인 수확장비가 지구상에서 가장 종 다양성이 높은 생태계와 직면한 곳이었다. 여기가 바로 나무들 자체로 대기를 식혀주는 곳이었다.

매사추세츠에 있는 우즈 홀 연구센터(Woods Hole Research Center)의 산림 과학자 마이클 코(MiChael Coe)가 버스 일행이자 농장의 호스트였다. 이 키가 큰 뉴잉글랜드사람은 2004년부터 우즈 홀과 브라질리아에 있는 아마존 환경 연구원(Amazon Environmental Research Institute (IPAM))[66]의 다른 연구원들과 함께 농장의 오래된 우사에서 거주하며 일해왔다. 이들은 토지 이용의 험준한 변화가 지역의 기후와 천연식생을 변화시키는지 알아내기 위하여 농장과 산림의 경계를 관찰해 왔다. 이는 싱구 상부 분지의 또 다른 곳과 좀 더 광범위하게는 아마존 지역은 물론 열대지역 전역에 걸쳐 어떤 현상이 진행되고 있는지에 대한 모델로, 코(Coe)에 의하면 완벽한 실험실인 것이었다. '여기에 10년이 넘는 데이터를 가지고 있어요. 열대지역 다른 어느 곳도 없는 데이터입니다.'

그가 본 기후 변화는 위력적이었다. 탕구로에서의 조사로 인해 숲이 대기를 식혀주면서 숲 스스로가 의존하는 강우를 만들어 내면서 거의 인식되지 않는 규모로 기후를 조절한다는 것이 분명해졌다. 또한 이 경계의 산림훼손은 산림의 복원을 파괴하고 숲과 기후 간의 시너지를 훼손하는 과정이라는 것도 분명하다. 나는 모델들이 산림 손실로 인해 야기될 수 있는 기후 체계에서의 위험한 전환점(tipping point)의 존재를 예측하는 데 관한 학술적 논문을 읽었다. 코는 여기가 아마도 가장 큰 모델일 것이라고 말했다. 아마존이 죽는다면 여기서 시작될 것이다. 그의 두려움은 그가 이미 실시간으로 보고 있다는 것이었다. 코의 연구 동료 디비노 실버리오(Divino Silvério)가 산림 경계에서 우리와 합류했다. 그는 열대우림 정착을 위한 정부의 정기 프로그램 중 하나로 마토 그로쏘에 온 가난한 농부의 아들인 지역민이었다. 아들 실버리오는 근처에서 농장 노동자로 일하면서 연구소의 보조원으로 자원봉사를 시작했다. 똑똑하면서 부지런했다. 지금은 수석 현장 연구원으로 박사과정을 거치면서 코와 다른 동료들과 함께 최고 저널들에 일련의 과학 논문을 저술하고 있다.

그 논문들이 전해주는 스토리가 있다. 영국면적 크기인 싱구 상부 분지의 1/3 이상의 산림이 훼손되었다. 탕구로 농장에 접해 있는 울창한 산림의 싱구 원주민 보호구역 바깥쪽 지역의 대부분도 포함된다. 산림훼손은 증산작용이 감소하여 지역 기온을 극적으로 상승시킨다. 농장의 상층 대기는 울타리 반대편의 산림지역의 29℃ 비해 평균 5℃가 뜨거운 34℃이다.[67] 온도 차는 건기 말에는 10℃까지 커진다.

일반적으로 아마존의 수목은 하루에 500리터의 수분을 증산한다. 이러한 수분 방출의 물리적 과정은 많은 에너지가 요구된다. 코는 온전한 열대우림 1m²는 주변의 대기 중으로부터 60와트 전구에 해당하는 열을 제거한다고 계산한다.[68] 싱구 상부 분지 전역에서 식생들이 사라짐에 따라 연간 증산량이 반감했다. 더 뜨거워지고 일 년 중 건기는 거의 한달이 길어졌다. 지금 약 4개월간 비가 거의 내리지 않았다. 먼지로 인해 남은 식생들은 생존이 더 어려워지고 있다. 기상학 통계는 한계에 도달했다고 제시한다. 실베리오(Silvério)는 차에서 내리면서 그것이 바로 그곳과 숲에 있어서 어떤 의미인지 보여주겠다고 말했다.

트랙을 따라 나무들이 페인트로 표시가 되어 있었다. 실베리오가 4개월 동안 건강 상태를 추적해 온 150개의 열대우림 수종의 2,800그루의 수목들이라고 한다. 그 와중에 가장 큰 수목들 몇 그루가 고사하였다. 우리는 통로를 가로막으면서 쓰러진 나무를 기어 올라갔다. 남쪽 아래의 사바나 지역에서 자생하는 초본류와 목본류가 그 위치에서 자라났고 길어진 건기에 적응되었다. 그의 산림조사는 열대우림의 사바나화(savannization)의 시작을 나타낸다고 말했다. 산림훼손이 기후를 변화시키고 있고 변화하는 기후가 전체적인 생태계를 정글에서 사바나로 뒤바꾸고 있다.[69]

캠프로 돌아와서 코는 비어 있는 큰 건물을 가리켰다. 그에 의하면 전 정부가 농장의 식생을 유지하기 위해 수립한 규칙을 준수하기 위해 농장 주변에 심을 열대우림 묘목 수천 개를 농장 관리자가 키우고 있는 곳이다. 하지만 농장으로 인해 발생한 새로운 사바나 기후에서는 식재된 묘목들이 고사했다. 이 사업은 중단되었다. 그는 '지금은 너무 덥다'고 말했다.

코는 그날 저녁 바베큐를 하면서 여기서는 사바나화가 한번 시작되면 가속될 수 있고 멈추기가 어려울 것이라고 말했다. 그는 불꽃을 조심히 다루고 있었다. 건기가 길어질수록 기온도 높아지고 숲의 수관 층이 열려 햇빛이 산불을 야기시킬 수 있다고 한다. 수백 년마다 한번씩 산불이 발생하는 아마존 지역들이 지금은 6년마다 불에 타버린다. 산불이 열대우림을 태워버리면 되돌릴 수 없다. 사바나 종들은 거의 즉시 잠식해 버린다. 그는 우리가 자러 들어갈 때 바베큐 불씨를 청소하면서 '산불은 자연이 다시 시작하는 방식'이라고 말했다.

다음 날 아침, 우리는 농장 주위를 마지막으로 돌아보았다. 농장 입구 바로 밖에서 불과 일주일 전에 화염에 휩싸여 살아남은 숲 일부의 검게 타버린 잔해를 보았다. 실베리오*(Silvério)*는 목초지에서 잡초를 제거하던 지역 농장주인이 불이 걷잡을 수 없게 되어 도로를 넘어 숲까지 들어갔다고 진술했다고 한다. '사실은 또 다른 한 필지의 임야를 가축 사육지로 변경하려는 고의적인 시도가 아니었을까?'라고 내가 물었고, 실베리오는 어깨를 으쓱했다. 열대우림 경계에서는 무슨 일이 일어날지 아무도 모르는 것이다. 혹은 최소한 아무도 말하지 않고 있다.

아직 그 과정에서 불가피한 것은 아무것도 없었다. 한계점*(tipping point)*은 가까워졌고 그렇지만 매기*(Maggi)*와 같은 대규모 토지 소유자들은 더 이상 산림을 개간하지 않는다. 정글의 자연이 거기에 매달려 있는 것이다. 대두 농장에는 내가 걱정했던 것처럼 야생동물이 전혀 없지는 않았다. 여남은 키 큰 날지 못하는 타조류*(rhea birds)*들이 농장의 씨를 쪼아 먹으며 돌아다니고 있었다. 우리는 맥*(tapirs)*이 남겨놓은 흔적을 보았다. 맥은 희귀하고 은둔형으로 알려져 있는데 그들의 배설물이 흔하게 발견되었다. 숲 가장자리에는 아르마딜로*(armadillo)* 굴이 있었다. 우리는 운 좋게 대두가 심어질 농장으로부터 바로 20미터 떨어진 야생 통로를 어슬렁어슬렁 내려가는 어린 재규어*(jaguar)*를 보고 사진을 찍을 수도 있었다. 마치 거의 숲의 주인들이 이런 광기의 농장 업자들이 포기하고 떠나기를 기다리면서 웅크리고 있는 것 같은 기분이었다.

장기적인 시각으로 볼 때 그들은 혼자가 아닐 수도 있다. 우리가 있는 곳에서 북쪽으로 수백 Km 떨어진 곳에는 몇 개의 싱구 부족이 점유한 원주민 보호구역이 있었다. 이곳에는 풍요로운 숲속에서 살고 있는 6천여 명의 원주민들의 도움으로 나무들이 아직도 높고 온전하게 서 있다. 숲 자체의 지속적인 회복력과 결합한 그들의 좋은 산림경영은 보호구역에 85%의 산림이 남아있다는 것을 의미한다. 보호구역이 주변의 개간에 의해 전혀 영향을 받지 않는 것은 아니다. 사바나화가 경계를 침입하려 하지만 원주민 공동체들이 남아있는 한 그들의 숲은 기회가 있는 것이다. '잃어버린 도시 Z(Lost City of Z)'가 거기 어딘가에 있다면 잃어버린 채로 남아있는 것이 최선일 것이다.

브라질 여행의 다음 일정을 위해서 남쪽인 상파울루주와 난생 처음 들어보는 도시인 사호 도세 도스 캄포스로 날아갔다. 오랫동안 브라질 항공우주 산업의 중심이었고 지금은 아마존 위성사진을 분석하는 기후 과학자들의 고향이기도 하다. 아마존을 지키는 극렬한 중심인물인 국립우주연구소(National Institute for Space Research, INPE)의 카를로스 노브레(Carlos Nobre)와 꼭 이야기를 나눠 보고 싶었다. 그는 일요일 점심에 나를 초대했다.

노브레는 지난 1990년 처음 아마존의 사바나화에 대해 예견한바 있다. 그는 40%의 산림훼손이 한계점이 될 것이라고 계산했다. 지구 온난화의 배경을 고려하면 20%의 손실이면 불가역적인 변화의 시발점이 되기에 충분하다고 예상했다.[70] 그는 INPE에서 도로를 분석한 위성사진에 의하면 현재 브라질 아마존에서 17%가 손실되었다고 말했다. 따라서 생태학적 종말은 가까울 수도 있다. 최근 2005년, 2010, 2016년의 가뭄은 '생태학적인 한계점(tipping point)의 첫 신호'라고 말했다.

그는 내게 '건기가 4개월보다 길게 지속되면 열대우림이 사바나로 바뀌게 된다'고 말했다. 나는 잠시 말을 멈췄다. 그건 바로 실베리오와 코가 탕구로 농장에 대한 일들에 기술했던 상태와 같은 것이다. 노브레는 4개월을 넘어가기만 하면 상황은 매우 빠르게 진행된다고 말했다. 숲 경계에서 변화하는 기후는 열대우림이 사라질 때까지 멈추지 않을 사바나화의 파도를 만들어내면서 숲으로 더 깊이 관통할 것이다. 한계점을 한번 거치면 인간이 나무를 베어내든 아니든 상관없게 된다. 자연이 스스로 진행하게 될 것이다.

노브레와 점심식사를 하고, 그 다음 날 INPE에 도착했을 때 나는 우울한 기분이었다. 과학자가 새로운 발견에 대한 흥분으로 숨죽이는 것을 보는 것은 흔치 않은 일이다. 하지만 엘리베이터 옆에서 또 다른 연구원과 이야기를 나누며 서 있을 때 루치아나 가티(Luciana Gatti)라는 대기화학자가 끼어들었다. 그녀는 그날 아침 막 끝낸 아마존 열대우림이 흡수하고 방출한 이산화탄소에 대한 최근 분석 결과를 동료에게 알려주느라 바빴다. 그녀는 새로운 발견에 대한 흥분과 그 잠재적인 결과에 대한 걱정에 사로잡혀 '우리는 한계점에 도달했다!'고 소리쳤다.

10년 동안 가티(Gatti)의 팀은 열대우림 상층을 비행하는 항공기 센서로부터 대기 샘플을 추출해 왔다. 그녀는 최근의 결과들을 대조해 왔다. 수천 년 동안 처음으로 마토 그로쏘(Mato Grosso)와 열대우림의 남측을 따라 형성된 산림황폐 아크 지역(the arc of deforestation)을 포함한 아마존의 많은 부분이 전환되었다. 더 이상 대기로부터 온실가스를 배출하는 것보다 더 많이 흡수하는 '저장소(sink)'가 아니라 '배출원(source)'이 된 것이다. 아마존의 이 지역은 적어도 더 이상 지구온난화를 상쇄시키고 있지 않다. 사바나화의 빠른 진척과 울창한 산림의 손실은 지구온난화를 가속화하고 있음을 의미한다. 그녀는 '매년 악화되고 있다'며, '이제 자가 발전 사이클(self-reinforcing cycle)에 돌입했다. 우리는 해야 할 일을 하면서 산림훼손을 중단해야 한다'고 내게 말했다.

다른 학계들도 열대우림의 한계점 도달에 대해 유사한 결론에 이르고 있다. 그들은 숲은 회복력이 있지만 한계가 있다고 말한다. 그리고 아마존뿐만 아니라고 한다. 나는 24개 열대 국가에서 800개가 넘는 산림에서 10,000개 수종 이상의 5십 만 그루 이상의 수목으로부터 추출한 데이터를 평가한 전 지구상에 거쳐 225명 이상의 연구원에 의한 논문을 읽었다. 그들은 연간 가장 따뜻한 시기 중 평균 낮 기온이 32℃에 다다르면 수목 생장이 급격히 감소한다는 사실을 알아냈다.[71] 고사하기도 하고 불이 나기도 한다. 한계점 이상 1℃씩마다 산림에서의 탄소 배출은 4배가 된다.

아마존의 남쪽 경계의 평균기온은 한계점 이상이다. 코가 탕구로 농장에서는 수은주가 정기적으로 34℃ 이상 상승했다고 말했다. 노브레의 아마존 모델링 예측과 함께 시작된 내용은 전반적으로 열대우림에 대해 수용되는 지식이 되었다. 너무 멀리 밀면 그들이 죽을 수도 있을 것이다.

하지만 아마도 우리는 이러한 운명을 피할 수 있다. 우리는 아마존에서 그 어떤 것도 당연한 것으로 여겨서는 안 된다. 내 저술 경력의 대부분 동안 아마존의 파괴는 일상적인 이야기이고 멈출 수 없는 과정처럼 되어버렸다. 두꺼워지고 있는 아마존에 관한 나의 스크랩 파일은 1979년 옵저버(Observer)지의 '아마존의 학살(The Rape of the Amazon)'로 시작했다. 대학살은 지구 정상회담, 기후회의, 열대우림 선언(rainforest declarations), 구호 프로그램을 거치면서 2003년까지 이어졌다. 2003년은 전 트레이딩 노동조합 간부 루이스 룰라 다 시우바(Luiz Lula da Silva)가 브라질의 개혁주의 대통령으로 선출된 해이다. 룰라는 환경주의자는 아니었지만, 여성 녹색 영웅 마리나 시우바(Marina Silva) 환경부 장관을 임명했다.

아마존 극 서부의 고무 채취 농가에서 태어난 문맹의 가정부로서 1980년대 중반에 만난 국제적으로 유명한 산림 권리(forest-rights) 활동가 치코 멘데스(Chico Mendes)에 의해 급진주의자가 되었다. 그가 암살되었을 때 그녀는 용감하게 그의 망토를 걸치고 브라질리아 사무실에서 5년 동안 아마존에 대한 정치를 개혁했다. 그녀는 이전에는 부동산 마피아에 의해 운영되던 지역에 법과 질서를 도입했고 산림 파괴에 대한 실시간 위성 감시로 경찰에 신고하며 국가로 하여금 부동산 소유권 등기 절차를 독려하며 최근 개간된 토지로부터의 소고기와 대두에 대한 판매를 제한하는 등의 개혁을 도입했다.

순조로운 시기였다. 토지 강탈과 산림 파괴의 난장판 이후 산림이 훼손된 가축 목초지를 대두 농장으로 전환하고 있던 농업 기업들은 투자금을 지키기 위해서 법 테두리 안에 있어야 했다. 그들은 수백만을 벌어들였고, 존경받기를 원했다. 그들 대부분이 시우바의 개혁을 지지했다. 브라질은 경제 성장에, 열대우림에 보호 강화를 엮어냈다. 그녀가 사무실을 접수한 십 년 동안 아마존의 산림훼손율이 1/3 이상 감소하였다. 과학자들과 환경주의자들 모두 잘못된 과거는 끝이 나고 실용적인 토지 관리의 새로운 시대가 '와일드 웨스트(wild west)'를 대체하고 있다고 믿었다.

낙관주의는 위험한 일이 될 수 있다. 2019년 나쁜 놈들은 사라지지 않았다. 그들의 작업 방식은 그대로 유지되었다. IPAM 및 코와 함께 우즈 홀(Woods Hole)에서 근무하는 생태학자 파울로 무티뉴(Paulo Moutinho)는 '그들은 나무를 벌채하고 태워버렸다. 그리고는 가축을 들여왔고 합병을 합법화하는 사면을 기다렸다가 그 이후에 매각할 수 있다'고 말한다. 그러한 일들은 20년 전에 비해 크게 줄어들었지만 완전히 없어진 것은 아니었다. 벨로리존테(Belo Horizonte)의 미나스 제라이스 연방대학(Federal University of Minas Gerais)에서 만난 사회과학자 라오니 라자오(Raoni Rajão)는 '2008년 이후로 산림을 벌채해온 농장에서 국가 전체의 대두와 소고기 수출의 약 1/5이 지속적으로 증가하고 있다'고 말했다. 그가 말하기를 여전히 수많은 '브라질 농업 비즈니스의 썩은 사과'가 있었다.[72] 더우기 이러한 썩은 사과는 실바의 아마존 법규를 폐지하려고 하는 새로운 대통령을 선출하는 데 성공적으로 기여했다.

2019년 초 정권을 잡으면서 자이르 보우소나루(Jair Bolsonaro)는 감독을 없애고 법 집행관들에게 불법 벌채에 대한 벌금 부여를 중단하라고 명령하면서 썩은 사과를 단속하는 기관을 해체하기 시작했다.[73] 그는 환경주의론은 브라질 경제성장을 방해하는 외국인들의 음모라고 말했다. 그는 시우바법(Silva's laws)을 폐지하고 보호지역을 축소하며 원주민 영역을 광산개발업자에게 개방하겠다고 약속한 우익 변호사 히카르두 살레스(Ricardo Salles)를 환경부 장관으로 임명했다. 6개월 후에 브라질에 갔을 때는 범죄가 다시 정글의 일상이 되어있었다. 그해의 아마존 산림벌채의 적어도 90%가 불법이라고 노브레가 내게 말했다.

보우소나루는 벌어지고 있는 일을 세상에 알린 사람을 파면했다. 열대우림의 위성사진을 분석하는 INPE의 디렉터 히카르두 갈바오는 과감하게 산림 벌채가 증가하고 있다는 사실을 보고했다. 갈바오가 떠난 지 얼마 되지 않아 방문을 요청하기 위해 전화했을 때 나는 전화를 받지 않을 것이라고 예상했다. 대신 아마존 모니터링 코디네이터 클라우디오 알메이다는 더 이상 친절할 수 없었다. 그는 자신이 해온 일과 어떻게 하고 있는 지를 보여주고 싶어 했다.

알메이다(Almeida)는 시우바가 2003년 법 집행관들이 불법 산림 개간업자를 적발할 수 있도록 구축했던 산림이 사라지고 있는 지역에 대한 장기적인 연간 점검과 산불이 발생한 지역의 실시간 감독의 두 가지 모니터링을 운영하고 있었다. 아멜다(*Almeida*)는 '이런 시스템을 갖춘 나라는 우리가 처음일 것'이라고 말했다. 열대우림을 들여다보는 창구 및 법 집행을 위한 필수적인 도구일 뿐만 아니라 과학적 금광임을 증명했다. 그는 '우리의 데이터를 바탕으로 400편 이상의 저널에 1,200편의 과학 기사를 냈다'고 말했다. '모두 공공 접근이 가능하다. 온라인으로 찾을 수 있다. 공공 정책 입안을 위한 자료, 파리에서와 같은 기후 회의의 선언과 약속을 위한 근거가 된다'고 말했고, 이는 분명히 보우소나루가 좋아할 일은 아니었다.

우리는 그의 애널리스트 한 명이 컴퓨터 스크린에 앉아 현재 위성사진을 전년도와 비교할 때 컬러 코딩이 변하는 것을 보았다. 통상적인 작업으로 2019년 8월까지 십 년 중 가장 높은 수치로 백만 헥타르에 이르는 대략 레바논에 해당하는 면적이 소실된 것을 최근에 밝혀냈다. 그의 화상 감시자들은 18만 곳 이상의 산불을 발견했다. 어느 밤에는 브라질 국토의 통제권을 위한 새로운 싸움이 진행 중이라는 단 하나의 극적인 신호였던 '불의 날(*day of fire*)'이 될 것이라고 농장 업자들이 사전에 홍보한 것을 확인시켜 주듯이 BR-163이라고 알려진 열대우림 고속도로를 따라 고도로 집중된 산불을 기록했다.[74] 그 목적은 독일 면적보다도 넓은 사유지도 국가 보호지역도 아닌 아마존에 걸친 국유림 4백만 헥타르를 확보하기 위한 것이었다. 땅 투기꾼들은 인수 상황에 무르익었다고 생각한다.[75]

보우소나루와 후원자들은 아마존을 위한 싸움을 환경과 경제개발 간의 전쟁이라는 프레임을 씌운다. 이는 넌센스이다. 땅 투기는 국가 경제개발 촉진과 관계가 없다. 땅 투기꾼들은 막대한 생태적 비용으로 산림을 개간하면서 경제적으로 이용하는데 하등의 어려움을 겪지 않는다. 가축 사육을 위한 전형적인 비율은 헥타르당 가축 한 마리보다 더 적다.

노브레가 일요일 점심을 하면서 내게 말한 것처럼, 진정한 개발은 이미 개간된 토지의 더 나은 이용을 포함하는 것이다. '가축 밀도를 두 배로 늘리면, 이는 전적으로 타당한 일인데, 5천만 헥타르 이상을 산림 복원을 위해 확보하게 되는 것이다.' 좀 더 생산적인 농장은 식생 일부를 보존하기도 한다. '소들은 열대우림 출신이 아니라 뜨거운 것을 좋아하지 않는다. 그늘이 있어야만 육우를 더 살찌우고 젖소들의 우유 생산량을 늘릴 수 있다'고 그가 말했다. 몇 농장주들은 이를 실행했고 명백하게 성공했다. 하지만 대부분 '여전히 와일드 웨스트*(Wild West)*의 헐리우드 이미지를 가지고 있다. 이성적이지 못한 거다. 그들은 막대한 토지를 소유하기만을 원하는 것'이라고 말했다.

그렇지만 모든 것을 잃은 것은 아니다. 그것과는 거리가 멀다. 땅 투기꾼들은 정치적인 우세를 다시 얻었을지도 모르지만, 거대한 농업기업들이 사라진 것은 아니다. 그들은 막대한 투자가 요구되는 고도로 자동화된 농장과 함께 지금 최소한 합법성을 통과하는 관계가 필요했다고 노브레가 말했다. 소유주인 매기는 과거에 불법적으로 수익을 창출했다. 그는 불법적으로 벌채된 열대우림을 사들여 억만장자가 되었다. 그 후 20년 전에는 마토 그로쏘*(Mato Grosso)*의 통치자로서 '대두 왕*(king of soy)*'이 되어 국가 산림벌채의 급증을 주도했다. 하지만 시대가 변했다. 매기는 현재 원하는 토지를 모두 얻었고 환경적으로 비판하는 사람을 달래고 싶어했다. 그가 우즈 홀*(Woods Hole)* 연구원들을 초빙해서 탕구로 농장에 대한 연구 사업을 준비한 이유이다.

나 역시 브라질 농축 산업 연맹*(Brazilian Confederation of Agriculture and Livestock)*의 구애를 잠시 받는 동안 동일한 농업기업 홍보 대우 중 일부를 2012년에 경험한바 있다. 런던에서의 개인적인 브리핑에서 이후 농업부 장관이 된 연맹 대표 카티아 아브레우는 진정성을 가지고 내게 이렇게 말했다. '브라질 농업기업들은 토지를 개간하는 데 관심이 없다. 현재 주요 목표는 이미 가용한 토지를 가지고 생산을 늘리는 것이다.'

약 10년이 지난 지금, 대형 농장주들은 보우소나루의 반환경적 정치가 그들의 소고기와 대두에 대한 국제적 보이콧을 불러일으킬 것을 두려워하고 있다. 나는 이전에 보우소나루가 브라질 산림에 대해 무슨 짓을 저지를지 알려주고자 했던 유럽의 식민주의자들에 대한 분노로 2019년 유엔 기후 정상회담(UN climate summit)에서 어떻게 헤드라인을 장식했는지 언급한 바 있다. 하지만 아브레우의 후임 마르첼로 브리토(Marcello Brito) 역시 같은 주간에 뉴욕지에 실렸다. 그는 결코 저녁뉴스거리를 만들지는 않았지만, 산불진압과 대통령의 선동적인 수사 중단을 촉구했다.[76] 곧이어, 세인즈버리(Sainsbury's)와 테스코(Tesco)를 포함한 영국 최대 소매기업들은 브라질 의회가 공공 산림 토지 침입자들의 점유에 대한 합법화를 용이하게 해줄 보우소나루 법안을 지지한다면 브라질 제품을 보이콧하겠다고 으름장을 놓았다. 며칠 후, 의회는 지지를 철회했다.

브라질의 정치도 아마존과 마찬가지로 한계점에 다다른 것 같다. 떼려야 뗄 수 없이 결탁되어 있다. 우리는 일이 어떻게 돌아갈 지 알 수 없다. 역사는 보우소나루 시대를 지구상 최대의 열대우림에 법과 질서를 도입하게 되고 열대우림 손실에 의한 악영향을 멈추려는 장기적인 추세 속에서 유쾌하지 않은 일시적 문제로 간주할 수도 있다. 아니면 반대로 시우바가 인도한 산림훼손의 극적인 감소가 잠시의 일탈, 즉 계속되는 아마존 파괴 도중의 짧고 행복한 막간이었던 것과 관련이 있을 수도 있다.

5.

산불

Fires in the Forest

다시 시작하는 자연의 방식

Nature's Way of Starting Over

호주는 '불의 대륙'이라 불린다. 지구상 가장 건조한 대륙의 생태계는 연소*(burning)*에 의해 형성되었다. 열대우림 정글에서는 상생한다. 그래서 호주에서는 나무와 불이 함께 한다. 불은 태워버릴 나무가 있는 곳이면 번성한다. 그러나 이상하게 들릴 수 있지만 나무 역시 불을 필요로 한다. 불은 토양을 준비해서 종자를 발아시킨다. 불이 없으면 나무도 없다는 뜻이다.

불의 대륙의 2019년 말과 2020년 초에 발생한 남동부 1/4을 뒤덮은 대화재는 상당히 드문 경우였다. 어떤 이는 숲과 불의 시너지 관계는 무너질 위기에 있다고 말했다. 오히려 아마존과 같이 호주의 산림은 불이 영원히 산림을 소모시킬 수 있는 한계점에 도달하고 있다.

우리 모두가 TV를 통해 본 것이다. 4개월 동안 뉴 사우스 웨일즈와 빅토리아 주는 화염에 휩싸였다. 뉴 사우스 웨일즈 열대우림 1/3을 포함해 5백만 헥타르 이상이 소실되었고,[77] 최소 28명이 사망했다. 빅토리아의 해안도시 말라코오타*(Mallacoota)* 해변에서는 화염에 갇혔던 천여 명이 호주 해군에 의해 구조되었다. 산불은 인접한 남호주로 번졌고, 호주에서 가장 유명하고 수출량이 많은 샤르도네*(chardonnays)*와 소비뇽 블랑*(sauvignon blancs)*을 생산하던 아델라이드 힐*(Adelaide hills)* 포도원이 재로 변했다. 주 당국은 호주 원주민들을 보호하기 위해 물을 찾아 숲에서 나온 야생 낙타 수천 마리를 사살하기도 했다.

산불은 8억 톤의 이산화탄소를 대기 중에 배출시켰는데 이는 호주의 화석연료 연소로 인한 연간 배출량보다 훨씬 많은 양이었다.[78] 정부 보고서에 의하면 산림이 다시 자라 같은 양을 재흡수할 것으로 기대된다고 했지만, 비평가들은 회의적이었다. 그들은 이러한 산불이 더욱 잦아지고 산림이 복구되지 않는다면 그런 일을 기대하기 어렵다고 봤다.

전 세계에서 호주는 지구 온난화 가속도에 가장 많이 노출되었고, 20세기 동안 평균온도가 지구 평균의 두 배인 2도가 상승하였다. 호주에서 기록된 6일 최고온도가 2019년 최대 섭씨 49.9도였다. 이런 유례없는 더위와 함께 평균 대비 40% 감소한 강우량으로 호주에서의 이전의 그 어떤 산불재해보다도 광범위했다.

국가전체가 이 뉴스를 보고 충격에 빠졌을 때, 기상학자들은 예견대로라는 반응이었다. 13년 전 호주 기상청은 지속되는 기후 트렌드에 의해 호주 남동부의 산불 기간이 '대체로 좀 더 극심해지면서 일찍 시작하고 조금 늦게 끝날 것이다. 이러한 영향은 2020년까지 확실할 것'이라고 경고한바 있다[79]. 장관들은 이른 들으려고 하지 않았다. 때마침 산불이 정점에 이르렀을 때 부총리 마이클 매코맥*(Michael McCormack)*은 라디오 인터뷰에서 기후변화와의 관련성을 '일부 순수한 녹색주의자들의 열정'으로 일축했다.[80]

객관적으로 말하자면, 산불은 새로운 현상이 아니다. 제임스 쿡*(James Cook)* 선장이 1770년에 호주에 도착했을 때, 그 곳을 '연기의 대륙'이라고 기록했다. 그 역사는 혼란스러운 이야기로 가득 차 있다. 최악의 사건들은 1939년 검은 금요일, 1967년의 검은 화요일, 2009년의 검은 토요일과 같은 이름을 갖는다. 산불은 생태적으로 어느 정도의 이점이 있다. 많은 호주 대륙 생태는 종자의 전파에 있어서 정기적인 산불에 의존한다. 호주 산림의 3/4를 이루는 800종 이상의 자생 유칼립투스 종의 대부분이 영양분이 부족한 토양으로 화재가 발생하기 쉬운 지역에서 번성한다. 이들의 잎은 타기에 적당한 검*(gum)*으로 알려진 유분이 풍부하다(이 때문에 구어체 이름은 검 나무*(gum trees)*이다). 산불의 연소는 수목들의 종자를 목질의 용기로부터 방출하여 종자가 발아할 영양분이 풍부한 장소를 만들어준다.[81] 산불이 없이는 숲도 없을 것이다.

산불이 맹위를 떨칠수록 일부 과학자들은 야생동물의 멸종을 경고한다. 시니드 대학교의 크리스 딕맨*(Chris Dickman)*은 10억 마리 이상의 포유동물, 파충류, 조류가 불에 타고 굶주리거나 맹금류와 맹수에게 잡아먹힐 것으로 예측하기도 한다. 그는 나중에 추가로 20억 마리가 사라졌다고 추정했다. 주로 산불 지역에서 서식했던 동부 강모새*(eastern bristlebird)*, 토끼 크기의 유대류*(marsupial)*인 긴발쥐캥거루*(long-footed Potoroo)*, 오직 2013년에만 발견된 쥐 크기의 육식 유대류인 은색머리 안테키누스*(silver-headed antechinus)*를 포함한 일부 동물들은 멸종 위기에 직면했다.[82]

일부 사람들은 좀 더 낙관적인 시각을 갖는다. 호주의 산림이 산불에 적응되고 필요하지만 야생동물들도 마찬가지다. 산불 지역에서 서식하는 동물들은 모두 죽을 것이라는 가정은 틀린 것이다. 뉴 사우스 웨일즈 배서스트*(Bathurst)*의 찰스 스터트 대학교*(Charles Sturt University)* 의 데일 니모*(Dale Nimmo)*는 '호주의 동물들은 산불과 공존하는 길고 인상깊은 역사가 있다'고 말한다.[83] 일부 생물은 탈출 루틴에 적합하게 발달하고 진화했다. 일부 동물들은 산불이 지나갈 때까지 깊은 굴에서 웅크리거나 일시적인 동면에 들어가기도 한다. 맹금류와 같은 동물들은 도망 중인 더 많은 사냥감을 산불로 얻을 수도 있다.

산불이 호주 생태에서 일부 필요한 요소일 수 있지만 2019년~2020년 산불의 규모는 거의 유례가 없던 것이었다. 일반적으로 산불이 호주 남동부 산림의 2%를 태우는 게 일반적인데 2020년 대화재 때는 20% 이상 태워버렸다.[84] 너무 덥고 건조해서 생존하기 위해 습도가 높고 불이 없는 환경이 요구되는 유칼립투스 수종의 산림으로 확산되었다. 산불과 산림 간의 시너지가 없는 곳까지 퍼진 것이다. 전체적으로 얼마나 잘 복구될 것인가가 산림 생태학자들의 관심사일 것이다.[85]

호주 산불은 부분적으로는 글로벌 패턴이 반영되기 때문에 국제적인 관심을 끌었다. 지난 8월 아마존의 산불 또한 헤드라인을 장식했다. 또한 2019년에는 알래스카와 캐나다 서부에 유사한 화재와 함께 4백만 헥타르를 태운 시베리아 한대림에서의 극렬한 산불이 있었고 인도네시아 열대우림에서도 160만 헥타르가 타 버렸다. 2020년에는 캘리포니아와 아메리카 피시픽 해안이 2백만 헥타르를 뒤덮고 수십 명의 사망자를 낸 것은 그 지역에서 발생한 가장 치명적인 산불이었고, 이에 따라 큰 타격을 입었다.

과연 그 지역에서는 무슨 일이 벌어지고 있는 것일까? 기후변화는 의심할 여지 없이 전 세계적으로 산불의 위험을 증가시키고 있다.[86] 기상학자들이 산불 기상*(fire-weather)*이라고 부르는 것 이상이다. 영국의 기후변화연구 틴달 센터*(Tyndall Centre)* 매튜 존스*(Matthew Jones)*는 '인류 유래 온난화가 산불의 위험을 증가시키면서 산불 기상의 빈도와 심각성에 있어서 이미 전 지구적인 증가를 초래했다'고 말한다.[87] 태즈매이니아 대학교*(University of Tasmania)*의 산불생태학자 데이비드 바우먼*(David Bowman)*은 1979년 이래로 산불 기상의 평균 건기가 19% 길어졌다는 위험신호를 알아냈다. 우리는 브라질의 산림훼손 아크의 마토 그로소*(Mato Grosso)*와 다른 지역이 건기 연장과 더 많은 산불로 인해 어떻게 열대우림에서 사바나*(savannah)*로 변해가는 정점에 도달할 수 있을지 보아 왔다. 우즈홀 연구센터*(Woods Hole Research Center)*의 파울로 브란도*(Paulo Brando)*는 '파이어 스톰의 결집*(gathering firestorm)*'이라고 말한다.

산불에 취약한 많은 다른 산림 생태계는 초지가 되기 직전일 수 있다. 지난 반세기를 거쳐 미국 서부에서 400 헥타르 이상을 뒤덮는 산불의 수는 다섯 배로 증가했고, 이는 연구자들이 산불 기상 일수가 2배인 것과 관련된 경향이다.[88] 포르투갈에서 그리스에 이르는 지중해 유럽에서는 산불이 여름의 위협을 증가시키고 있다. 북극이 따뜻해 짐에 따라 북극지방의 한대림에서도 산불이 좀 더 잦으리라는 것도 의심의 여지가 없다.

그렇지만 산불 기상이 많다고 해서 산불이 더 많이 발생한다는 의미는 아니다. 전 세계의 산불 규모도 작아지고 있다. 나사 고다드 우주 비행 센터*(NASA Goddard Space Flight Center)* 닐스 안델라*(Niels Andela)*는 인구밀도가 높아지는 아프리카의 사바나 초원에서 영농인들에 의해 숲이 개간됨에 따라 20년 동안 24% 산불이 줄었다는 사실을 알아냈다.[89] 잦은 일은 아니지만 때로는 불길로 인해 도움을 받기도 하는 생태계에 오히려 생채기를 내는 통제할 수 없고, 예상치 못하는, 원치 않는 산불이 증가한 것이다.

산불에 대응하는 데 있어서 일부 문제점들은 예전에 비해 악화된 것 같기도 하다. 모든 화재를 방지하기 위해 우리는 불가피한 큰 화재를 위한 연료를 무심코 쌓아 둔다. 어떤 지역의 공원 및 다른 야생동물 보호구역 관리자들은 이에 대해 현명해졌다. 그들은 건기가 시작될 때 지표면을 거쳐 가면서 죽은 나무들을 제거하는 불을 놓는다. 건기가 끝나갈 때 수관높이까지 오르며 돌진하는 큰불을 방지하려는 아이디어다. 국립대기연구센터(National Center for Atmospheric Research)에서 근무하다가 지금은 독립적인 산불연구자인 리 클링거(Lee Klinger)는 이것이 예전 방식으로 회귀하는 것이라고 말한다. 유럽인들이 들어오기 전 북미에서는 '원주민들은 광범위하게 불을 놓았다. 자주 불을 놓았고 덜 파괴적이었다'고 말했다.

현재 궁금한 점은 산불 위험이 증가하는 곳들에서 그러한 지능적 산불관리는 인간이나 자연환경 어느 쪽도 대비할 수 없는 위험한 산불의 형태를 저지할 수 있느냐 하는 것이다. 생태계의 탄력성을 초과하거나 새로운 상태로 이끄는 종류의 산불, 아마존의 사바나화 혹은 호주의 사막 형성이든... 캠브리지 대학교(University of Cambridge) 파르타 다스굽타(Partha Dasgupta)는 2020년 영국(British) 정부를 위한 생물종 다양성 경제학에 대한 검토에서 '숲과 사바나는 열대지역을 위한 대안적인 안정한 상태'라고 보고한바 있다. 고온과 강수량 부족으로 초래된 산불은 폭주 효과가 있어 '숲으로 되돌아가는 일이 극히 드물다.'[90]

호주는 여기에 어떤 역사가 있다. 2019~2020년 산불에서 우리가 목격한 것은 실제로 이미 오래전에 시작된 산림황폐화와 산불이 계기가 된 기후변화 과정의 연속선상일 수도 있는 것이었다. 인류가 호주 대륙에 처음 도착했을 때 훨씬 더 습하고 울창했다. 하나의 이론은 인류가 숲을 관리하는 방식을 통해 호주 대륙을 지구상 가장 건조한 대륙으로 변화시켰다는 것이다.

콜로라도 대학교(University of Colorado)의 기포드 밀러(Gifford Miller)는 약 45,000년 전 이곳에서 발생한 연대기를 종합했다. 그때로 돌아가면 라틴(Latin)어로 '나무가 없다(no trees)'라는 이름인 호주 남부의 건조한 눌라보 평원(Nullarbor Plain)은 나무에서 서식하는 캥거루가 기어올랐던 유칼립투스 숲의 고향이었다. 지금은 아웃백(the outback)으로 알려진 내륙지역은 지금의 사막 함몰부가 거대한 호수였다. 카티 탄다(Kati Thanda)로도 알려져 있는 에어호(Lake Eyre)는 프랑스와 독일을 합한 크기의 지역에 물을 흘려보낸다. 현재 정상적으로 소금으로 덮여있는 마른 평원이지만 약 백만 헥타르까지 뻗어나가는 깊은 물의 영구적인 본체였다. 호안은 45,000년 전에 가장 높았다.

무슨 일이 있었던 것일까? 기상학적으로는 매년 해양에서 수분을 내륙으로 가져오던 몬순 풍(monsoon winds)이 말라버린 것으로 보인다. 밀러(Miller)는 지구의 기후 요인으로는 설명할 수 없다고 말한다.[91] '변화된 변수는 호주 대륙을 점령한 인간뿐이다.' 그는 새로 유입된 인간들이 숲을 태워 먹잇감들을 몰아냈고 이러한 체계적인 방화가 습하고 울창한 생태계를 한계치 이상으로 압박했다고 주장한다. 그들이 식생을 감소시키면서 바람을 습하게 유지해 주던 증산작용이 줄어들었다. 몬순 풍이 대륙 내부지역에 가져오던 수분이 감소하였고, 이는 다시 더 많은 식생의 손실과 심지어 강수량의 감소를 초래한 것이다. 예전의 생태계는 연속적인 붕괴를 겪었다. 그래서 현재는 내륙지역이 습한 것이 아니라, 강수량이 '해안에서 수백 km 이내의 내륙에서 300ml 이하로 급속히 감소하고 있는 것'이라고 밀러는 기술한다.

호주와 아마존의 최근 사례들은 산림에서 한계점(tipping point)을 뛰어넘고 있는 위험에 대한 경고를 분명히 제시하는 것이다. 그러나 이는 숲이 얼마나 놀라울 정도로 탄력적이고 적응력이 있는지에 대한 더 큰 이야기의 또 다른 측면인 것이다. 증산작용, 플라잉 리버, 화학적 호흡을 통해 숲은 스스로의 혜택을 위해 스스로의 환경을 관리하는 힘을 갖는다. 숲은 오래전에 우리 지구의 대기, 환경, 생명유지 시스템을 만들었다. 그리고 계속하고 있다. 우리가 생명유지 시스템을 망쳐 우리 스스로 위험에 빠뜨리고 있다.

II

천국에서 약탈까지

From Paradise to Plunder

원시림(pristine forests)이란 없다. 콩고 유역의 심장부나 오리노코 상류의 깊은 아마존에서 우리가 보는 모든 곳에는 인류의 발자국을 찾을 수 있다. 위대한 고대 문명들은 나무들 사이에서 번성했다. 개간되었지만 대부분 항상 정글이 되살아났다. 우리는 숲을 파괴하지 않고 수확해 가면서 나무들과 함께 성공적으로 공생했다. 그러나 최근에 자연의 회복력은 우리의 고무와 마호가니(mahogany), 콩과 팜오일, 종이와 고기에 대한 꺼질 것 같지 않은 갈망에 부응하기 위해 분투하고 있다. 파라과이 가시나무 숲으로부터 보르네오 이탄 습지에 이르기까지 우리는 이러한 수요에 맞춰 수백만 그루의 나무를 베어냈다. 제2장에서 우리는 피해를 살펴보고 숲이 어디에서 어떻게 견뎌내고 있으며 자연을 다시 되돌릴 수 있는지 물어보기 전에 역사를 통한 롤러코스터를 타보게 될 것이다.

6

잃어버린 세계

Lost Worlds

콜럼버스 이전에 열대우림이 울창했던 도시들

Pre-Columbian Cities that Gardened the Rainforests

아마존 열대우림에 들어갔던 첫 유럽인들은 주요 강줄기들의 강둑을 따라 도시, 도로, 비옥한 들판에 대해 다음과 같이 표현했다. '집과 집 사이에 공간이 없이 15마일이나 길게 뻗은 한 마을이 있었는데 보기에 정말 장관이었다.' 1542년 아마존 여행길에 스페인 정복자 프란시스코 데 오레야나*(Francisco de Orellana)*와 함께 여행한 도미니크 선교사*(Dominican missionary)*이자 연대기 작가인 가스파르 데 카르바할*(Gaspar de Carvajal)*이 쓴 이야기이다.[92] 도시 경계 너머 난초와 들판이 있었다. 그는 '토지는 비옥했고 겉으로 보기에는 우리 스페인처럼 평범했다'고 기록했다.

이러한 묘사는 그 이후의 탐험에서는 목격된바가 없으므로 각색된 것으로 일축되었지만, 최근의 고고학 연구에 따르면 이 연대기 작가들은 환상주의자들은 아니었다. 현실과 동떨어진 것은 야생 원시 열대우림*(pristine rainforest wilderness)*에 대한 우리의 낭만적인 개념이다. 15세기에 아마존 열대우림의 큰 강을 따라 세워진 둑에는 실제로 상당한 도시 정주지들이 있었다. 그 정착인들은 수렵 채취인들이 아니었으며 오히려 토양을 관리하고 영구적인 경작지를 소유하며 수많은 산림을 과수원으로 일구었던 수준 높은 영농인들이었다.

마나우스*(Manaus)*에 있는 브라질 국립 아마존 연구원*(Brazil's National Institute of*

Amazonian Research)의 찰스 클레멘트(Charles Clement)는 약 500년보다 약간 더 이전까지 오늘날 지구상에서 간섭받지 않은 열대우림으로 보이는 가장 큰 지역의 대부분은 인류의 활동으로 점유된 지대이다. 10,000년이상 동안 정착인들은 산림을 다시 가꾸고, 필요한 것들을 심고, 필요하지 않은 것들은 도태시켰으며, 태우고, 기르고, 물을 빼고, 저수를 하고, 토양을 개량하고 수천 개의 마을과 여남은 개의 도시 정주지를 만들었다. 클레멘트(Clement)는 유럽 제국주의가 도착했던 '1492년에는 원시 경관(pristine landscape)이 혹시 있다 하더라도 거의 남아있지 않았다. 천연으로 보이지만 많은 현재의 아마존 숲들은 가꾸어진 것'이라고 말했다.[93]

원시 아마존의 개념은 첫 유럽인이 도착하고 2세기 이상 남겨진 것을 기록한 탐험가들이 18~19세기에 쓴 연대기들의 유산이다. 그 첫 침략으로 아마존 인구의 90% 이상이 질병과 무기로 전멸된 인간 대학살을 일으켰다. 생존자들은 경작지, 과수원, 궁전, 광장을 되찾기 위해 숲속으로 후퇴했다.

아마존에 대한 이러한 극단적인 재인식의 증거는 한동안 누적되어 왔다. 산림훼손과 원격 탐사의 조합으로 고고학자들은 최대 정주민들 10,000명의 거주지였을 밀집된 도심을 발견해 냈다. 이 내용을 우연히 알게 된 사람 중 한 명이 시카고 일리노이 대학(University of Illinois)의 안나 루즈벨트(Anna Roosevelt)이다. 그녀는 1913년 퇴임 후 '지구상 마지막 위대한 야생'을 찾아 직접 아마존으로 떠난 테오도르 루즈벨트(Theodore Roosevelt) 대통령의 증손녀이다. 70년 후 그녀는 아마존 입구의 크고 평평한 마라조(Marajo)섬의 나무 밑을 파내다가 둑길과 운하로 연결된 거대한 흙더미를 발견했다. 콜럼버스 이전 시대의 '잃어버린 문명'의 일부를 발굴한 것이다.[94]

십 년 후 플로리다대학교(University of Florida) 마이클 헤켄베르거(Michael Heckenberger)는 탕구로 농장에 꽤 가까운 상부 싱구 밸리 남쪽으로 1,000km이상의 흡사한 흙더미를 찾아냈다. 그는 19개의 정주 지역이 소 모양을 한 구조들, 교각과 제방, 과수원, 마니옥(manioc) *** 정원과 개방된 공원용지와 함께

*** 카사바(cassava) 또는 마니옥(manioc)은 남아메리카가 원산지인 다년성작물이다. 카사바는 때로 타피오카로도 불리는 카사바 녹말의 재료이며 버블티에 들어있는 타피오카 펄은 카사바 녹말로 만든 것이다. (출처:위키백과)

최대 50미터 폭의 직선 도로와 모두 연결되어 있어 강한 중앙 권력이 있음을 나타낸다고 말한다.[95] '잃어버린 도시 Z(Lost City of Z)'는 절대 신화 같은 이야기가 아닐 수도 있는 것이다.

현대의 위성 및 레이다 사진 분석은 그러한 놀라운 열대우림의 최초의 가능성이 남아있음을 보여주곤 했다. 그러나 때때로 우연치 않게 발견되기도 한다. 1950년대로 돌아가서 텍사스 엔지니어 한 명이 기름을 찾기 위해 볼리비아 북부 저지대의 야노스 데 모조스(Lianos de Mojos)를 모래밭 주행용 자동차(beach buggy)로 가고 있을 때였다. 예상치 못하게 울퉁불퉁한 길을 달리고 있었는데 일정한 간격인 것 같았다. 전체 지형이 물결의 형태였다. 케네스 리(Kenneth Lee)는 어떤 광대한 농업 문명의 유산을 우연히 찾아낸 것이 아닐까 생각했다고 했다. 그 당시에는 그런 생각이 엉뚱하게 들렸지만 나중에 그것은 사실로 증명되었다.

그 지도를 만든 최초의 연구자인 펜실베니아 대학교(University of Pennsylvania) 클락 에릭슨(Clark Erickson)에 따르면 '피라미드 스케일에 필적할 만한' 엔지니어링 기술이 요구되는 건설사업인 수십만 헥타르에 걸쳐진 능선과 운하 연결망이 임야로 인해 숨겨져 있었다. 올려진 능선은 마니옥, 옥수수, 호박과 같은 작물을 홍수와 서리 피해로부터 방지하고 주변의 운하는 건기에 관개를 위한 용수 공급을 했다. 물결 형태의 지형은 사람들이 나무로 둘러싸인 원형의 섬 형태의 숲 섬이 둑길로 연결되도록 지반을 높인 것이었다.[96]

에릭슨은 1990년대 초 탐험을 마치고 나서 그 사람들은 '지금은 비어 있고 내버려져 있는 지형을 숲을 되살리기 위해 완전히 변형시켰다'고 말한 바 있다. 2020년에 발간된 고고학 보고서는 인공적으로 높여진 약 4,000개 이상의 이와 같은 숲 섬들에서 10,000년 전에 마니옥과 호박이 재배되고 있었다고 확정했다.[97] 이로 인해 아마존이 세계에서 가장 빠른 농작물 도입지 중 하나가 되었다. 유사한 지형이 가이아나(Guiana) 해안, 브라질 북서부, 싱구 분지, 베네수엘라의 오리노코강(River Orinoco)을 따른 숲에서 발견되고 있다.

최초 발견자 케네스 리는 직업을 바꾸어 버린 본인이 발견한 것들에 고

무되어 볼리비아로 옮겨가 나머지 일생을 고고학과 고대 문화를 연구하며 보냈다. 1999년 그가 죽은 후 지역에서는 그의 이름을 본 떠 고고학 박물관을 세웠다. 이는 적절한 헌정이었지만 이러한 잃어버린 문명은 절대 완전히 사라진 것은 아니며 박물관 밖에 존재한다. 사실, 우리가 볼 줄만 안다면 아마존 전체와 그 이상이다.

오늘날의 마을들은 오래된 더 큰 정주지 사이트에 형성되곤 하며 현재의 숲길 역시 브라질 견과류, 아사이 야자와 같은 가치 있는 나무 수종이 수천 년 동안 심어지고 가꾸어지며 고대로부터 조성되어 온 숲 경관을 지나는 경로와 같다. 에릭슨(Erickson)은 카카오, 고구마, 파인애플, 후추, 복숭아 야자, 담배를 포함하여 가꾸고 재배되어 온 것으로 알려진 80개 이상의 식물들 목록을 작성했다. 그는 아마존 숲은 '야생이라기보다는 정원, 과수원, 수렵 채취보존 구역(game preserves)에 좀 더 가깝다'고 말한다. '오늘날 높은 종 다양성으로 높은 평가를 받는 대부분의 지역에는 인류가 이용한 흔적을 가지고 있다.' 이러한 다양성은 '오랜 인간의 개입에도 불구하고 라기보다는 오히려 인간 개입의 결과인 것이다.'[98]

재배하는 인간들의 손은 아마존 수종들의 분포에 대한 수수께끼 중 하나에 대한 설명이 될 수 있을 것이다. 생태학자들은 이곳의 16,000가지의 수종을 기록했다. 하지만 이들 중에 단 227개의 '초우세(hyperdominant)' 종만이 다른 종들에 비해 생태적으로 이 환경에 더 적합하다는 증거는 없지만 기록의 절반을 차지한다.[99] 그들의 대부분을 구별하는 것은 인간에 대한 가치이다.

이러한 발견은 1990년대 이래로 알려져 온 바 있지만 아마존 열대우림은 원시 환경이라는 상식화 된 관념은 없어지지 않고 있는 것 같다. 클레멘트(Clement)는 '비어 있는 숲(empty forest)에 대한 보고서는 과학적이고 대중적인 매체에 계속 사로잡힌다'고 말한다.[100] 우리는 오염되지 않은 에덴(Eden)의 신화에 집착한다. 어떤 모든 열대우림은 일반적으로 원시라고 기술된다. 그러나 클레멘트는 이들이 결과적인 오류라고 말한다. 그는 아마존 인류사를 부정하는 것은 '아마존 원주민들이 어떻게든 고귀한 야만인들이라는 관념'을 유지하고, 과거 사회의 후손들의 역사와 조상들의 고향을 유지할 권리 모두를 부정하는 것이라고 말한다.

콜럼버스의 미국 발견 500주년*(Columbus's arrival in the Americas)*에 출간된 『원시에 대한 오류*(The Pristine Myth)*'』라는 유명한 논문에서 위스콘신 - 메디슨 대학교*(University of Wisconsin-Madison)*의 윌리암 데네반*(William Denevan)*은 아마존을 '거의 모든 곳이 인류화된 지역, 현재 열대 처녀림*(virgin tropical forests)*이라는 것은 없다'고 한다.[101] 그는 아메리카 대륙에 대해서 말하고 있지만, 중앙아메리카, 콩고 분지, 동남아시아를 포함한 다른 열대우림 지역에서도 반영되는 재고 사항인 것이다. 모두들 원시로 보이는 대부분이 실제로는 오랫동안 버려지고 너무 자라버린 정원에 가깝다는 것이다.

과테말라의 마야 피라미드는 지금 관광 명소이다. 이 곳을 건설한 문명은 2,000년 넘게 지속되었으며 과학과 기술, 종교와 천문학, 수문학과 농업의 중심이었다. 이 문명은 1,200년 전에 갑자기 사라졌다. 인구과잉, 기후변화와 산림훼손이 지탄을 받았다. 현재의 이론은 마야인들이 산림을 작물로 대체하여 증산량이 감소해서 자연적 가뭄이 악화한 것이라고 한다. 하지만 마야인들은 산림훼손을 많이 하지는 않았을 것이다. 독일 예나*(Jena)*의 막스플랑크 인류역사과학원*(Max Planck Institute for the Science of Human)* 패트릭 로버츠*(Patrick Roberts)*는 '산림개간을 했다기보다는 지역 산림을 가꾸었던 것으로 보인다'고 말한다.[102] 분명히, 숲이 사라졌다면 1세기 안으로 복구되었을 것이며 오늘날은 마야인들이 목재, 과일 그리고 나중에 살펴볼 심지어 씹는 껌을 위해 보편적으로 재배되었던 수종들이 풍부하게 분포해 있을 것이다.

동남아시아도 마찬가지로 앙코르와트도 12세기 절정에 이르렀을 때의 유물들이 이전에 산림이었던 100,000 헥타르에 걸쳐 뻗어나갔던 아마도 세계에서 가장 큰 산업화 이전 도시단지였을 것이다.[103] 산림은 회복하기 위해 최선을 다했다. 위대한 사원들에 감탄하는 캄보디아를 방문하는 관광객들은 벽을 밀쳐내고 건물을 뚫고 들어간 거대한 나무 기둥들을 배경으로 사진을 찍곤 한다. 그러나 동남아 산림은 적어도 농경사회로 변형된 것이다. 현대 인도네시아와 필리핀의 숲 섬에 있는 많은 나무는 가꾸어져 왔으며 자생종이 아니다. 10,000년 전처럼 초기에 농부들은 현재에는 필수적인 생계 작물인 사고팜(sago palm)을 뉴기니아에서 보르네오로 선적했다. 퀸스 유니버시티 벨파스트(Queen's University Belfast)의 크리스 헌트(Chris Hunt)는 '이 광대한 지역의 산림들은 어느정도는 문명의 인공물'이라고 말한다.[104]

아프리카에는 앙코르와트와 마야 피라미드와 동등한 것들이 있지만 훨씬 덜 알려져 있다. 심지어 잊혀진 상태이다. 몇 년 전, 나는 나이지리아 남부 산림에서 번성했던 이제부 왕국(kingdom of Ijebu)를 둘러싸고 있었던 토성을 찾으러 갔다. 토공사는 165km나 뻗어있고 그레이터 런던(Greater London) 크기의 토지 면적을 둘러싸고 있었다. 이들은 경비실, 해자 및 수비대 막사가 완비된 7층 높이의 장소에 있었다. 성보의 에레도(Sungbo's Eredo)로 알려진 것으로, 내가 방문했던 당시에는 19세기 초 카룰루스마그누스(Charlemagne)가 유럽에서 통치했던 즈음 이제부의 막대한 부자였던 여성 귀족 올로예 빌리키수 성보(Oloye Bilikisu Sungbo)에 의해 발굴된 것으로 생각되었다. 한때는 이곳에 시바의 여왕에게 바쳐진 사당이 있는 신성한 숲이 있었다. 좀 더 최근의 고고학적 발굴로 토공사가 5,000년 이전일 것이라고 추정했다.[105] 연대가 어떻게 될 지라도, 아프리카인들이 유럽인들이 나타나기 전까지 원시 수렵인, 채취 및 유랑 농경인이었다는 오래된 믿음을 날려버린다.

2016년 작고한 본머스대학(Bournemouth University)의 지리학자 패트릭 달링(Patrick Darling)은 내게 성보의 에레도에 대한 팁을 주었다.[106] 그는 이 지역을 운전하다가 처음 우연히 이들 거대한 토공사의 흔적을 만나게 되었다. 그의 방문 전까지는 이 지역 외부에서는 거의 아무도 알지 못했고 달링(Darling)은 보호해야 한다는 캠페인을 시작했다. 그는 측량과 건설에 있어서 이제부에 의해 나타난 기술이 가장 인상 깊었다고 한다. '나침반이나 항공사진 없이 어떤 장애물이 있더라도 토성의 진행을 유지해 냈다'고 말했다. 그들은 늪의 거대한 지류에 의해 중단되곤 하는 울창한 열대우림에서 일관된 마스터 플랜을 유지할 수 있는 능력을 갖췄다.'

달링의 노력에도 이들 대형 토공사는 대부분 밝혀지지 않은 채로 남아

있다. 순례자 몇 명이 크리스마스에 성보의 사당(Sungbo's shrine)을 방문하지만, 대부분의 토성은 접근할 수 없다. 나는 이바단(Ibadan) 근처의 농업 연구소를 방문한 후에 성벽을 찾아 오후 반나절을 할애했다. 그러나 가이드를 약속했던 과학자가 기업에 겁을 먹었는지 모습을 나타내지 않았다. 내가 찾아낸 토성은 푸른 이끼로 덮여 습지대로 뻗어 있는 흙더미였다. 도랑은 식물이 썩는 악취를 내뿜고 개구리 울음소리가 퍼져 나왔다. 신경쓰는 사람도 없었고 방문하는 사람도 없었다. 부끄러운 일이다. 최소한 마야 피라미드나 앙코르와트 만큼 이 열대우림에서의 장대한 삶과 번영에 대한 이야기를 남겼을 것이다.

많은 아프리카의 고대 역사가 비슷하게 잊혀지거나 학술적 연구가 제한되고 있다. 지구상 두 번째로 큰 중앙아프리카의 콩고 열대우림은 현대의 시선으로 보면 원시적으로 보인다. 현혹된 것이다. 산림 층에는 광범위한 농경과 도시 활동, 심지어 산업 사회의 흔적이 남아있다. 습지 퇴적물의 꽃가루에는 3,000년에서 2,000년 전 사이에 대규모 산림 훼손의 증거가 나타난다.[107] 이것도 부분적인 영향을 끼쳤겠지만 로마인들이 북아프리카를 통치했던 훨씬 전으로 보이며, 콩고 분지로 이주한 반투족(Bantu)이 제철소 연료를 위해 나무를 쓰러뜨리고 심지어 개간지에는 오일팜을 심고 있었다.

이 지역을 발로 광범위하게 둘러보았던 야생동물 보호회(Wildlife Conservation Society)의 마이클 페이(Michael Fay)는 지구상에서 인구가 가장 적었던 지역 중 한 곳의 토양에는 방사성 탄소로 추정한 산림훼손 시대의 오일 팜 넛츠가 파종되어 있다고 말한다. 마르세이유(Marseilles)에 있는 개발 연구소(Institute of Research for Development)의 프랑스 고고학자 리처드 오슬리슬스(Richard Oslisly)는 '산림훼손이 광대한 지역에 걸쳐 발생했을 가능성이 있다'고 말한다. 그러나 페이는 사람들이 산림 내 훼손 없이 성공적으로 활동했을 수 있다고 말한다.[108] 이후에 왜 인구가 몰락했는지 아무도 모르고 명확하지도 않다. 페이에 따르면 호모 사피엔스가 현재 중앙아프리카의 심지어 처녀지에서 발견되는 많은 식생에 대해 분명히 책임이 있는'것 같다.

볼 줄만 안다면 과거의 산림 활용에 대한 흔적이 풍경에 나타난다. 수종들의 표면적인 천연적 집합체의 수적 증가는 과거의 경작으로 남겨진 것으로 나타난다. 아마 좀 더 주목할 만한 것은 많은 산림 토양도 마찬가지라는 것이다. 많은 열대우림의 산림 토양들은 특히 이전에 정주 지역 주변에서는 멀칭과 비배가 이루어졌다(mulched and composted). 그 토양들은 대부분의 열대우림의 일반적으로 얕고 비옥하지 않은 토양과는 극명히 다르게 식물 폐기물, 숯, 분뇨, 생선 비늘과 껍질, 동물 뼈 그리고 심지어는 거북이 등껍질과 같은 영양분과 토양 미생물을 풍부하게 해주는 마을 터전의 모든 종류의 유기성 폐기물(organic detritus)을 함유하고 있다.[109]

이러한 인간이 만들어낸 흙이 브라질에서 외부의 과학자들에게 처음 발견되었을 때 포르투갈어로 흑토(dark earth)라는 뜻을 가진 테라 프레타(terra preta)라고 명명했다. 1미터 이상의 깊이를 가지긴 했지만 크기로는 일반적으로 단 몇십 헥타르밖에 안 되는 개별적인 수천 개 필지들이 아마존에서 6백만 헥타르만큼의 큰 면적을 차지할 수 있다. 그중에 숯은 중요한 성분이다. 숯은 천 년 이상 유지되며 공극성 구조는 영양분을 저장한다. 랭커스터 대학(Lancaster University)의 고고학자 제임스 프레이저(James Fraser)는 '인간 정주 지역이나 농경지에서 먼 깊은 정글에서 이러한 비옥한 자원을 찾을 것이라고 기대할지도 모른다. 하지만 나는 전통적으로 농경 지역이었던 마을이나 고대 도시의 변두리를 둘러본다. 주로 그런 곳이다. 오래되고 큰 정주 지역일수록 더 많은 흑토가 나온다'고 말한다.

아마존 대부분의 테라 프레타는 전 콜럼버스 시대로부터 거슬러 올라간다. 그 가치는 사람들이 작물이 유기성 폐기물에서 제일 잘 자란다는 것을 깨닫게 되었을 때 아마 우연히 발견되었을 것이다. 하지만 이후에는 의도적으로 제조하고 지속적으로 추가되었을 것이라는 데에는 의심의 여지가 없다. 고고학자들은 흑토의 우수한 비옥도가 아마존의 밀집했던 도시 인구가 어떻게 먹고 살았는지 설명해 준다고 말한다.

이러한 작업은 유럽의 식민화 이후 인구가 붕괴하였을 때 대체로 사라졌을 것이다. 하지만 어떤 곳에서는 계속 사용되었을 것이고 이에 대한 지식은 완전히 사라지지는 않았다. 현재에는 많은 지역공동체들이 테라 프레타로 돌아섰다. 클레멘트(Clement)는 아마존에서 가장 큰 지류인 마데이라 강(River Madeira)을 따라 상세한 연구를 했다. 그는 대부분의 농경인들이 강둑을 따라 넓게 분포된 흑토를 경작했다고 기술했다. 농경인들은 그에게 흑토가 휴경기간을 훨씬 더 단축한다고 말했다.[110]

흑토는 한때 아마존의 독특한 기술이라고 여겨졌다. 하지만 부실한 토양을 가진 다른 열대우림 지역의 시골 공동체들은 유기성 폐기물로 토양을 개량하는 동일한 전략을 개발했다. 제임스 프레이저(James Fraser)는 아마존에서 몇 년간 연구를 한 후 서부 아프리카의 실질적으로 숲이 울창한 마지막 국가에서 흑토를 찾기 위해 라이베리아로 이동했다. 나는 그가 라이베리아에서 가장 북쪽인 로파(Lofa)의 오지 마을에서 숙소를 잡고 짧은 휴식을 취하고 있을 때 수도 몬로비아(Monrovia)에서 만났다. 그는 웬우타(Wenwuta) 마을 및 인근 주변에서 150개의 흑토 지역을 채취하고 몇 주 전에 도착했다고 말했다. 이 흙들은 천연 적철색 라테라이트(iron-red laterites)보다 훨씬 더 비옥했다. 그는 흙 안에 있는 도자기 조각의 양으로 어떤 지역은 수백 년 전의 것으로 판단했다.[111]

그는 내게 '마을 사람들은 흑토에 대해 모든 것을 알고 있다'고 말했다. '이건 정주생활의 불가피하면서도 우연한 결과이며 가치 있는 자원을 만들어 내는 것이라고 이해된다'고 말했고, 마을 여성들은 새로운 키친 가든(kitchen garden)을 만들기 위해 음식 폐기물을 수집하고 땅에 뿌려 여전히 왕성하게 경작하고 있었다. '19세기와 20세기의 아프리카 탐험가들과 농학자들의 기록을 상세하게 들여다보면 이러한 토양에 대한 보고를 가끔 발견할 수 있을 것'이라고 프레이저가 말했다. 그 기록들에는 농경인이 적당한 장소에서 나무와 다른 식생들을 흙으로 덮은 채로 연소시킨 다음 남은 재를 경작지에 뿌린다고 되어 있다. 최근까지도 외부인들 누구도 이러한 기록의 패턴에 관심을 두거나 그 중요성에 궁금해하지 않았다. 라이베리아(Liberia) 최고의 토양은 인간이 만든 것으로 밝혀졌다. 마을 사람 한 명이 그

에게 말했다고 한다. '흙은 신이 만들었으나 우리가 비옥하게 만들었다.'[112]

연구자들이 숲에서 흑토를 한번 찾기 시작하자 어느 곳에서나 발견되었다. 프레이져는 라이베리아 국경 시에라리온(Sierra Leone)에서 사례들을 찾아냈다. 가나 대학교(Universtiry of Ghana)의 토지이용 연구자 코조 아마노르(Kojo Amanor)는 중부 가나의 버려진 마을들 주변에서 이러한 사례들을 지도로 그려냈다. 유사한 발견들이 기니아, 차드, 카메룬, 말라위, 브라자빌 콩고 공화국, 에티오피아에서 보고되었다.[113] 동남아시아에서도 마찬가지일 것이다. 노르웨이 생명과학 대학교(Norwegian University of Life Sciences)의 더글라스 쉐일(Douglas Sheil)은 인도네시아 보르네오의 마을 근처에서 사례들을 보았다. '유사점들에는 강변이라는 위치, 높은 인 함량과 같은 토양 특성, 주변 토양에 비해 개량된 비옥도가 포함된다'고 했다. 지역 사람들은 작물을 재배하는 데 있어서의 그 가치를 평가하면서 '기원을 알지 못했으나, 그 존재에 있어서는 인간의 활동이 유일하게 타당한 설명으로 보인다'고 결론지었다.[114]

호모 사피엔스들이 수천 년간 열대우림의 생태를 왕성하게 조절해 왔다. 발티모어 카운티(Baltimore County) 메릴랜드 대학교(University of Maryland)의 에를레 엘리스(Erle Ellis)는 심지어 6,000년 전에도 지구 표면의 얼지 않은 지역의 거의 절반이 농경으로 사용된 형태라고 추측한다. 이동경작(shifting cultivation)은 아마도 숲의 기본적 규칙이었을 것이다.[115] '광범위한 정주 네트워크가 아마존, 동남아, 메소아메리카(Mesoamerica)의 열대우림에서 이러한 환경에서 현대 산업과 도시 정주 지역들 보다 훨씬 오랫동안 지속되었을 것'이라고 패트릭 로버츠(Patrick Roberts)는 말한다. 우리 조상들은 열대우림에서만 살지 않았으며 이러한 숲의 기본적 규칙들에 대해 '현재까지 이러한 숲의 자연사에 영향을 미친 결과와 함께 근본적인 방식'으로 인식했다.[116]

숲과의 관계에 대한 이러한 새로운 역사는 오늘날 우리가 생각하는 방법을 바꿔야만 한다. 만약 원시림으로 보이는 대부분의 산림이 사실은 과거 인간 활동 이후 다시 자라난 것이라면, 산림훼손이 돌아올 수 없는 일방통행이라는 기존의 생각은 유지될 수 없다. 이는 산림은 우리가 생각하는 것처럼 연약한 생태계가 아니라 탄력적이며 간섭으로부터 충분히 회복할 수 있음을 보여주는 것이다. 그러나 여지를 남겨두어야 한다. 현대 산림 약탈의 비극은 단지 손상의 수준이 아니라 회복될 수 없도록 다른 용도변경으로 토지를 빼앗아 간다는 사실이다. 우리가 위대한 복원을 어떻게 이루어 낼 것인지 고찰하기 전에, 다음 몇 장에서는 전례 없는 자연의 약탈 속에서 우리가 산림을 어떻게 다루어 왔는지 알아보고자 한다.

7

벌목 전성시대

Woodchopper's ball

콜롬비아 이후의 약탈과 파멸의 길

Post-Columbian Pillage and Roads to Ruin

에르난 코르테스*(Hernán Cortés)*가 멕시코 몬테주마*(Montezuma)*의 아즈텍*(Aztec)* 코트*(court)*에 가서 그곳을 파괴하기 전에 원주민들이 초콜렛의 원재료가 되는 현지 카카오 제품을 얼마나 소중하게 생각하는지 언급한바 있다. 그 왕은 '바닐라와 향신료로 맛을 낸 쵸콜렛 음료인 쇼콜라틀*(chocolatl)* 외에는 다른 음료를 마시지 않았으며, 꿀의 점성을 지닌 거품으로 만들어져 입안에서 녹여 먹었다'.[117] 코르테스가 숲의 카카오에 관심을 두는 것은 몬테주마가 자신의 하렘*(harem)*에 들어가기 전에 최음제라고 하면서 자신의 쇼콜라틀을 마신것은 틀림없는 사실이었다. 아즈텍인들은 약들을 난잡하게 섞어댔다. 코르테스가 그 파티를 망치기 20년 전인 1502년 몬테주마의 대관식에서 새로운 왕이 손님들에게 현지의 환각 버섯인 실로사이브*(Psilocyve)*을 섞은 쇼콜라틀을 대접했다고 전해진다.

몇십 년 후, 스페인 내과의사 프란시스코 헤르난데스*(Francisco Hernández)*는 왕 필립 2세*(Philip II)*에게 아즈텍인들이 자생 산림 식물을 어떻게 약과 향료로 사용하는지에 대해 보고했다. 그들은 많은 식물들을 수도 테노치티틀란*(Tenochtitlan)*의 식물원에서 재배하였다. 이들 중에는 나중에 유럽으로 전파된 것들도 있었다. 영국의 엘리자베스 여왕은 바닐라*(vanilla)*에 반했다. 페루 정복자들은 우연히 코카 잎의 흥분제 성분을 발견했다. 그들은 은 광산의 작업능률을 올리기 위해 노예들에게 먹였다. 코카는 독일의 화학자가 잎에서 어떤 알카로이드(alkaloid)를 추출한 것으로 유럽에서만 볼 수 있었다. 그 이후 코카인은 에밀 졸라에서 버팔로 빌(Buffalo Bill), 퀸 빅토리아(Queen Victoria)에서 쥘 베른(Jules Vernes), 아서 코난 도일(Arthur Conan Doyle)에서 바티칸의 추기경(cardinals of the Vatican)에 이르기까지 모든 사람들에게 추앙을 받으며 대유행 하였다.

정글에서는 먹으면 독이 되는 것들도 있었다. 프랑스 탐험가 샤를마리 드 라 콩다민(Charles-Marie de La Condamine)은 아마존 인디언들 간의 큐라레(curare) 사용을 발견하게 되었다. 몇 종류 나무의 수피로 부터 추출한 유독물질들을 혼합한 것으로 어떤 경우 뱀의 독과 개미의 진액을 섞은 후 이틀간 끓여 화살에 묻히거나 입으로 불어서 쏘는 무기에 넣기 위한 치명적인 독극물이었다. 가장 큰 장점은 사냥한 동물을 죽이는 과정에서 육질을 오염시키지 않는다는 것이었다.

또한 숲은 약을 생산해 낸다. 17세기 초 언젠가는 페루 아마존에서 예수회 선교사들이 안데스의 클라우드 숲의 난초류 중에서 찾아낸 나무껍질에서 만들어진 자생 산림 해열 치료제를 도입하였다. 전설에 따르면, 친촌(Chinchón)의 여성백작이자 지역 총독의 부인인 레이디 아나(Lady Ana)가 퀴닌(quinine)이라는 쓴맛의 알카로이드를 함유한 수피를 우려낸 차를 이용하여 말라리아를 치료한 첫 번째 유럽인이 되었다. 여성 백작 치료 이야기는 미신일 수도 있었지만, 분류학자 칼 린네(Carl Linnaeus)가 그녀의 이름을 따서 신코나(cinchona)라고 확정해서 명명했다. 이것은 200년 동안 열대지방의 재앙인 말라리아의 유일한 치료로 알려졌다.[118] 이것이 없었다면 제국들의 열대지역과 열대림에 대한 침략 과정은 달랐을 수도 있다. 그리고 이는 오직 안데스의 나무들을 베어낸 결과로써 가능한 이야기이다.

신코나도 그렇지만, 유럽인들이 남미 정글에서 얻어낸 최고의 산업 제품은 고무라고 할 수 있다. 베어진 나무껍질에서 흘러나온 신기한 우유빛 덩어리에 대한 첫 소식은 히스파니올라(Hispaniola) 나무 수지(gum)로 만든 공을 가지고 노는 아이들을 본 적이 있다고 말한 크리스토퍼 콜럼부스가 유럽에 전한 것이었다. 다른 사람들은 페루의 케추아인(Quechua people)들이 라텍스를 이용해서 방수의복으로 줄과 병을 만드는 것을 발견했다. 그러나 다시 두 세기가 지나서야 라 꽁다민(La Condamine)이 영국의 화학자 조지프 프리스틀리(Joseph Priestley)에게 이에 대한 이야기를 전했다. 산소를 발견한 프리스틀리는 연구실에서 놀다가 이 물질이 딱딱해지면 연필 자국을 지운다는 것을 알아챘다. 그는 직설적으로 이것을 지우개(rubber)라고 불렀다.

그리고 그 이름으로 확정되었다. 고무 부츠와 고무 밴드가 바로 생겼다. 찰스 매킨토시(Charles Macintosh)는 타르를 증류시킬 때 방출되는 폐가스인 나프타(naphtha)와 혼합하여 고무의 방수 능력을 개선했다. 그는 곧 키트 가방, 공기 침대, 매킨토시 레인코트에 이용되는 가벼운 방수 옷감을 만들었다. 그 후 찰스 굿이어(Charles Goodyear)라는 파산한 미국 발명가가 유황을 섞어 유연하게 만들어 고무 타이어를 만들 수 있을 정도가 되었고 곧이어 소방 호스, 도뇨관(catheter), 콘돔으로 이어졌다.

곧 매년 라텍스 수만 톤이 아마존 마나우스(Manaus)와 벨렘(Belém) 항구로부터 수출되었다. 고무 유행에 힘입어 잠깐 아마존은 탐험가들이 선택하는 목적지였다. 톰 소여와 허클베리 핀 연대기 작가로 이름을 알리기 전인 1855년 마크 트웨인(Mark Twain)은 뉴 올리언즈(New Orleans) 부두에 서서 벨렘(Belém)으로 향하는 배에 관해 물었다. '나는 아마존에 오르고 전 세계와의 트레이딩을 시작하려는 열망으로 해고당했다'고 그의 에세이 『내 인생의 전환점(The Turning-point of My Life)』에서 기술한바 있다.[119] 아마존 심장의 대도시 마나우스(Manaus)는 열대지역의 파리로 알려져 있었다. 밀라노의 라 스칼라(La Scala)를 모방한 오페라 하우스를 자랑하며 8개의 일간지를 후원했다. 상류사회가 더러운 세탁물을 리스본과 파리로 보냈다는 말이 나왔다.

그러한 부는 끔찍한 대가를 치렀다. 아마존 분지의 극서지역인 아크레(Acre)의 숲들이 가장 많은 고무나무를 가지고 있다. 그 숲들은 수만 명의 고무 채취자들의 이주와 함께 한동안 전 세계에서 가장 가치가 높은 교외 지역 부동산이 되었다. 그 지역은 고무 바람이 불기 전에도 이미 볼리비아와 브라질 간의 분쟁이 있었고 세기의 전환기에 영역을 둘러싼 전쟁에서 브라질이 이긴 바 있었다. 이곳 야생 지역 전초기지에 식민 독재가 형성되었다.

들리는 바에 의하면 더 문제인 것은 주요 아마존 지류인 푸투마요 강(the River Putumayo)에서 훌리오 세자르 아라나라는 페루 사업가가 운영했다는 것이었다. 그는 이곳, 벨기에 크기의 통치 지역에서 체인 갱(chain gangs)의 원주민 인디언을 고용했다. 라텍스 할당량을 운반하는 데 실패하면 묶이거나 산 채로 화형을 당했다. 여성들은 대체 노동력을 공급하기 위해 출산 농장에 갇혀있었다.

아크레(Acre)의 고통은 유럽 식민지 개척자들이 중앙아프리카의 정글에서 벌인 일들에 필적할 만한 그 이상이었는데, 그곳 벨기에령 콩고는 벨기에 왕 레오폴 2세(Leopold II)가 1885년부터 1908년까지 개인 영토처럼 통치했다. 그는 개인 용병을 파견해서 코끼리 상아를 수탈했는데 그중의 반은 영국으로 보내져 칼 손잡이, 빗, 부채, 브로치, 체스 말, 스너프 박스, 피아노 건반, 당구공 등 많은 다른 것들로 조각되었다.[120] 곧 아프리카인들이 학살하기 위해 모여들었다. 수십만이었다. 코끼리 개체수가 줄어들기 시작했다. 노예들이 충분한 상아를 공납하는 데 실패하면 햇볕에 말린 하마 가죽을 길고 날카로운 조각으로 잘라 만든 채찍인 치코트(chicotte)로 채찍질을 당하곤 했다. 백대의 채찍질은 치명적인 것이었다.

그러면서도 레오폴(Leopold)의 욕망은 채워지지 않았다. 아마존의 본격적인 고무 열풍을 보고 나서 고무로 만들어질 수 있는 라텍스가 있는 아프리카 덩굴(African vines)을 마침내 찾아냈다. 아마존의 고무 채취자들이 나무를 고사시키지 않고 수지를 채취했지만 레오폴의 일꾼들은 더 많은 라텍스를 공납하기 위해 아프리카 덩굴을 갈기갈기 찢어내도록 교육을 받았다. 이것은 숲을 광대하게 파괴하였다. 수확량이 줄면서 마을 전체가 인질로 잡혀 여자들은 유린당하고 남자들은 살해당했다. 레오폴의 '고무 테러(rubber terror)'로 살해된 사람들이 8백만에 이른다는 추정이 있다. 브라질 고무 캠프의 야만성에 대해 알리는데 일부분 역할을 했던 지역의 영국 영사 로저 케이스먼트(Roger Casement)는 해당 국가 전 지역의 인구 감소에 대해 런던에 다시 보고하였다. 이는 벨기에 정부가 1908년 그들의 왕으로부터 토지를 합병하면서야 종결되었다.

열대우림 부호들의 식민지 약탈은 산업화로 연결되었다. 자연의 풍부함을 쉽게 확보하기가 어려워지는 곳마다 유럽인들은 그들의 상품을 약탈하고 길들여 그들 제국 주변으로 운송했다. 런던 남서쪽의 큐*(Kew)*에 있는 식물원은 조셉 후커*(Joseph Hooker)* 하에 외래종을 위한 황실 정보센터가 되었다. 인도, 자메이카, 호주에 서아프리카 오일 팜 농장을 설립하고 퀸즐랜드로부터 서인도, 남아프리카와 싱가포르까지 마카다미아 넛*(macadamia nut)*을 보냈으며 남미 파인애플과 호주 유칼립투스 나무를 세계에 유통하고 극동 산림의 차를 인도와 스리랑카에 옮겨 심었다. 바닐라와 카카오 열매는 멕시코에서 가져와서 서아프리카의 영국전초기지에서 재배했다.

영국의 인도 사무소는 각료 및 관리자들 사이에서 점점 골치거리로 커지고 있는 말라리아를 치료할 수 있는 수피*(bark)*를 가진 신코나의 종자를 안데스 산림에서 훔쳐내 스리랑카와 인도에 농장을 설립하기 위해 우산이끼류 애호가 리차드 스프루스를 포함한 몇 명의 유명한 빅토리아*(Victorian)* 식물학자들을 모집했다. 가장 유명하고 고수익이었던 것은 1876년 영국 탐험가 헨리 위컴*(Henry Wickham)*은 브라질의 아마존 고무나무 종자를 큐*(Kew)*로 밀수하여 말레이시아의 대규모 농장의 기반을 형성한 묘목을 재배하여 라텍스를 천연지역에서 채취하던 브라질과 벨기에로부터의 공급이 약화되었다.

1920년대까지 브리티시 말라야*(British Malaya)*는 전 세계 고무의 3/4을 생산하여 가격 카르텔을 운영했다. 이를 깨뜨리기 위해 프랑스 회사 미쉐린*(Michelin)*은 베트남에 거대한 농장을 설립했다. 한편, 미국 자동차 제조사 헨리 포드*(Henry Ford)*는 타이어를 만들기 위해 아마존에 농장 포들란디아*(Fordlandia)*를 세웠다.[121] 포들란디아는 잎마름병*(leaf blight)*에 약하지만, 그의 친구 하비 파이어스톤*(Harvey Firestone)*가 미국 노예를 돌려받기 위해 서아프리카에 설립한 국가 라이베리아*(Liberia)*에서는 성공적이었다. 1926년 파이어스톤*(Firestone)*은 라이베리아 땅의 4%를 인수하는 99년간의 임대를 확보해서 천연림을 고무 농장으로 바꿔버렸다. 그는 헥타르당 고작 10센트를 지불했다. 파이어스톤*(Firestone)* 농장은 한때 국가 경제의 40%를 차지했으나 1980년부터

2003년간의 시민전쟁 동안 무단 점유자, 산적, 숯꾼들에게 농간되었다.[122] 2010년에 방문했을 때는 미국 관리인들이 돌아와서 농장을 관리하고 있었다. 나무들은 갱신되고 있었고 라이베리아 정부는 임대를 2040년까지 연장하였다. 임대료는 헥타르당 5달러로 인상하였다.

나는 농장이 정말 놀랍다고 생각했다. 입구를 지나갈 때 단순히 미국 교외 지역과 같은 느낌을 주는 길가 판잣집, 싱크홀, 덤불과 같은 것들이 보였다. 골프 코스, 모르몬*(Mormon)* 교회, 회사의 학교, 병원, 라디오방송국도 있었다. 오래된 노란색 스쿨버스들이 교차로 신호등과 깍듯이 깎인 잔디가 있는 도로를 달리며 근로자들을 주거지역에서 농장 나무들이 있는 곳으로 수송하고 있었다. 근로자들의 주거지역을 봤을 때 비로소 환상이 깨져버렸다. 기본적으로 배관이 없는 공동변소에 2개의 수도꼭지를 가진 4개의 방으로 구성된 판잣집에 500명이 수용되어 있었다.

마찬가지로 생산 방법도 개선되지 않은 채였다. 7천 명의 근로자들이 채취를 위해 750그루의 나무들을 할당받았다. 그들은 라텍스를 담은 양동이를 어깨에 메고 저울대로 옮겼다. 원심분리기로 모은 라텍스를 건조한 후 미국에서 가공하기 위해 운송 회사의 항구로 운반되었다. 단 하나의 고무 밴드, 콘돔, 타이어도 라이베리아에서 만들어지는 것은 없었다. 더 이상 라텍스가 생산되지 않는 고목의 고무나무까지도 운송되고 있었다. 농장을 떠날 때 내 차 뒤로 트럭들이 유럽으로 선적하기 위해 나무들을 항구로 운반하고 있었다. 농장 밖 라이베리아는 만성적인 에너지 부족 상태임에도 스웨덴의 국립 에너지 회사인 바텐폴*(Vattenfall)*이 운영하는 발전소에서 연소될 예정인 것이다. 수도 몬로비아*(Monrovia)*의 호텔로 돌아오니 또 정전이 되었다.

*

인류는 수천 년 동안 나무를 베어왔다. 끊임없이 증가하는 현대의 위시 리스트 제품들을 위한 목재의 공급 범위는 나무젓가락에서 목재팔레트, 변기 의자에서 종이, 오보에에서 마루판, 데크길에서 과일바구니, 비계*(scaffolding)*에서 정원용 가구에 이른다. 우리는 작물을 기르고 가축을 먹이며 건축물을 세우기 위해서도 산림개간을 늘려왔다. 지난 2세기 동안 끊임없는 인구증가와 기술력은 그 과정을 가속했다.

유럽 벌목꾼들의 전성기는 1750~1850년 사이 러시아 서부 대륙의 산림지역이 잉글랜드와 스코틀랜드 면적 넓이인 천9백만 헥타르로 감소했을 때이다. 북미에서도 비슷한 상황이었지만 아무도 추정해 보지는 않았다. 그 이후 유럽인들과 북아메리카인들들은 다른 나라에서 벌목을 함으로써 그들의 조국은 어느 정도 산림 복원이 이루어졌다. 그러다가 산림훼손과 산림파괴에 중심지는 열대지역으로 옮겨졌다.

서아프리카 산림의 막대한 면적이 19세기 말과 20세기 초 사이에 사라졌다. 영국이 해방된 노예를 받기 위해 설립한 식민지 브리티시 컬러니 오브 시에라리온(the British colony of Sierra Leone)의 산림훼손이 전형적인 사례이다. 콜롬비아 대학(Columbia University)의 비비안 고르니츠(Vivien Gornitz)는 '전에는 시에라리온(Sierra Leone) 대부분의 지역이 상록수와 반활엽수림(evergreen and semi-deciduous forest)으로 이루어져 있었다'고 기술한바 있다. '19세기 초 시에라리온 북부의 강줄기들을 따라 시작된 티크(teak)와 다른 활엽수들의 벌목이 시작되어 남쪽으로 확장되었다.' 그녀는 20세기 중반까지 대부분의 지형이 커피와 코코아 농장에 자리를 내주고 3%의 수관면적(canopy cover)만이 남을 것으로 예상한다. '산들은 헐벗고 평야는 대체로 초원으로, 부분적으로 2차 잡목 숲일 뿐이었다.'[123]

중앙아메리카의 많은 지역도 바나나와 여타 과일 농장을 위한 땅을 찾는 유나이티드 플루트(United Fruit)과 같은 탐욕스러운 미국 기업들에 의해 1세기 전에 사라져 갔다.[124] 말레이시아와 베트남의 열대우림들도 고무를 위해 파괴되었다.

그러한 과정에서 우리는 인류의 가장 찬양할 수 없으나 생태적으로 중요한 아이디어인 기계톱(chainsaw)을 발명했다. 원래는 의료진에 의해 뼈를 자르는 작은 도구로 고안되었는데 나무를 쓰러뜨릴 만큼 큰 최초의 기계톱은 1905년 샌프란시스코의 사무엘 벤스(Samuel Bens)가 발명해 냈다. 그는 자이언트 레드우드(giant redwoods)를 베고 싶었는데 도끼와 톱은 시간이 너무 오래 걸렸다. 초기 기계톱은 임업인들이 평소 이용하기에는 너무 번거로웠다. 1905년이 되어서야 알루미늄 재질로 사람 한 명이 들 수 있을 정도로 가볍게 만들어졌고, 바로 판매가 시작되었다. 지금은 매년 3천만 개의 기계톱이 판매되는 것으로 추정된다. 전 지구상 숲속의 새소리를 기계톱의 거친 소리들이 대체해 버렸다. 그들은 1년에 수백억 그루의 나무를 베어낸다. 모두베기 작업을 하는 곳이라면 넘어진 목재를 치우는 불도저와 함께 기계톱의 도움으로 숲 전체를 개간할 수 있다.

기계톱은 2차세계대전 이후 동쪽과 동남아시아로 이어지는 국가들의 급속한 산림훼손에 있어 역할이 증대되었다. 그 당시 가장 큰 시장은 일본의 경제 부흥이었다. 벌목업자들은 충족되지 않는 수요에 맞추기 위해 필리핀에서 다시 고향인 태국과 말레이시아로 이동했다. 벌목업자들이 열대우림이 가장 풍부한 인도네시아로 옮겨가기 전 각 국가는 차례로 대부분의 열대우림을 상실하였다.

단순히 목재생산이 목적이었다면 벌목업자들은 열대우림을 선별적으로 벌채해서 가장 가치 있는 수종을 가져가고 나머지는 남겨두었을 것이다. 그러나 가축의 목장, 영세농 혹은 가장 수익성이 좋은 농장 작물을 재배하기 위해 영구적으로 나무를 베어내려는 목적이 증가하였다. 브라질 아마존에서는 작물의 대부분이 대두였고 인도네시아는 오일 팜이었다.

개발도상국들의 산림은 가난하고 소외된 사람들, 부자 혹은 평범함 범죄자들이 나무를 베어 땅을 점령해 자신들의 꿈을 이루기 위해 할 수 있는 모든 일을 시도하는 마지막 보루인 지역이었다. 그런 곳들은 관습적으로 각 국가의 정부들이 불편을 끼치거나 골칫거리인 사람들을 보내왔던 곳이기도 하다. 인도네시아의 이민 프로그램은 과밀한 자바*(Java)* 지역의 가난한 사람들 수백만을 외곽으로 이동시켰다. 브라질은 1970년 이후 아마존 전역에 이민자를 위해 2,000개에 달하는 거주지를 설립했다.[125] 남겨진 농부들은 스스로를 지키기 위해 숲을 개간해서 작물이나 가축을 길렀다. 결과적으로 그들은 산림훼손을 한다는 비난을 받곤 했다. 페루에서도 유사한 비난적 편향 게임이 있다. 페루 정부가 이전에 가난한 고지대 사람들을 저지대 산림지역으로 이주할 것을 적극적으로 독려하는 정책을 수립했으면서도, UN 기후 컨퍼런스에는 '페루의 아마존 산림의 벌목과 화전의 90%가 고지대로부터 이주한 영세농의 소행으로 벌어진 것'이라고 보고한 것이다.[126]

대규모 산림을 점유하기 위해서는 정부만이 제공할 수 있는 중심 계획과 인프라가 요구된다. 열대우림을 뚫기 위해서는 도로와 같은 접근성이 필요하다. 그들은 벌목꾼들과 사냥꾼들, 소농 및 금 채굴 광부, 이민자와 난민, 범죄 조직 및 마약 거래자들과 같은 사람들을 허용했다. 그리고 산림자산의 유출을 허용했다. 그러면서 대두와 소고기와 같은 교역 상품을 키우는 토지의 가치를 더욱 높여갔다. 호주 케언즈*(Cairns)* 제임스 쿡 대학*(James Cook University)*의 빌 로렌스*(Bill Laurance)*는 아마존 산림훼손의 95%는 도로의 5km 이내에서 발생한다고 말한다.[127] 정부들은 대부분 경제적 '개발'과 통제 모두를 위해서*(to ensure their writ runs)* 도로를 원한다. 요즘은 정부의 경찰 차량인 공식 4륜구동 혹은 필요한 경우 군용 장비의 반입 여부와 관계없이 도로 없이는 통치할 수 없다.

브라질 아마존 개간은 1970년대 초기 정부가 동부 도시들로부터 토지 없는 사람들이 새로운 농업식민지를 만들기 위해 유입되는 것을 용인했던 때에 시작되었다. 남부의 마토 그로소*(Matto Grosso)*에서 북동부의 산타렝*(Santarém)*까지의 고속도로 BR-163은 아마존의 남쪽과 동쪽 측면을 따라 '산림훼손 아크*(arc of deforestation)*'를 열었다. 1976년 완공되었지만 2019년에서야 포장이 마무리되었다. 그 해 브라질리아 버스 정류장에서 이틀 넘게 걸리는 산타렝행 정기 버스 신규 노선이 있다는 것을 알게 되었다. 브라질의 베테랑 환경 과학자 에네아스 살라티*(Enéas Salati)*는 아마존을 지키는 가장 좋은 방법은 도로를 폭파하는 것일수도 있다고 말한바 있다.[128]

보호론자들은 현재 브라질 열대우림의 가장 큰 위협은 2020년 중반에 시작된 고속도로 BR-319 를 포장하는 보우소나루 대통령*(President Bolsonaro)*의 사업이라고 말한다.[129] 1970년대 군 프로젝트로 건설한 볼리비아와의 국경 근처 포르투밸류*(Porto Velho)*를 정글의 수도 마나우스*(Manaus)*로 연결하는 도로이다. 이 도로는 곧 파손되어 버려 일년 중 반년만 이용이 가능하다. 보우소나루는 고속도로 BR-163을 산타렝에서 수리남 국경까지 연장하고 동서간 2,200km 구간 동안 도로보다 싱크홀이 더 많은 아마존 횡단 고속도로를 포장하는 오래된 군 프로젝트의 부활을 언급하기도 한다. 마나우스의 국립 아마존 연구원(National Institute of Amazonian Research)에서 수년간 근무했던 미국출생의 베테랑 산림 과학자 필립 피언사이드(Philip Fearnside)는 이러한 사업들이 벌목업자, 광산업자, 불법 토지 점유자들에게 '수문을 열어줄 것'이라고 말한다.

캘리포니아에 있는 보호 전략 기금(Conservation Strategy Fund)의 타이스 빌렐라(Thaís Vilela)는 이에 동의한다. 볼리비아, 브라질, 콜롬비아, 에콰도르, 페루에서 계획된 아마존의 75개 도로 사업의 가능한 영향에 대한 평가에서 타이스 빌렐라는 2040년까지 2백40만 헥타르의 산림이 훼손될 것이며, 대부분이 보호지역일 것으로 추정했다.[130] 아마존 횡단 고속도로 포장만으로 50만 헥타르가 파멸될 것이다.

숲을 보호하는 가장 좋은 방법은 도로를 멀리 유지하는 것이다. 팬 - 아메리칸 하이웨이(Pan-American Highway)에는 단 100km의 단절 구간만 아니었더라면 알래스카에서 티에라 델 푸에고(Tierra del Fuego)까지의 30,000km가 연장될 수 있었다. 파나마와 콜롬비아 간 국경의 그 단절 구간에는 중앙아메리카의 마지막 열대우림 중 하나인 다리엔 습지 산림이 있다. 그 숲은 국경까지 압박하는 목장업자들과 숲을 통해 배를 이끌어오는 마약 운반책들로부터 살아남은 것이다. 하지만 WWF는 다리엔을 가장 위협받는 세계의 10대 숲 중 하나로 지정하고 있는데, 고속도로의 준공이 그 숲의 운명을 종식시킬 것이라는 데에는 의심의 여지가 없다.

도로들은 숲의 야생생물, 특히 간섭받지 않는 영역이 필요한 상징적인 대형 종들을 위험에 빠뜨린다. 지구상의 마지막 호랑이 4,000마리의 서식지에 대한 분석에서 아시아에서는 13개 국가에서 130,000km의 도로가 이미 알려진 '호랑이 보호 구역'을 현재 통과하고 있다는 것을 찾아냈다. 반 이상의 동물 서식지가 도로의 5km 이내에 존재하고 2050년까지

24,000km의 추가적인 도로가 계획 되어있다.[131]

인도네시아에서는 수마트라 횡단 고속도로가 수마트라 섬의 나머지 오랑우탄 숲을 거쳐 관통하게 될 것이다. 로렌스(Laurance)는 파푸아 횡단 고속도로는 '지구상에서 가장 넓은 원시 열대우림 일부를 가르면서' 뉴기니아 섬의 인도네시아 측 영토 반을 지나는 4,000km가 도로포장이 된다고 말한다. 그는 팬 보르네오 고속도로가 보르네오 섬의 인도네시아, 말레이시아, 브루나이 영토 일부를 연결하면서 '보르네오 오랑우탄(Bornean orang-utan), 구름표범(clouded leopard), 드워프 코끼리(dwarf elephant)와 같은 멸종위기 종들에게는 악몽'이라고 말한다.[132]

아프리카의 도로율은 여전히 세계 평균의 1/5로 굉장히 낮은데 그중에서도 1/4만이 포장된 상태다. 그러나 바뀔 수 있다. 아프리카 유니온(African Union)은 아프리카 대륙에 도로 연장을 6배로 늘려 대륙에 걸친 포장된 동맥 네트워크를 구축하려는 계획이 있다.[133] 아프리카 횡단 고속도로(Trans-African Highway) 사업은 동 - 서로 세네갈의 다카르(Dakar)에서 지부티(Djibouti)를 연결하는 것과 마찬가지로 최종적으로 한 때 영국의 제국주의자 세실 로즈(Cecil Rhodes)가 집착했던 북-남의 '케이프(Cape)에서 카이로(Cairo)까지를' 완성할 것이다. 중국이 돕고 있다. 나는 거대 중국이 아프리카의 광물자원에 접근하기 위한 정부 간 사업으로 아프리카 전역에 걸쳐 중국 도로 건설업자들이 목이 부러질 정도로 빠른 속도로 도로를 개설하고 있는 것을 본 적이 있다.

이러한 많은 도로는 정기적인 유지보수 없이는 열대우림의 강력함을 견뎌내지 못한다. 콩고 유역에서는 이론적으로 도로 연장 길이가 지난 20년 동안 60% 증가하였는데 벌목업자들의 사업장 지역은 두 배가 된 것이다. 하지만 다른 거주민이 거의 없기 때문에 이러한 벌목 도로의 거의 절반은 벌목업자들이 이동하면 곧 무성해진다. 이 사실로 인해 로렌스(Laurance)와 공동 저자들은 벌목 도로를 사용한 후에 의도적으로 폐쇄하면 '산림생태계에 있어서 목재 반출에 따른 부정적인 영향을 감소시키는 데 중대한 역할을 할 수도 있다'는 결론을 내렸다.[134]

현실 세계에서는 언제나 도로의 존재를 부정하는 것이 가능하지도 않고 도로를 포기하여 산림으로 되돌리고자 하는 것이 바람직한 것도 아니다. 이러한 경관에 들어가고 나올 수 있는 인류의 이점은 부정할 수 없다. 도로는 영농인들의 상품을 시장으로 가져갈 수 있도록 해주며 선생님들과 간호사들이 교외의 학교와 진료소에서 일을 할 수 있도록 해준다. 연구에 의하면 마을 사람들은 개발사업 요구사항 중 가장 우선인 사항이라고 말한다. 그렇다면 도로와 자연이 공존할 수 있을까? 이는 아마도 지속 가능한 개발에 대한 옹호자들에게는 가장 큰 과제일 것이며 우리는 이 책의 뒷편에서 이 질문으로 돌아갈 것이다.

8

벌목완료

Logged out

아마도, 거의...보르네오에서의 30년

Well, Almost…Three Decades in Borneo

내가 보르네오의 가장 외진 중부 칼리만탄*(Kalimantan)*에서 스방가우 숲*(Sebangau forest)*을 방문했던 1990년대로 돌아가 보자. 섬에서 가장 큰 저지대 숲이 물에 잠긴 이탄 늪*(peat swamp)*에서 형성된다. 인도네시아 정부는 오랑우탄의 개체수 때문에 보호구역으로 지정했다. 내가 방문하기 2년 전 그곳은 늪의 천연 프로세스를 연구하기 위해 '살아있는 연구실'로 따로 지정된 바 있었다.[135] 나는 연구실의 선임 연구원인 노팅엄 대학*(University of Nottingham)*의 영국인 이탄지 지리학자인 잭 라일리*(Jack Rieley)*의 방문객이었다.

인도네시아 정부가 제공한 보호의 한계를 깨닫는 데에는 그리 오랜 시간이 걸리지 않았다. 거의 무릎 깊이의 물을 건너면서 앞사람들을 보았다. 여남은 명의 젊은 사람들이 세 척의 카누를 저어 분명히 늪을 가로질러 가고 있었다. 비닐봉지에는 점심 도시락이 있었지만, 카누 한 척의 바닥에는 기계톱 두 대가 있었다. 라일리*(Rieley)*의 동료인 니콜라 발데스*(Nicola Waldes)*와 나는 그들이 굵은 붉은 나무 가까이에 멈추는 것을 보았다. 합판*(plywood)* 제조에 알맞은 멸종 위기 수종 메란티*(meranti)*였다. 그들의 계획이 무엇인지 많은 의심이 필요치 않았다.

우리는 접근해 보았다. 일당의 두목은 뻔뻔스러웠다. 그는 우딘*(Udin)*이라고 이름을 알려주었다. 이 일당은 섬의 남쪽에서 온 반자르*(Banjar)* 사람들이었다. 그들은 벌목을 위해 3개월 전에 숲으로 들어왔다. 그들은 전날 메란티(meranti)를 베어내고 근처 제재소로 가져가기 위해 돌아오는 중이었다. 그는 이 지역이 과학과 오랑우탄을 위해 공식적으로 보호되고 있다는 것을 모르고 있었다. 어쨌든, 그는 어깨를 으쓱했는데, 그는 상사의 명령을 수행하고 있을 뿐이었다. 우리는 그의 상사가 누구인지 물어보았다. 그는 보호구역 바로 밖의 마을인 크릉 방키라이(Kereng Bangkirai)에 사는 한 자바(Javanese) 사업가 이름을 댔다. 그 운하는 그의 명령에 따라 대형 목재를 반출하기 위해 준설되었다.

호의적이었지만 발데스(Waldes)는 내게 카메라를 내려놓으라고 했다. 그녀는 '이 사람들과 맞서는 건 위험하다. 이들은 경찰의 비호를 받고 있다'고 말했다. 그래서 우리는 열대우림 파괴자들과 함께 수다를 떨고 각자 점심을 먹었다. 그들 역시 무리하지 않았다. 기계톱은 놓인 채로 있었고 메란티(meranti) 원목을 남겨둔 채 노를 저어 떠나갔다. 분명 나중에 다시 돌아올 것이다.

하지만 더 나쁜 일이 있었다. 발데스가 지역의 모든 수목과 습지식물 샘플을 모아 둔 5만 헥타르의 연구실의 가장 소중한 곳을 보여주기 위해 나를 데리고 갔다. 도착해보니 나무는 훼손되어 있고 수간은 넘어져 있었다. 묘목마다 달려있던 금속 태그들은 널브러져 있었다.

발데스는 미칠 지경이었다. 수개월간의 작업이 수포로 돌아간 것이다. 그녀는 우딘(Udin) 일당이 더 큰 게임의 선수들이었지만 그들이 비난받아야 한다고 생각했다. 그녀에 의하면 인도네시아 보르네오 저지대에 걸쳐 가치 있는 목재반출을 진행하는 조직적인 불법 작업자들이 있다고 한다. 배후에 있는 범죄의 수장들은 벌목을 시키기 위해 다른 지역의 일꾼들을 데리고 온다고 한다. 부정부패가 법 집행을 약화했다. 경찰에 기름칠하고 질문이 많은 판사들과 선거 기간에 유권자들을 매수하기 위한 돈은 충분했다. 심지어 단기 계약직 공무원들마저도 관리하는 산림 내에서 그들의 행위를 눈감아 주기 위해 후한 지급을 받았다.

발데스는 최근까지도 스방가우(Sebangau) 습지 산림이 그 일당들에게 방치되어 왔다고 한다. 하지만 다른 산림들이 벌채되어 나가고 있어서 그 가치가 올라가고 있다. 우딘과 같은 벌목꾼들이 목재반출을 위해 습지대에 운하를 파고 금방 쓰러질 것 같은 목재 난간을 만들고 있다. 이후에 보호구역 바로 바깥쪽에서 제방위의 제재소 야적을 대기하는 수많은 원목이 함께 엮여 스방가우 강(River Sebangau)에 떠 있는 것을 보았다. 모두 불법인 것이고 공개적인 것이다. 호텔로 돌아온 후에 지역 전화번호부에 서른 한 개의 제재소가 있는 것을 알게 되었다.

스방가우(Sebangau) 방문은 인도네시아의 장기 독재자였던 수하르토(Suharto)의 몰락 후 금방 이루어진 것이다. 많은 사람들이 수하르토와 측근 모하마드 '밥' 핫산(Mohamad 'Bob' Hasan)을 인도네시아 산림에서 훼손이 증가하는 배후의 주모자라는 것을 알고 있다. 하지만 수하르토의 사망은 주모자 없이 대규모 범죄행위만 있는 불법 벌목의 새로운 국면을 촉발했을 뿐이었다. 자카르타의 정치권력이 붕괴하면서 지역 마피아가 산림을 차지하고 있다. 합법적 벌목권 소유주인 한 중국인은 불법 벌목꾼 피해를 신고하라고 마을 주민들에게 요청했다는 이유로 그의 지역 본부를 불 질렀다고 하소연했다. '그 조직은 건드릴 수가 없다. 그들 중 많은 사람들이 군인'이라고 말했다.

5년 후에 나는 라일리(Riely)와 다시 연락했다. 팔랑카라야 대학(University of Palangkaraya) 학생들의 지원으로 그의 단체가 보호구역의 벌목을 중단시킬 수 있었다고 한다. 20년이 지난 지금, 숲의 대부분은 그대로 남아있다. 벌목단이 아직 활개 치고 있지만 일종의 성공이라고 할 수 있다. 그들은 다른 곳으로 이동했을 뿐이었다. 그날 아침 습지에서 만난 우딘과 같이 그들은 실리적이었으며 법을 들이대면 떠나는 것이다.

2007년 인도네시아 수마트라 섬 근처의 한 지방인 리아우(Riau)를 방문했을 때 불법 벌목의 결과를 본 적이 있다.[136] 나는 보트를 타고 지역 환경 보호자들 일행과 함께 열대우림을 뚫고 구불거리는 인드라기리 강(River Indragiri)을 따라가고 있었다. 이따금 멀리서 오토바이 소리가 들렸다. 나무들 사이로 이동전화 안테나가 있었다. 하지만 모두 평화롭게 보였다. 보트가 쿠알라 체나쿠(Kuala Cenaku) 공동체에 진입할 때도 강둑의 양안에는 여전히 숲이 있었다. 하지만 배에서 내려 낡아빠진 판잣집으로 걸어 들어가니 새로운 세계에 들어가는 것만 같았다. 판잣집 뒤편으로는 식생들이 사라지고 텅 비어 망가진 불에 탄 땅으로 바뀌어 있었다. 나는 최근까지도 열대우림으로 완전히 덮여 있던 섬이었던 옛 수마트라에서 떠나 그 숲을 삼키는 데 바쳐진 것으로 보이는 탐욕스러운 새로운 수마트라로 가게 된 것이었다.

우리를 초청한 사람은 7,000개의 강성 공동체의 대표인 머시드 무하마드 알리*(Mursyid Muhammad Ali)*였다. 그는 초대하지도 않은 벌목업자들이 예고도 없이 찾아왔던 몇 달 전의 일에 대해 분개했다. 그에 의하면 그때까지 지역 공동체가 주변의 숲을 애지중지하며 관리해 왔었다. 공동 소유였으며 필요한 니즈가 대부분 제공되었다. 공동체 사람들은 등나무 덩굴을 수확해서 벌집에서 꿀을 따고 집을 만들거나 수리하기 위해 가지를 자르고 라텍스로 돈을 벌기 위해 개간된 땅에 고무나무를 심었다.

'그리고 어느 날 우리의 땅을 강탈당했다'며 그가 내게 말했다. 벌목업자들이 강에 나타나 기계톱을 내리더니 마을 사람들에게 허가를 받았다고 했다. 그 땅이 정부에 의해 그들에게 주어진 것이다. 그들은 불도저로 덤불을 밀어냈다. 그들은 이탄 토양을 배수하기 위해 운하를 준설하고 기계톱들을 나무로 가져갔다. 그다음에 남은 잔재물에 불을 질렀다. 그들이 떠났을 때 강에서 5Km 거리에는 나무가 없었다.

그것은 마을 사람들의 토지 권리에 대해 완전히 위반한 것이었다. 벌목업자들이 도착했던 그 날 머시드*(Mursyid)*는 지역협의회에 불만을 토로했다. '협의회는 업자들이 중단하도록 영장을 발부하겠다고 했다. 업자들은 개의치 않았고 나도 그 이후에 아무런 답변을 듣지 못했다'고 내게 말했다. 사실은 그 누구도 법전의 깨알 같은 글씨와 마을 사람들의 권리에 관해 관심을 두지 않은 것이었다. 1년 후에는 어쨌든 너무 늦은 것이었다. 숲은 사라지고 말았다. '우리는 지금 여기서 살아갈 방법이 없다'고 머시드가 말했다. '사람들은 일자리를 구하러 마을을 떠나고 있다.' 그들에게는 예전의 수마트라의 마지막이었던 것이다. 아이즈 온 더 포레스트*(Eyes on the Forest)*로 알려진 지역 감시단은 벌목업자들은 군부가 소유한 두타 팔마 그룹*(Duta*

Palma Group)의 자회사에서 파견된 것이라고 나중에 내게 말했다. 그 회사는 18개월 동안 리아우에서 10,000 헥타르를 벌목했다. 가치가 가장 높은 라민(ramin)과 같은 수종들이 제재소로 옮겨졌다. 나머지는 목재 칩으로 만들어져 이전에 빽빽한 산림지역이었던 70Km 떨어진 곳에 건설된 대형 펄프 공장으로 운송되었다. 그 펄프 공장은 세계에서 가장 큰 공장 중 하나이며 세계에서 가장 큰 종이 회사인 아시아 펄프 앤 페이퍼(Asia Pulp and Paper, AP & P) 중 한 회사가 운영하는 것이다. 아시아 펄프 앤 페이퍼사는 벌목꾼들이 나무를 공장으로 옮겨올 수 있는 만큼 빠르게 수마트라의 열대우림을 집어삼키고 있었다. 많은 지역에서 열대우림을 뚫어 자체적으로 벌목 도로를 냈다. 거대한 44륜의 '도로 열차'가 하루 2만 톤 가량의 목재를 공장으로 옮기며 도로들을 질주했다. 그 뿐이 아니라 도로 바로 아래쪽에는 아시아 펄프 앤 페이퍼의 가장 큰 라이벌사인 APRIL이 운영하는 비슷한 규모의 또 다른 펄프 공장이 있었다.

쿠알라 체나쿠(Kuala Cenaku) 사람들은 그러한 산업의 강세에 맞설 도리가 없었다. 이러한 공장들의 종이는 전 세계 거의 모든 국가로 팔려나간다. 21세기 초에는 전 세계에서 인도네시아만큼 빠르게 산림이 황폐화되는 곳은 없었다. 인도네시아에서도 숲을 전 세계에 걸친 컴퓨터 프린터로 사용하는 반짝이는 흰 종이로 둔갑시키는 거대한 종이 공장들의 본거지인 리아우가 가장 빠르게 벌목되고 있었다. 아마 내 컴퓨터도 마찬가지일 것이다.

그동안 두 곳의 펄프 괴물들은 철저한 합법성을 주장했다. 그럴 수도 있다. 그렇다 해도 그들의 많은 공급사들은 그렇게 말할 수 없을 것이다. 일반적으로 그들은 벌목 허가를 가지고 있지만 벌목을 합법적으로 하는 것은 아니었다. 내가 방문하고 나서 7년 후에 그때까지의 전직 리아우 주지사는 무엇보다도 아시아 펄프 앤 페이퍼 공급사들에 불법적으로 허가를 내준 이유로 구속되었다.[137] 지역의 5백만 헥타르 산림이 사라진 것이다.

산림으로 펄프를 만드는 동안 업체들은 펄프 공장을 위한 원자재로 사용하기 위한 속성수 아카시아를 심기 시작했다. 새로운 플랜테이션들은 5년 혹은 6년마다 수확된다. 그들은 이를 '지속 가능성'이라고 하지만 지구상에서 가장 복잡한 생태계 중 하나가 끝없는 단순림으로 대체되는 것을 보는 것은 생태학적인 대학살을 목격하는 것이다.

신규 아카시아 조림지와 함께 또다시 탐욕스러운 글로벌 시장과 지역 시장의 공급을 위한 오일 팜 재배지로 전용되는 거대한 산림훼손 지역들이 있다. 그것은 강 주변에 공장을 가진 팜 오일 회사인 바야스 바이오퓨얼*(PT Bayas Biofuels)*이 경작하고 있는 쿠알라 체나쿠*(Kuala Cenaku)* 인근 토지 대부분에서 일어나고 있는 일이었다. 2019년 말, 바야스 바이오퓨얼*(PT Bayas Biofuels)*은 온실가스배출을 저감하기 위한 노력의 일환으로 인도네시아 정부와 팜 오일을 바이오디젤로 전환하고자 하는 계약을 했다. 이는 환경적 비극일 뿐만 아니라 기후적 비극이다. 지금 오일 팜이 자라고 있는 손실된 숲과 물이 빠져나간 토탄 습지대는 수 세기에 걸쳐 새로운 '녹색' 연료로 절감되는 것보다 훨씬 많은 온실가스를 대기 중으로 방출시킬 것이다.

지구 그 어느 곳에서도, 심지어 브라질 아마존 지역에서도 최근 수십 년 동안 인도네시아에서 일어나고 있는 것과 같은 규모의 산림훼손을 볼 수 없다. 몇백만 년에 걸쳐 진화된 지구에서 가장 복잡한 생태계 대부분이 사라졌다. 그러한 광경을 거쳐 정글이었다가 불모지가 되어버린 수 마일을 보고 있노라면 입이 쩍 벌어질 지경이다. 인도네시아 최악의 산림훼손은 지금 끝났을지도 모른다. 2014년에 선출된 개혁 대통령인 조코 위도도*(Joko Widodo)*의 정부는 원시림까지 농장을 확장하고자 하는 새로운 인허가들에 대해 모라토리엄을 선언했다. 처음에는 그 시행이 적합했다. 하지만 원시림 손실 평균은 2년 후에 정점을 찍고 이후 급격히 떨어졌다.

모라토리엄은 2019년 영구적으로 선언되었다. 그때까지는 인도네시아는 연간 원시림 손실 순위 1위에서 브라질과 콩고민주공화국 뒤의 3번째 순위로 내려가 있었다.[138] 위협은 사라지지 않았고 산림손실률은 2020년 초 코로나바이러스 봉쇄 기간 산림순찰이 중단된 동안 증가하였다. 그렇다고 해도, 보우소나루 대통령 하의 브라질이 최소한 한시적으로라도 나쁜 사람들 쪽으로 돌아서는 와중에 위도도의 전향은 주목할 만한 성과였다.

그렇지만, 나는 인도네시아 만큼 산림훼손으로 극심하게 고통받고 있는 곳은 없다고 말하고 싶다. 한 곳이 있다. 보르네오 북쪽 길고 가느다란 지역을 점유하고 있는 말레이시아의 사라왁(Sarawak)이다. 이곳의 참사는 주정부의 전지전능한 수석장관 압둘 타입 마흐무드(Abdul Taib Mahmud) 한 사람에 의해 벌어졌다. 2014년에 끝난 34년 통치 기간 대부분 동안 그는 열대우림이 그와 측근으로 결탁한 사람들이 통제하는 수많은 거대 목재회사에 의해 벌채목으로 둔갑하는 것을 방조했다. 사라왁은 그 당시 인구는 백5십만 명뿐이었으나 거의 잉글랜드만큼 큰 주(state)로서 세계 제일의 원목 공급 지역이 되었다.[139] 가구 용재, 패널, 합판으로 이용되는 활엽수 메란티(meranti)와 크루잉(keruing)은 최고의 달러벌이 수단이었다. 타입(Taib)이 하야한 당시 주정부의 원시림 중 5%만이 남아있었다.[140]

나는 수년에 걸쳐 사라왁을 몇 차례 방문한바 있다. 산림 파괴가 절정이었던 1994년 저널리스트들에게 벌목의 '지속 가능성'을 보여주기 위한 '시설 견학'에 끌려갔다. 런던 최고의 홍보회사가 주최하고 말레이시아 목재협회(Malaysian Timber Council)가 후원한 견학이었다. 그 경험은 희한한 것이었다. 우리는 '보르네오 넘버 원 자연휴양지' 바탕 아이(Batang Ai)의 힐튼 롱하우스(Hilton Longhouse)에 묵었다. 숙소와 그 부지는 벌채 업자들로 둘러싸인 작은 거주지였다. 지역 이반(Iban) 사람들의 땅을 수몰시킨 수력발전소였던 경치좋은 호숫가에 자리 잡은 곳이었다. 보르네오의 야생 원주민으로 알려졌던 이반인들은 지금 숙소의 메이드나 롱하우스 베란다의 웨이터로 일하고 있었다.[141]

악명높은 수석장관이 우리 일행에 합석했다. 그는 '게으른' 이반인들의 더 많은 땅을, 벌채를 위해 임의로 사용할 계획을 공표한 직후였다. 나는 그에게 보호 실적에 대해 물었다. '우리는 물론 우리의 산림을 보호하고 있다'고 그가 말했다. '여기 있는 사람들은 자연을 사랑한다.' 그가 그 자리에 있었던 것은 지역 식물학자가 최근 발견된 두 개의 관목 식물을 그와 아내의 이름을 따라 지어줬기 때문이었다.

그 다음에 우리를 초대한 사람들이 사라왁 주에서 가장 큰 벌목회사 중 하나인 삼링(Samling)이 운영하는 가까운 합판 공장을 볼 수 있도록 데려가

주었다. 창고에 적재된 합판과 베니어 묶음에는 '지속 가능한 자원으로' 생산된 것이라는 스티커가 붙어 있었다. 쾌활한 일본인 매니저가 내게 '맞다. 우리는 확신한다'고 말했다. '사라왁의 모든 목재는 지속 가능하다.' 넌센스였다. 단순한 규칙도 지켜지지 않았다. 직경이 60센티미터 이하인 나무는 벌목하지 말아야 한다는 규칙이 있었는데 야적장의 많은 나무들이 훨씬 작은 것들이었다. 사라왁 자체적인 통계에 의하면 목재 회사들은 자문단들이 자연 스스로 복원할 수 있다고 한 목재의 두 배 이상을 벌채했다는 기록을 남겼다.[142]

이후에 삼링 공장 상류인 바람강*(River Baram)*의 강줄기를 따라 비행하면서 노트북에 기록했다. '굽이굽이마다 목재 야적장이 있는 것 같다. 언덕 어디에나 원목들이 숲에서 반출되면서 생긴 황폐한 자국들이 남겨져 있었다.' 진실은 말도 안 되는 지속 가능한 임업에 대해 아무도 진지하게 믿지 않았다는 것이다. 그 당시 세계은행 보고서에 의하면 사라왁의 벌목 사업은 나무들이 소진되었기 때문에 저물어 가는 산업*(sunset industry)*이라고 한다. 어떤 경우라도 오일 팜을 위해 개간되는 지역에서 대부분의 벌목은 완료된 상태였다. 나중에 일어난 일이지만, 대규모의 토지 거래가 수석장관 자신과 직접적으로 결탁된 업체들에 헐값에 거래되었다.[143]

2016년 말경 사라왁으로 돌아가서 열대림 상태에서 팜오일 농장으로 변모된 마지막 단계를 보게 되었다. 나의 방문은 항구 마을인 미리*(Miri)*에서 마루디*(Marudi)* 내륙의 작은 마을까지의 20분 간의 비행으로 시작되었다. 25년 전에도 했던 비행이었다. 경관의 변화는 충격적인 것이었다. 처음에는 길 전체가 열대림이었다. 지금은 나무들은 모두 사라졌다. 가는 길 거의 내내 오일 팜으로 채워진 사각형으로 배열되어 있었는데 간혹가다 버려진 벌목 장비와 함께 조각조각 산발적으로 버려진 숲들이 경계를 이루고 있었다.

나는 팜오일의 물결을 멈추려고 노력했던 정치 활동가를 살해한 사람을 찾아 사라왁으로 돌아왔다. 그해 6월의 어느 날 아침이었다. 빌 카용*(Bill Kayoung)*은 미리로 출근하는 데 15분이 걸렸다. 그가 자신의 픽업트럭에서 쇼핑센터 건너편에서 신호를 기다리고 있을 때, 두 개의 총알이 옆 유리를 깨고 그의 머리를 관통했다. 다섯 달 후 그를 살해한 혐의로 치안판사 법정에 서 있는 3명의 남성들을 보기 위해 마을로 직접 갔다. 그들은 나이트 클럽 경비원, 가라오케 바 운영자, 퉁 후앗(Tung Huat)이라고 하는 말레이시아(Malaysia) 팜 오일 회사 대표인 스테판 리(Stephen Lee)의 개인비서로 알려진 사람이었다. 카용(Kayong)은 인종적으로는 모두 중국인 미리 비즈니스 커뮤니티 멤버였던 스테판 리와 그의 부친이 소유한 그 회사와 갈등을 빚고 있었다.

나중에 카용의 상급자인 열정적인 현지 의사이자 사라왁의 제 1 야당인 인민정의당(People's Justice Party)의 대표인 마이클 테오(Michael Teo)를 만났다. 테오 자신도 자기 진료소 근처에서 야구 배트로 맞아 쇄골이 세 군데나 부러졌다. 일이 벌어진 그 카페에서 이야기를 나눌 때 '빌(Bill)과 연관되었다는 이유로 내가 거의 살해당할 뻔했다고 들었다'고 그가 말했다. '그리고 나서 어느 날 아침 누군가 내게 진화를 걸이 빌이 살해당했다'고 말했다고 한다.

카용의 죽음 이후, 누군가 미디어를 통해 그를 '헌신적인 환경운동가'라고 했다. 그것은 다소 적합하지 않은 표현이었다. 2000년도에 사라왁의 숲에서 흔적 없이 실종됐던 스위스의 환경운동가 브루노 만서(Bruno Manser)와는 달리 카용은 주로 정치 활동가였다. 그는 사라왁에서 벌목과 팜오일 회사들이 남아있는 전통 산림지역에 대한 강력한 침입의 증가로부터 다약(Dayak)이라고 알려진 원주민 공동체의 권리를 보호하는데 헌신했다. 최근 카용은 미리 남쪽의 한 지역공동체의 스테판 리와의 전쟁을 돕는 데 집중하고 있었다.

숭가이 베켈릿(Sungai Bekelit) 주민들은 공용으로 쓰이는 넓은 구역으로부터 떨어진 수백미터 길이로 지주 위에 아파트들이 줄지어 올려 진 큰 목조의 전통 가옥인 롱하우스(longhouse)에 거주한다. 마찬가지로 롱하우스는 법적으로 사회적 단위로 구축된 것으로 수 세기를 거슬러 올라가는 관습법 하에 공동의 토지를 소유한다.

그들은 확실히 끈질기다. 8년 동안 숭가이 베켈릿(Sungai Bekelit) 공동체는 그들의 공용 구역 중 일부 산림지역을 인수하려는 스테판 리와 맞서 왔다.

지역공동체는 관습법이 우선한다고 말했다. 그건 사실이어야 했다. 국제 규범(International norms)은 원주민 지역공동체들은 전통적 토지에서의 경제 활동에 대해 '자유롭고 사전에 고지된 동의'를 제공하거나 보류할 권리가 있다고 말한다. 그러나 스테판 리에게 토지에 대한 권리를 부여한 사라왁 정부의 공무원들은 그런 규범에 대해 들어본 적이 없다고 주장한다.

롱하우스 생활은 목가적이다. 먼 오지 지역은 배로 가야 하고 여건은 어렵다. 그러나 도로에 가까운 지역 주민들은 픽업트럭, 위성 TV와 핸드폰을 소유하곤 한다. 도시에서 직업을 가진 사람들은 주말에만 집으로 온다. 그렇다고 하더라도 그들은 정부가 땅을 팔아버리려고 할 때는 맹렬하게 집착한다. 자신들의 토지에 조림 사업을 시도했던 한 롱하우스의 추장은 '벌목회사가 들어오기 전까지는 숲 덕택에 생활이 편안했다'고 말했다. '야생동물을 사냥하곤 했다. 물은 매우 깨끗했다. 하지만 지금은 가족들 먹여 살리는 게 더 어려워졌다'는 말도 했다.

숭가이 베켈릿 롱하우스는 63가구의 300명을 수용하고 있다. 내가 방문했을 때 한 여성이 스테판 리의 심복들이 그들의 땅을 침범하는 것을 막기 위해 롱하우스 주민들이 24시간 동안 봉쇄하는 곳으로 데려갔다. '스테판 리 일당들은 빌을 두려워했다'고 그녀가 말했다. '빌은 강해졌고 그들은 침묵시키려고 했다'며 인근 롱하우스에서 온 남자가 내게 말했다. '그들은 그에게 돈을 줄 테니 우리를 통제하라고 했고, 빌은 그와의 대화를 녹취해서 우리에게 들려줬다.'

사라왁의 큰 계획에서 숭가이 베켈릿(Sungai Bekelit)은 그리 많지 않은 토지를 둘러싼 하나의 작은 분쟁이다. 부도덕한 자들을 위한 대부분의 돈벌이는 이미 오래전에 빼앗겨 버렸다. 숲에 남겨진 것들은 저급 불량배들이 상식이 아닌 총으로 갈취하고 있었다. 카용이 총에 맞았을 때 어떤 뉴스에도 나오지 않았고 그에 대한 추모비도 없었다. 미리 외곽의 간소한 묘지에 묻혔다. 내가 방문했을 때까지는 그가 죽었던 도로가의 기둥에 풀에 가려진 작고 낡은 추모 사진이 걸려있을뿐이었다.

내가 참석했던 법원 청문회에서 카용이 도왔던 새로운 다약(Dayak) 풀뿌리 회원 조직이 당찬 모습으로 출석했다. 십수 명의 젊은 회원들이 그를 기리기 위해 검은 티셔츠를 입고 배석하고 있었다. 그중에는 세 명의 그의 형제들도 있었다. 복도 밖에는 그의 아내가 십 대인 두 아이에게 위로를 받고 있었다. 그녀는 내게 '남편이 위협을 받고 있다는 걸 몰랐다. 내게 비밀로 한 것이다. 내가 걱정할까 봐...'라고 말했다.

법정에서 경찰은 스테판 리가 '배후라고 확신했고 스테판 리와 그의 사람들이 다른 두 명을 고용해 청부살인을 한 것으로 추정했다.[144] 스테판 리는 도주 중이었지만 다른 세 명은 이후 청문회를 위해 구금되었다. 그날 오후 그 중 한 사람인 나이트클럽 관리자 모하마드 피트리 파우지*(Mohamad Fitri Pauzi)*가 또 다른 가해로 두 명의 공범과 함께 기소되어 다시 피고인석에 섰다. 이번에는 카용과 일했던 숭가이 베켈릿*(Sungai Bekelit)* 롱하우스의 추장 잠바이 아낙 잘리*(Jambai Anak Jali)*에 대한 가해였다.

온화한 성격으로, 단정하게 차려입은 중년의 잠바이는 그의 차가 어떻게 미행당하고, 도로에서 추돌에 의해 이탈되어 전복하게 되었는지 법정에서 진술했다. 그와 아내, 그들의 조카가 차 안에 있을 때 남자들이 야구 방망이로 창문을 깨고 그를 사무라이 칼로 벤 것이다. 그는 법정에서 그와 인근 지역 롱하우스 네 곳 주변 산림에 대해 경작할 수 있는 퉁 후앗*(Tung Huat)*의 허가권에 이의제기하기 위해 처음 법원으로 갔던 2008년 이후 그에 대해 가했던 위협 중 가장 최근의 것이라고 진술했다. '우리의 땅이라는 것을 증명할 수 있다. 우리는 1934년 이후로 그곳에 있었다'고 그가 법정에 진술했다. 민머리를 한 피트리*(Fitri)*는 냉담한 채로 피고인석에 서 있었고 다시 무죄를 주장했다.

돌아온 후 나는 카용의 사건을 계속 추적 조사했다. 경찰은 싱가포르에서 시작하여 멜버른으로 이동해서 후지안*(Fujian)*이라는 중국 지방에서 끝이 난 범인의 도주 경로를 추적하여 마침내 스테판 리를 검거했다. 3월 이후 전체 재판 결과 피트리는 살해 유죄 판결을 받고 2018년 8월 사형선고를 받았는데 집필하고 있는 지금까지는 집행되지는 않고 있다.[145] 스테판 리와 다른 사람들은 무죄 선고를 받았다. '배후자들은 가까스로 풀려났다'며 카용의 동생 다비(Davey)가 말했다. 상황은 악화되었다. 2019년 10월, 잠바이와 롱하우스들은 토지에 대한 권리를 상실했다. 주정부 수도 쿠칭(Kuching)의 연방법원은 관습법은 정부가 스테판 리 측에 임대한 사실보다 우선하지 않는다고 판결했다. 이것은 본보기 같은 판례로 광범위하게 간주하였다. 이는 다약 공동체와 남아있는 숲 모두에게 매우 우울한 사건이었다.

9

산림의 소비

Consuming the Forests

전쟁을 위한 목재와 새로운 '녹색' 수탈

Logs of War and a New 'Green' Plunder

1990년대까지 더럽고 가난하고 사회적으로 분열된 아프리카 국가인 라이베리아는 장기간의 내전을 겪었고 그 과정에서 25만 명이 사망하고 인구의 절반이 도망쳤다. 지역 원주민들과 끊임없는 긴장 상태에 있었다. 갈등을 지속시키는 것은 전쟁을 벌이는 파벌들에 의한 무기의 남발이었다. 이러한 무기들을 위한 대부분의 자금은 서아프리카 중에서도 가장 광범위했던 라이베리아의 열대우림 벌채권 판매로부터 조달되었다. 수년 동안 전투가 치열해지면서 선박들은 전쟁 목재*(logs of war)*라고 알려진 화물을 싣고 몬로비아*(Monrovia)*와 뷰캐넌*(Buchanan)* 항구에서 정기적으로 출항하였고 이후에는 무기를 가득 싣고 돌아왔다. 이후에 한 UN의 연구에 의하면 라이베리아 목재 생산의 86%가 무기상들이 지배했던 동안에 이루어졌다는 사실을 밝혀냈다.

이러한 대학살의 책임은 무장 침략을 하여 전쟁을 시작한 찰스 테일러*(Charles Taylor)*에게 있었다. 심지어 몬로비아*(Monrovia)*를 장악하기 전에도 벌채권을 그가 통제하던 토지로 매각하기도 했다. 대통령으로 취임한 그는 벌채권에 대해 지급된 대부분의 수표가 개인 계좌로 지급되었음에도 자신의 범죄를 국유 기업으로 떠넘겼다. 그는 산림과는 전혀 관계없는 파트너를 선택했다. 한 명은 레오니드 미닌*(Leonid Minin)*이라는 유명한 우크라이나 마피아 보스였다. 그의 이국적 열대 목재 기업은 테일러(Tayor)에게 무기를 공급하는 대신 라이베리아 북동쪽 카발라(Cavalla) 산림 벌채권을 받았다.

또 다른 한 사람은 한때 도난당한 렘브란트(Rembrandt) 작품을 거래한 것으로 유명했던 네덜란드의 모험가 거스 쿠벤호벤(Guus Kouwenhoven)으로 테일러가 벌채권을 발행하는 정부 업무를 맡기기 전에는 몬로비아(Monrovia)의 카지노를 운영했다. 알려진 바와 같이 거스는 본인 회사인 오리엔탈 팀버(Oriental Timber)에 라이베리아 산림 1/4 이상의 벌채권을 부여했다. 그는 아시아 노동자들을 불러와 벌목하고 아시아 매춘부들을 제공하였다. 목재 판매 수익금의 일부는 테일러를 위해 총을 구매하는 데 쓰였다.

비극적인 것은, 세상이 어떤 일이 벌어지고 있는지 내내 알고 있었다는 것이다. 한 영국 대사는 2001년 언론에 '테일러가 권력을 유지할 수 있는 이유는 목재 사업'이라고 말한바 있다.[146] 그러나 국제 공동체는 UN 안전보장이사회(UN Security Council)가 결국 무역 금지령을 내린 2003년 5월까지 그 어떤 행동도 취하지 못하고 있었다. 그러다 정권이 8월에 무너졌고, 16년이 지난 후에야 전쟁이 끝났다.

테일러는 결국 헤이그에 있는 국제범죄법원(International Criminal Court)에 의해 전쟁범죄에 대해 50년 형을 선고 받았다. 쿠벤호벤(Kouwenhoven)은 10년이 넘는 험난한 법적 싸움 끝에 네덜란드 법원에 의해 무기 밀매로 17년 형을 선고 받았다.[147] 하지만 그는 청문회 참석을 거부하고 남아프리카에서 숨어지냈다. 2020년 초, 판사는 '매우 유감스럽게도' 형 집행을 위해 그를 인도할 수 없다는 판결을 내렸다.[148] 미닌(Minin) 역시 이 사건에서 피할 수 있었고 여전히 무기 거래를 하는 것으로 알려져 있다.

라이베리아 산림은 비록 고갈되었지만, 뛰어난 회복 능력을 보여준 바 있다. 그렇다고 하더라도 충격적인 것은 국제 목재 교역상에서 1온스(ounce)의 정직성만으로도 중단시킬 수 있었던 악랄한 갈등에 얼마나 오랫동안 전쟁 목재가 자금을 지원했느냐는 것이다. 불법성은 이 산업에게는 두 번째 특성으로 보인다.

어스사이트(Earthsight)라는 조사기관 NGO의 창립자 산림훼손 분석가 샘

로슨(Sam Lawson)에 따르면, 금세기의 첫 10년 동안 전 지구상 산림 중 1억 입방 이상의 목재가 불법적으로 벌채되었다고 한다.[149] 이는 수확된 목재의 1/10에 달하며 지구 둘레의 10배가 되기에 충분한 목재량이다. EU와 같은 다른 국제기구들은 수치를 40%까지도 높게 판단하고 있다.[150] 불법의 기준을 어떻게 정의하느냐에 따라 다를 것이다. 어떤 국가들에서는 합법적 수확보다 불법적 벌채가 더 많아서 범죄자들이 매년 약 400만 헥타르의 산림을 손상하거나 파괴하고 있다.

불법 목재의 국제교역이 전쟁에 자금을 지원하지 않는 경우에는 독재자를 지원하곤 했다. '장미목의 왕(king of rosewood)'으로 알려진 캄보디아의 독재자 옥냐 트리페압(Oknha Try Pheap)은 최근 훈 센(Hun Sen) 총리의 묵인하에 저지르는 불법 벌채의 배후로 비난받고 있다. 2016년에 나는 해당 스캔들을 폭로하여 매년 풀뿌리 환경 운동가에게 수여하는 골드만 상(Goldman Prize)을 수상한 캄보디아의 렝 아우치(Leng Ouch) 변호사를 인터뷰한 적이 있다.[151] 아우치는 가난한 농부의 아들로 노동자, 목재 트레이더, 심지어 요리사로 위장 근무를 하며 벌목 신디케이트에 잠입하여 페압이 어떻게 국가가 관리하는 국립공원에서 목재를 약탈했는지 조사하였다.

대부분의 캄보디아 목재는 중국의 졸부들이 아끼는 홍무(hongmu)라고 알려진 앤틱 스타일의 장미목 가구로 만드는 중국으로 선적하기 위해 베트남으로 보내졌다. 이 연구에 따르면 캄보디아는 세계에서 산림손실률이 5 번째로 빠른 것으로 나타난다. 아우치는 2019년 말에 '사실상 정부가 페압을 위해 일하고 있으며, 그는 지역 관료들을 제거할 수 있고, 군대가 벌목 사업에 깊이 간여하고 있다'고 말했다. 그리고 미국 재무부가 그 사실을 인정했다. 그래서 페압에게 제재를 가하면서 그가 '캄보디아 내부의 광대한 네트워크를 이용하여 캄보디아 공직자들과의 공모하여 광범위한 불법 벌목 컨소시움을 구축했다고 발표했으나.[152] 훈센 정부는 그러한 의혹에 대해 '근거 없다'고 일축했다.

*

중국이 세계에서 한 다른 많은 일들처럼, 세계 목재 시장에 대한 중국의 지배는 최근의 일이며 그 규모가 거대하다. 베이징이 천연림 벌채를 금지했던 1998년부터 시작된 것으로, 양쯔강의 대규모 홍수 이후 베이징의 과학자들이 양쯔강 상류의 산림훼손을 지적했던 그 해이다. 몇 년 후, 쓰촨북부의 산들을 운전해 가면서, 내 눈으로 직접 벌채 금지가 얼마나 효과적이었는지 실감하게 되었다. 도로를 따라 목재 가공 공장들이 텅 비어 있던 것이다. 도로는 황량했다. 지방 산림 공무원인 첸 유핑(Chen Youping)은 '2년 전까지만 해도 쓰촨 북부의 많은 도로들은 벌목 차량이 독점적으로 사용했기 때문에 외부인들이 사용하지 못하도록 금지했었다'고 설명했다.

중국은 빠르게 성장하는 목재 가공 산업을 유지하기 위해 국제 목재 시장에 뛰어들었다. 2000년대로 전환한 이래로 중국의 목재 회사들은 서부 및 중앙아프리카의 산림을 벌목하는 유럽의 식민 회사들로부터 조달해 왔다. 그 수요는 하룻밤 사이에 이르크츠(Irkutsk)와 톰스크(Tomsk)와 같은 외딴 도시들 주변의 시베리아 산림에서 불법적으로 벌채한 목재에 대한 대규모 암시장을 열었다. 초창기에는 이전의 소비에트 군사 차량을 이용하던 '산적 마을(bandit villages)'의 마피아들이 조직적으로 공급하였다. 그들을 대응하는 건 위험한 일이었다. 중국 바이어에게 공급하는 걸 거절한 목재 가공업자 블라디미르 바라노프(Vladimir Baranov)는 2005년 집 앞에서 총으로 살해되었다. 불법은 계속되었다. 중국에 수출되는 러시아 목재의 1/4이 이러한 암시장에서 거래된다는 말도 있다.[153] 불법이든 아니든, 매년 몇천만 입방의 목재를 실은 수십만의 철도가 바이칼호수 동쪽의 거대한 러시아 목재 야적장인 자바이칼스크(Zabaikalsk)로부터 한때는 적적한 국경 마을이었지만 지금은 25만 명 인구가 살고 있는 대도시가 된 만저우리(Manzhouli)로 국경을 넘어온다.

유사한 방식으로, 동남아시아로부터 중국으로 활엽수가 수입되고 있다. 어느 때는 중국으로 수입되어 들어가는 열대 활엽수의 절반이 양쯔강 어귀의 목재 항구인 장자강에서 2/3가 하역된 바 있다. 내가 방문했을 때, 심지어 대규모 무역상들도 신분증 요구나 사무실로 불러 귀찮게 하지 않았다. 그들은 익명의 호텔 방에서 지냈으며 목재에 마커펜으로 쓰여있는 핸드폰으로 연락할 수 있었다. 이는 높은 수준의 도덕성을 요구하지 않는 것이었다.

버지니아 주립 대학의 목재 무역 분석가인 쑨 시우팡(Sun Xiufang)에 따르면 대개의 무역상은 목재들이 합법적으로 베어지고 있는지 알지도 못하고 신경도 쓰지 않는다고 한다.[154] 그저 이들이 좋아하는 것만 알고 있다. 이들은 서아프리카에서 오쿠메, 보르네오에서 메란티(meranti), 미얀마에서 티크(Teak), 가이아나에서 그린하트(greenheart), 가나로부터 장미목(rosewood), 인도네시아 뉴기니로부터 멀바우(merbau)를 사들이고 있는데 모두 목재 밀도, 강도와 내구성에 있어서 높게 평가되고 있는 나무들의 거점들이다. 환경조사국(EIA, Environmental Investigation Agency)에 따르면 멀바우(merbau)는 뉴기니(New Guinea)에서 중국의 '세계에서 가장 대규모의 목재 밀수 돈벌이 지역'이라고 불리는 곳으로 정상 근무일 기준 1분에 한그루씩 수입되고 있다고 한다.[155] 수많은 멀바우가 장자강 근처의 조용한 강변 지역인 난쉰(Nanxun)으로 향한다. 한때는 운하와 옛 건축물로 유명했던 곳이 지금은 세계의 활엽수 마루 용재의 본거지가 되었다.

유럽은 중국의 목제품과 중국 벌목회사들이 산림으로부터 가져온 원목의 큰 시장으로 남아있다. 2019년 말, 내가 유럽 산림 캠페인 그룹 펀(Fern)에서 알게 된 활동가(campaigner) 인드라 반 기스베르겐(Indra Van Gisbergen)은 안트베르프(Antwerp)의 목재 부두 투어 기회를 얻게 되었다고 한다. 목적은 그녀에게 항구에서 목재수입시 불법 벌채 목재에 대한 EU의 금지조항 준수를 얼마나 잘 감독하고 있는지 보여주기 위한 것이었다. 하지만 후일 그녀는 '추적 중에 우리를 멈춰 서게 한 목재 위탁판매(consignment) 표시를 보게 될 때까지는 그리 오랜 시간이 걸리지 않았다'고 기술한바 있다.[156] 가봉에서 나오는 가구, 악기, 마루 용재로 쓰이는 파두크(padauk) 원목들은 중국 벌목 회사인 완추안목재 SARL(Wan Chuan Timber SARL)가 선적한 것으로 표기되어 있었다. 이 회사는 최근 EIA가 '가봉의 산림 및 국민들에 대해 최악의 범죄 행위를 저지를 가능성이 높은 범죄자'로 지명한바 있다.[157] 펀은 불법 목재와 불법 수익을 세탁했다고 자랑하는 회사 고위 관계자의 비디오를 공개했다.

이 회사는 2개월에 한 번씩 안트베르프(Antwerp)에 원목을 보냈지만 항만 공무원들은 위탁판매의 불법성에 대해 의문을 제기하지 않았다고 한다.

불법 목재 및 불법 목재로 만들어진 제품들은 여전히 유럽에서 광범위하게 보급되고 있는 것으로 나타난다. 환경조사국(EIA)은 주로 중국 업자들이 벌목해서 크로아티아의 항구 리예카(Rijeka)와 비아토르 풀라(Viator Pula)라고 하는 작은 크로아티아 트레이딩 회사를 통해 EU로 보내지는 버마 티크(Burmese teak)를 추적한바 있다.[158] 그곳에서 영국에서 판매되는 많은 값비싼 요트의 데킹(decking)으로 제조되었다. 샘 로슨(Sam Lawson)은 영국이 오랫동안 '불법적으로 벌채된 숲으로부터 나온 원자재 수입의 글로벌 리더'였다고 주장한다.[159] 수년간 EU에서 원목 수입자들로 하여금 공급망이 불법성이 없다는 것을 확인하도록 요구하고 있지만 추악한 거래는 교묘하게 지속되고 있다.

중국과 공급업체 모두 상황이 변했다. 2020년이 시작되면서 국제 목재 교역에 변화를 불러올 수 있는 드라마틱한 일이 벌어졌다. 중국이 구 산림법을 개정하겠다는 계획을 발표한 것이다. 신 개정문은 불법적으로 조달된 목재의 구매, 가공, 수입에 대한 특별 금지를 포함한다. 국가의 법률을 무시하고 산림에서 벌목된 세계의 많은 목재들은 엄청난 상황을 맞이하게 된 것이다. 중국의 불법 목재 의존도를 폭로하기 위해 많은 일을 해오며 대체로 비판적이었던 NGO로서 환경조사국 역시 이 발표를 '보기 드문 동향'이라고 평가했다. 중국에 공급하는 러시아, 아프리카, 동남아시아 국가들이 목재산업을 정화하도록 강제할 수 있는 것이다.[160]

이미 이러한 일이 일어날 것이라는 조기 징후가 있었다. 불법 목재에 대한 중국의 단속이 시작되면서 인도네시아의 목재 대기업 알코 팀버 이리안(Alco Timber Irian)의 총수인 밍호(Ming Ho)가 당국으로부터 빠르게 성장하고 있는 서 파푸아 항(West Papuan port) 소롱(Sorong) 부둣가에서 거의 400개 컨테이너의 불법 멀바우(merbau)를 압수당한 후, 5년 형을 선고받은 것이다.[161] 이러한 범죄로 총수가 유죄판결을 받은 것은 드문 일이었다. 이 사건은 앞으로 다가올 일들의 징조였을 것이다.

물론 불법 벌목 단속이 모든 벌채에 대한 단속과 동일할 필요는 없다. 만연되어있는 벌목 산업의 통제는 제품에 대한 수요 역시 통제된 후에야 본격적으로 이루어질 것이다. 위험스러운 것은 목재 수요가 줄어들기는커녕, 세계는 완전히 새로운 시장이 열릴 수 있다는 점이다. 그것은 역설적으로 기후변화에 대항할 '그린' 에너지 생산이라는 명분으로 이루어지고 있다. 나는 처음으로 중앙 유럽 슬로바키아에서 그 새로운 산업이 진행되는 것을 보고 놀랄 수밖에 없었다.

그는 번호판에도 없는 차량에서 뛰어내려 묵직한 몽둥이를 흔들며 자기가 산림 감독관이라고 소리쳤다. 신분증도 제시하지 않았다. 폴로니니 국립공원(Poloniny National Park) 너도밤나무 숲의 산책길을 걸으며 따뜻한 오후의 햇살을 즐기던 우리 세 명은 그의 말에 따르면 무단침입을 했고, 범죄행위라는 것이다. 그는 우리가 마지못해 큰 도로로 발걸음을 돌리는 15분 내내 우리를 못살게 굴었다. 공원 안쪽에서는 벌목 회사들이 작업하는 중장비 소리가 들려왔다. 슬로바키아에서는 벌목업자들은 산림보호구역에 들어갈 수 있지만 산책하는 사람들이 그 모습을 볼 수도 있기 때문에 들어갈 수 없는 것 같았다.

슬로바키아는 한때 체코슬로바키아였을 때의 절반 수준의 인구밀도로 떨어진 나라다. 슬로바키아 정부가 건설할 때 막대한 보조금을 주는 신규 발전소에서 바이오매스를 태워 전기를 만드는 계획을 채택했기 때문에 생겨난 벌목이었다. 일부 목적은 EU의 신재생에너지 확대 목표를 맞추기 위한 것이다. 유럽에서 에너지를 생산하기 위해 더 많은 벌목을 할 수 있는 곳이라면 내 생각에는 슬로바키아일 것이다. 국가 영토의 거의 절반이 산림이며 목재가 문화의 중심에 있었다. 나는 그날 유네스코에 등재된 유명한 목조 교회를 보고 감탄했다. 하지만 폴로니니 국립공원에서 있었던 일로 판단해 보면, 슬로바키아 산림에 대한 압박의 증거는 과도한 공원 감독관의 태도뿐만 아니라 우리 주변의 어느곳에나 있는 것이었다.

동부 슬로바키아 카르파티아산맥(Carpathian Mountains)에서는 너도밤나무 산림의 모두베기(clear-cutting)가 빠르게 증가하고 있다. 우크라이나와 폴란드의 경계인 국립공원 주변 지역에는 슬로바키아에서 가장 오래된 숲이 집중되어 있고 주요 타겟이 되고 있다. 벌목은 면허만 있으면 합법적이었다. 실제로도 벌목은 장려되었으며 이는 슬로바키아 정치인들에 의해서만이 아니라 브루셀(Brussels)에서도 마찬가지였다. 국립공원으로 가는 길 내내 EU의 인프라스트럭쳐 펀드가 도로를 넓히고 산림 내 중장비 진입여건 개선을 위해 쓰이고 있었다.

나는 슬로바키아 산림을 보호하기 위한 캠페인을 벌이고 있는 울프(WOLF)라고 하는 지역 NGO의 피터 사보(Peter Sabo)와 여행을 하고 있었다. 그는 바이오매스 보일러에서 태우기 위한 벌목 열풍이 국가의 산림, 특히 카르파티아(Carpathians)의 산림을 망치고 있다고 했다. 정부의 통계는 뚜렷했다. 연간 산림생장률은 6백만 입방에 그치는 데 비해 매년 천만 입방의 목재가 벌목되고 있음을 나타내고 있었다. 새로운 용도는 거의 전체가 과잉 벌채로 나타나는데, 약 3백5십만 입방이 에너지와 난방을 위해 태워지는 것이다. '이러한 수치들 뒤에는 늑대, 곰, 사슴과 같은 야생동물들이 조용하게 서식하고 있는 장소와 천연 생태계가 파괴되고 있는 것'이며, '슬로바키아에서는 에너지를 위해 태우는 것은 재생자원이 아니'라고 사보가 말한다.

슬로바키아 전역에 걸쳐 바이오매스를 연소하는 여남은 개의 발전소가 있다. 정부에 따르면, 운영업체는 다른 산업 용도에 적합하지 못한 저급 목재만을 연소시켜야 한다. 숲에 남겨져서 썩게 되면 대기 중으로 탄소를 방출하면서 부식되는 가지와 잔가지만을 태운다는 의미이다. 업계가 그 원칙을 따른다면 브라티슬라바(Bratislava)와 브뤼셀(Brussels)은 연소가 탄소배출을 증가시키지 않았다고 주장하는 것이 옳을 수도 있다. 사보는 현실은 다르다고 지적했다. 이러한 저급 목재는 이미 대부분 지역 난방을 위해 사용되고 있었다는 것이다. 그래서, 원칙이 어떻든, 신규 발전소들을 위해 벌목된 고급 목재를 연소시키고 있던 것이다. 이는 탄소중립(carbon-neutral)이 아닌 것이다.

사실을 증명하기 위해 그는 폴로니니(Poloniny)로부터 한 시간을 운전해서 나를 베스키디 산맥(Beskydy Mountains)의 바르데요프(Bardejov)의 아름다운 중세 마을로 데리고 갔다. 마을 바로 밖에 발전소가 있었다. 발전소는 마을에 전기와 난방을 공급하기 위해 대체로 매년 십만 입방의 나무를 태운다고 한다. 우리는 펜스 사이로 1미터까지 이르는 직경의 대경목들로 가득 찬 목재 야적장을 보았다. '다른 잠재적인 산업 용도가 없는' 원목들이 아니었다. 우리가 본 바와 같이 장비들은 원목을 깨서 발전소 보일러 근처에 쌓고 있었다. '발전회사는 이런 행위가 적발되어 벌금을 냈다. 하지만 벌금이 작아서 그대로 하는 것'이라고 사보가 말했다.

우리에게 설명을 해줄 공장 관계자가 없었다. 이후에 연락을 취했지만, 바이오에너지 바르데요프(Bioenergy Bardejov)는 목재 야적장에 원목을 소유하고 있다는 것을 부인했다. 담당자인 스타니슬라프 레가트(Stanislav Legat)은 우리에게 다음과 같이 이메일을 보냈다. '그것은 우리의 야적장이 아니라 다른 회사의 소유다. 우리는 오직 목재 칩만을 사용한다. 당신들이 야적장에서 목격한 원목도 당사 소유가 아니다.'

물론, 사람들은 거주하고 있는 집을 따뜻하게 데우기 위해 나무를 벤다. 그러나 내가 슬로바키아에서 목격한 장면은 세계의 산림을 약탈하는 거대한 새로운 비즈니스가 될 수 있는 시발점이었다. 목재는 신재생에너지로의 전환을 위한 EU의 노력의 주요 초점이 되었다. 바이오매스 연소는 EU가 주장하는 탄소제로 신재생에너지의 약 2/3에 해당한다. 놀랍게도 EU에서 벌채되는 목재의 42%가 연료로 연소된다. 곧이어 지역의 산림을 연소하는 바르데요프와 같은 소규모 지역 발전소에서 그치지 않을 것이다. 애초에 석탄 연소를 위해 건설되었지만, 전 세계 거의 모든 곳에서 조달되는 목재 연소로 전환되고 있는 대형 발전소들까지 확대될 것이다.

동부 요크셔(Yorkshire)의 평야를 거쳐 잉글랜드 동쪽으로 여행하는 사람들은 누구라도 보게 될 것이다. 12개의 거대한 냉각탑을 가진 영국의 최대 발전소임이 확실하다. 드랙스(Drax)는 대개 국가 전력의 1/10을 공급한다. 한때 근처 셀비(Selby) 탄광으로부터 채굴한 석탄을 연소했다. 2020년까지 아메리칸 딥 사우스(American Deep South)로부터 수입한 우드펠릿을 주로 연소시켰다. 운영을 지속하기 위해 북캐롤라이나(North Carolina), 루이지애나(Louisiana), 미시시피로 부터 6백만 톤이 넘는 우드펠릿이 대서양을 건너온다. 2021년에는 마지막 보일러가 나무를 연소시키는 것으로 전환되었다.

드랙스 발전소는 바르데요프 보다 500배가 크며 매년 124개국의 전체 배출량보다 많은 이산화탄소를 대기 중으로 내보낸다. 발전소 운영자가 '유럽에서 탄소를 가장 많이 저감하는 프로젝트'라고 설명하는 것을 들으면 놀랄지도 모르겠다. 영국 정부는 우드펠릿 연소가 탄소중립이라고 규정했으므로 국가 배출량에는 전혀 나타나지 않는다. 영국 정부의 설명에 의하면 드랙스가 연소하는 나무들은 동일한 땅에 다시 심어져서 배출된 양만큼의 온실가스를 흡수할 것이기 때문이라고 한다.

드랙스는 자신들의 산림사업을 보여주기 위해 나를 미국으로 데려갔다. 미시시피 아미트 카운티(Amite County)의 글로스터(Gloster)의 작은 '목재 마을' 부근에서 지역의 산림으로부터 베어진 후 트럭에 실린 소나무들이 대형 치퍼(chipper)로 쏟아지고 다시 목재 조각들의 수분을 없애 무게를 반으로 줄이기 위한 건조 설비로 들어가는 장면을 보았다. 글로스터(Gloster), 그리고 루이지애나(Louisiana)의 또 다른 드랙스의 우드펠릿 공장과 세계에서 가장 큰 우드펠릿 제조사인 엔비바(Enviva)가 운영하는 8개의 공장에서 제조된 우드펠릿은 남쪽 배턴 루지(Baton Rouge)로 실려갔다. 거기에서 잉글랜드 교회 탑만큼이나 높은 호퍼가 19일간의 항해를 통해 이밍햄(Immingham)이나 리버풀(Liverpool)로 건너가는 5만 톤 급의 선박에 우드펠릿을 쏟아내는 것을 보았다. 모두가 오직 잉글랜드의 하나의 발전소에 공급하기 위한 것이다.

드랙스는 딥 사우스(Deep South) 산림의 벌채량을 증가시키는 요인이 아니라고 주장한다. 전혀 아니다. 조지아 대학(University of Georgia) 임학과 학장 데일 그린(Dale Greene)이 루이지애나(Louisiana) 먼로(Monroe)에 있는 드랙스의 사무실에서 '드랙스가 딥 사우스 산림을 지키는 데 도움을 준다'고 내게 설명했다. '수확을 더 많이 할수록 나무를 더 심게 되고 숲에 탄소가 더 많아지게 되는 것이다.' 드랙스는 자신들의 탄소발자국(carbon footprint)은 단지 수확, 가공, 그리고 목재를 운반할 때 사용되는 에너지뿐이라고 말한다.

미국 생태학자들에 의하면, 이는 미국의 산림과 궁극적으로는 대기 그 자체를 희생시키면서 저질러지는 환상일 뿐이라고 한다. 2017년에 200여 명의 과학자들이 EU에 '산림 바이오매스에 의한 바이오에너지는 탄소중립이 아니다'라고 주장하는 서한을 보낸 바 있다. 그들은 드랙스와 수십 개에 이르는 잠재적 유사 기업들로부터 산림과 탄소를 보호하기 위해 더욱 엄격한 규정을 요구했다.[162]

어떻게 이러한 논란이 있을 수 있을까? 나무들이 다시 심어지면 굴뚝 위로 올라간 탄소가 다시 새로운 나무들에 의해 재흡수되는 것은 사실이다. 그러나 탄소 어카운팅*(carbon accounting)* 문제의 시작이 바로 그 점인 것이다. 이론적으로는 파리 기후협약의 조약상 발전소에 공급되는 산림으로부터의 탄소 손실은 모두 공식적으로 보고되어야 한다. 그러나 어떻게 보고되어야 할까? 벌채된 산림에서 이후에 어떤 일이 벌어질지 통제할 수 없다. 규제기관이나 탄소 카운터*(carbon counter)*들도 마찬가지다. 모두 시장의 힘으로 나무가 다시 심어지기를 희망하지만, 그렇게 되지 않을 수도 있다. 영국 정부의 2014년 보고서에 따르면 벌목된 산지가 농지로 전환된다는 최악의 시나리오에서는 드랙스의 실제 이산화탄소 배출량은 석탄 연소의 두 배가 될 수도 있다는 결론을 낸 바 있다.[163] 발전소가 폐지되고 수십 년이 지난 후에야 정답을 알게 될지도 모른다. 그때는 누군가에게 계산해 보라고 하기에는 너무 늦은 것일 수도 있다.

산림 재조림에 관련된 더 심각한 시간지연 문제*(time-lag issue)*가 있다. 재조림한 산림이 연소된 나무들로 인해 방출된 이산화탄소만큼 모두 흡수할 정도로 크게 자라기까지는 수십 년이 걸릴 것이다. 메사추세츠*(Massachsetts)* 터프츠 대학*(Tufts University)*의 윌리암 무마우*(William Moomaw)*는 '이 기간 동안 추가적인 온난화가 빙하를 녹이고 영구동토를 해빙시키는 것과 같은 변화를 야기할 수도 있다'고 설명한다.[164] 다시 자라는 나무들이 너무 빠르게 다시 벌채되는 경우에는 대체시킨 나무들보다 더 작은 양의 탄소를 흡수할 수도 있는 것이다. 이러한 조기 수확*(premature harvesting)*은 이미 벌어지고 있다. 그린*(Greene)*이 내게 '그들은 빨리 심고 빨리 베어낸다'고 말한바와 같다. 순환 주기가 단지 25년이라고 제시했던 것이다.

드랙스투어를 마치고 미시시피의 마콩 카운티(Macon County)에서 침례교회들, 가족농장, 트레일러 파크로 둘러싸인 지역사유지를 미국의 최대 목재 생산기업 중 하나인 플럼 크릭(Plum Creek)이 매입해 온 또 다른 주요 공급 지역을 방문하였다. 나는 드랙스에 공급하기 위해서 이미 두 번이나 솎아베기했다는 18년 된 옐로우 파인(Yellow pine) 조림지의 그늘에서 플럼 크릭의 지역 매니저인 그렉 나이트(Greg Knight)를 만났다. 그린의 25년 벌기는 분명 낙관적이었다.

생태적인 우려도 있다. 개울가 아래에서 수령이 80년이나 되는 체리바크오크(Cherry bark oak)와 같은 자생 활엽수를 보았다. 그 나무들을 보게 되어 좋았는데 여기서 자생종들과 생산된 산림의 차이와 잃어버리게 된 것을 보여주었다. 북 캐롤라이나(North Carolina)를 기반으로 하는 산림보호 비정부기관(NGO)인 도그우드 얼라이언스(Dogwood Alliance)의 스콧 콰란다(Scot Quaranda)는 대서양을 건너기 위해 벌채되어 드랙스의 선박에 실리고 있는 해당 지역 전역에 걸친 습지대에서 모두베기되고 있는 활엽수림대의 생태학적인 중요성을 추적해 왔다.[165] 그는 활엽수림대가 없어지고 대서양 반대편에 있는 발전소 공급 서비스를 위해 새로운 속성 소나무산업 조림지로 곧 대체될 것이라고 했다.

이는 시작일 뿐이다. '탄소중립' 발전소에서 연소하는 우드펠릿 수요가 늘어나고 있다. 지금까지 바이오매스 연소에 많은 투자를 해왔던 유럽은 2020년대 초의 계획상 제안에 의하면 유럽대륙에서 가장 큰 10개의 석탄화력발전소를 주로 우드펠릿인 바이오매스 연소로 전환할 것으로 예상된다. 한 NGO의 연구에 따르면 독일 흑림(Black Forest)의 절반 면적에 이르는 산림에서 베어질 연간 3천6백만 톤에 이르는 수요가 발생할 것이라고 한다.[166] 한편 한국과 일본 역시 우드펠릿을 위한 목재 시장을 가지고 있다. 스미토모상사는 2011년 쓰나미에 의해 폐기된 원자로가 있는 후쿠시마 지역의 발전소들에 공급하기 위한 미국 소나무의 구매계약을 추진한바가 있다. 러시아 역시 주요 공급국이 되기 위해 준비하고 있다.

수 세기에 걸쳐 산림은 지역의 필요에 따라서 화목이나 숯을 위해 벌목되어 왔다. 목재의 펠릿화(pelletization)는 발전소에서 연소시키기 위해 목재를 지구 반 바퀴를 이동시키는 것을 처음 경제적으로 만들었다. 하지만 이는 곧 수백만 개의 펠릿 연소 발전소들에 잠재적으로 공급하는 새로운 글로벌 산업의 모델이 될 수도 있다.

몇몇 옹호자들은 목재를 연소하는 발전소들은 탄소중립(carbon-neutral)이 아니라 탄소 네거티브(carbon-negarive)라고 간주한다. 기술적 성배(Holy Grail)는 굴뚝 배출에서 탄소를 제거하는 장치를 추가하는 것이다. 가스는 압축되거나 액화되어 위험하지 않은 방식으로 매립되는데 탄소 포집 및 저장(carbon capture and storage) 기술이라고 부른다. 그래서 탄소 포집 및 저장과 함께 목재 연소를 함으로써 세계는 이산화탄소를 흡수하는 산림을 늘려 연소시킨 다음 배출가스를 지하에 매립하게 된다. 이들은 탄소 포집 및 저장 바이오에너지를 벡스(BECCS)라고 부른다. 이 시나리오에 따르면 우리가 더 많은 에너지를 생산하게 되면 더 많은 탄소를 대기로부터 감소시킬 수 있는 것이다.

탄소 포집 및 저장 기술을 상용화하기 위한 개발은 초기 단계이며 필요한 R&D 자금은 일정하지 않았다. 이는 한가하게 꿀 몽상이 아니다. 2020년 드랙스는 가스포집 파일럿 프로젝트를 시작했다.[167] CEO인 윌 가디너(Will Gardiner)는 2030년 전에 북해(North Sea) 아래 빈 가스 저장고에 가스를 파이프로 내려보낼 것이라고 언급했다.

기후 과학자들은 막대한 피해가 발생하기 전에 지구 온난화를 막기 위해서 대기 중에서 이산화탄소를 제거하는 방법들이 시급히 요구된다고 말한다. 지구상에 산림을 복원하는 것이 그렇게 하는 아마도 가장 저렴하고 효과적인 방법의 하나일 것이다. 생태학자들은 생태적인 치유와 기후 보전을 위해 지구상의 고대 산림을 복원하는 꿈으로 흥분한다. 그러나 벡스(BECCS)가 그 꿈을 악몽으로 바꿔버릴 수 있다. 종 다양성을 꽃피우는 위대한 천연림 대신 기후를 구하고 전기를 만들어 내는 전용의 거대한 속성수 단순림으로 뒤덮어 버릴 수 있는 것이다.

10

무인지대

No-man's-land

가축 왕국과 글로벌 원자재 횡포

Cattle Kingdoms and the Tyranny of Global Commodities

육지로 둘러싸인 파라과이는 기괴한 곳이다. 우리가 탑승한 6석의 세스나는 실비오 페티로시 국제공항을 이륙한 지 몇 분도 채 지나지 않아 타는 듯한 여름의 더위와 살을 에는 듯한 겨울의 추위와 홍수로 인한 가뭄과 같은 극한의 기후를 가진, 지구상 그 어디에도 없는 빽빽한 가시나무 숲 상공을 날고 있었다. 숲은 탁상처럼 평평한 평야 위 약1,000Km를 뻗은 텅 비어 있는 파라과이의 차코(Chaco) 지역을 점유하고 볼리비아를 향해 북서쪽으로 가면서 더 건조해지고 있었다. 파라과이와 볼리비아는 1930년대에 이곳에서 특이한 전쟁을 치르고 파라과이 인구 30명 중 1명 정도는 가뭄으로 사망했다. 그렇지 않으면 대부분 아요레오(Ayoreo) 부족민들에 의해 짓밟혔다.

야생의 차코는 한때 영국 면적의 5배인 1억 3천만 헥타르에 달했으며, 볼리비아, 브라질, 아르헨티나로 확장해 갔다. 살아남은 대부분은 파라과이에서 가장 뜨겁고, 독특하고 금지된 지역으로 남아프리카의 마지막 거대한 야생 지역이다. 이 지역의 심장부는 큰개미핥기, 맥(tapirs), 갈기늑대(maned wolves), 라마 닮은 과나코(llama-like guanaco), 사람 키 만한 날지못하는 레아(rheas), 열 가지 종의 천산갑(armadillo)과 같은 독특한 동물들의 세계이다. 수목은 앉은뱅이 덤불과 같은 뾰족한 가시로 덮여 있고, 혹은 낙타의 혹과 같이 수분을 지니고 있는 병 모양의 수간을 갖는다. 대부분 지역 특산인 것이다.

다른 곳 어디에도 없다.

이러한 특이한 생태계는 더 오래되고, 더 독특하며 아마존보다 훨씬 연구가 덜 되었다. 이러한 특수함은 부분적으로 50도의 여름과 영하의 겨울 사이를 오가며 혹독한 가뭄과 대규모 홍수 사이를 오가는 기후 탓이다. 이렇게 심한 기후변동과 덤불 가시들로 인해 브라질 목장업자들의 침략을 목격해 왔던 지난 20년 전까지 현대 문물이 침범하지 못했다. 브라질 정부가 아마존을 농장으로의 전용을 단속하는 동안 대두 재배자들은 야생동물들이 자유롭게 서식하던 세라도 초원(cerrado grasslands)을 사들였고 농장 업자들이 국경을 넘어 파라과이 차코로 이주했다.

현재 산림훼손이 급격하게 벌어지고 있어 차코의 초자연성에 대해 겉핥기정도만 간신히 진행한 생태학자들에게는 공포가 되고 있다. 에딘버그(Edinburgh) 왕립식물원(Royal Botanic Garden)의 토비 페닝톤(Toby Pennington)은 차코를 '종 다양성 박물관'이라고 불렀다. 우리가 기후변화를 두려워할 때, '극한 기후에 믿을 수 없도록 확실하게 적응한 생물종들을 잃는 것은 정말 문제'라고 말했다.

우리는 아순시온을 떠나 덤불 가시가 사라지고 숲을 헤쳐 만든 목장 위를 날고 있었다. 대부분 가느다랗게 열식되어 있는 수목으로 분리되어 100헥타르 직사각형으로 배치되어 있는 것을 볼 수 있었다. 비행기 아래로 소 떼들이 지나가는 것이 선명하게 보였다. 숲을 제거하고 있는 불도저들도 잘 보였다. 비행할수록 목장은 더 커져 보였다. 5만 헥타르에 이르는 목장은 500개의 직사각형을 되어 있었다. 산림파괴를 기록하기 위해 정기적으로 비행하는 NGO 가이라 파라과이의 오스카 로다스(Oscar Rodas)가 함께 탑승했는데 모두 전년도에 베어진 것이라고 말했다. 동료들은 그가 차코에서 벌어지는 일에 대해 정부보다 훨씬 더 많은 정보를 가지고 있다고 했다.

직사각형들은 아마존에서 보았던 무작위로 보이는 산림훼손 패턴과는 매우 달랐다. 이곳의 벌채는 체계적이고 투기꾼이 아닌 목장 대기업에 의해 추진되었다. 벌채되면 아프리카 초본류가 파종되고 소 떼들이 금세 들어섰다. 로다스는 비행하면서 '아프리카 초본류는 훨씬 더 푸르다. 더 빠르게 자란다'고 말했다.

파라과이 차코에는 2010년대 말까지 전 세계에서 산림훼손율이 가장 높았던 곳이다. 가이라 파라과이에 의하면 매일 약 700 헥타르가 사라졌다. 대규모의 토지를 소유한 브라질의 재규어 포라*(Yaguareté Pora)*, 파라과이의 이타포티*(Itapoti)*, 스페인 소유 산호세 그룹*(San José Group)*의 3개 회사가 가져간다고 한다. 대부분의 벌채가 합법적이다. 정부는 이웃한 브라질을 따라 소고기와 대두 같은 농산품을 글로벌 마켓에 공급하고 싶어 한다. 산림 벌채를 위한 거의 모든 제안을 승인하고 있다. 결과적으로 차코의 육우 사육두수는 6백만으로 증가했고 파라과이는 갑자기 세계 10대 쇠고기 수출국 중 하나가 되었다.[168] 2028년까지 2천만 사육두수가 목표라고 한다.[169] 몇 년 만에 세계에서 가장 잘 알려지지 않은 외딴 나라들 중, 가장 밀도가 낮은 지역이 전 세계를 먹여 살리는 글로벌 마켓의 지속적인 확장을 위한 핵심 국가가 된 것이다.

벌목은 부유한 국가들의 열대림 훼손 공모 스토리의 일부분일 뿐이다. 벌채의 많은 부분이 주로 대두, 팜오일, 고무, 코코아와 같은 작물을 기르기 위한 플랜테이션이나 혹은 쇠고기 육우를 기르기 위한 땅을 공급하기 위한 것이다. 이러한 작물들은 일반적으로 급속하게 확장하는 글로벌 마켓 공급을 위해 재배된다. 다시 말해서 우리에게 공급되는 것이다. 우리들 대부분은 햄버거로 열대림을 먹고, 신발로 열대림을 누비며, 우리가 사용하는 프린터 속으로 열대림을 공급하고, 열대림 비누로 몸을 씻고, 빵을 만들어 열대림을 뿌려대고, 고무를 채취해 자동차를 몰고 다닌다. 대규모 상업적 농업을 위한 토지 수요는 열대지역에서의 산림훼손 중 적어도 2/3의 원인이 된다. 유럽에서 요구하는 높은 환경기준에도 불구하고 유럽위원회 자체는 EU에서의 소비가 적어도 영국이 여전히 회원국이었던 동안은 증가하는 국제 교역 상품으로 인한 모든 산림파괴의 36%에 대한 책임이 있다고 추정했다.[170] 그 증가하는 상당량이 파라과이에서 발생하고 있다.

아순시온 교외의 가이라 파라과이 사무실에서 만난 전 환경부 장관, 최고 환경 검사를 역임했던 호세 루이스 카사치아*(José Luis Casaccia)*는 파라과이 정부가 차코를 보호한다는 말만 앞세운다고 말했다. 목장업체가 산림을 벌채할 때 1/4의 식생을 남겨두는 것이 요구되었다. 카사치아는 보호되어야 하는 비율을 50%로 상향하자고 제안한 이유로 장관직을 잃게 되었다고 한다. 그 대신 차코의 목장주였던 오라시오 카르테스(Horácio Cartes) 대통령이 이끄는 정부는 나중에 요구 사항을 완전히 묵살해 버렸다.[171]

카사치아는 '차코는 무인지대'라고 나에게 말했다. '엄청난 규모의 부동산을 기반으로 한 농장업체들은 자신들만의 법을 입법화한다.' 차코의 미래에 대한 그의 생각을 물었다. 그의 대답은 '종말론적(Apocalyptic)'이었다. '지금 추세대로라면 보호받지 못한 모든 것들이 사라질 것이다. 차코는 사막화로 줄어들 것이고 그 안의 모든 생물종은 사라질 것이다.' 차코의 일부 지역은 보호되고 있지만 주립공원과 보호구역은 1%에도 못 미친다. 보호구역이 있다면 대부분 민간 영역에 있다.

북쪽으로 비행함에 따라 아래쪽 목장들이 갑자기 지평선까지 펼쳐진 숲으로 뒤바뀌었다. 로다스(Rodas)는 '저것은 무니스 랜드(Moonies' land)'라고 말했다. 1990년대에 걸쳐 한국 세계평화통일가정연합(Unification Church)의 문선명이 '지상천국(kingdom of heaven on Earth)'을 만들기 위해 파라과이와 브라질의 국경에 걸친 산림과 습지 약 80만 헥타르를 매입했다.[172] 그 왕국의 일부는 이전에는 카를로스 카사도(Carlos Casado)라는 허세 많은 스페인 사람의 후손이 소유하고 있었다. 한 세기 동안 그들은 스페인어로 '도끼 브레이커(axe-breaker)'라는 뜻에서 유래된 단단한 목재인 케브라초 나무(quebracho tree)를 벌채했다. 케브라초 나무는 높은 탄닌 함량을 가지고 있어 가죽 태닝에 사용되었다. 우리는 숲으로 무성한 카사도의 버려진 벌목 철로 중 하나를 찾아냈다. 그 토지 위의 케브라초 나무는 없어진 지 오래되었지만 무니스의 매입으로 목장업체에 의한 벌목으로부터 숲이 보호되었다.

우리는 차코 동부를 가로지르는 파라과이강 유역의 항구 바이아 네그라(Bahía Negra) 서쪽의 4,400 헥타르의 카르도조 사유지(Cardozo estate)로 날아갔다. 이 사유지 역시 문선명의 왕국보다는 훨씬 작았지만 역시 온전한 산림을 가지고 있었다. 로다스는 토지 소유주가 '녹화(gone green)'되었다고 말했다. 내가 방문했던 직후에 영국을 기반으로 한 월드 랜드 트러스트(World Land Trust, WLT)의 환경 보호주의자들에게 매각했다. WLT는 강을 따라 거주하는 1,500명 인구의 이시르(Ishir) 어부 원주민들과 합의문을 채택했다. 카르도조 농장을 20년 동안 공동으로 운영한 후에 숲이 유지된다는 조건으로 이시르 원주민들이 완전한 소유권을 갖게 되는 것이다.

그러나 이시르와 무니스간의 관계는 그리 조화롭지 못했다. 무니스 영토에 이시르의 신성한 묘지가 속해 있다. 이시르의 리더이자 바이아 네그라(Bahía Negra)의 평의원인 칸디도 마르티네스(Cándido Martínez)가 나에게 '묘지는 우리의 가장 소중한 땅이지만 방문조차 허가되지 않는다'고 말했다.

강과는 좀 더 떨어진 대부분의 파라과이 차코는 약 3,000명의 아요레오(Ayoreo) 원주민들에게 점유되어 있다. 목장 일꾼으로 고용되지 않은 사람들은 외부로부터 격리되고 때로는 전혀 접촉하지 않은 채 미개간 지역에 거주한다. 산호세그룹(The San José Group)은 아요레오족이 외부와의 접촉 없이 거주하는 지역을 불법적으로 훼손한 이유로 고발된 바 있다.[173] 환경주의자들은 이시르와 아요레오 부족을 목장업자들에 대한 동맹으로 생각한다. 그러나 과학자들은 문제에 직면했다. 2010년, 60명의 영국 식물학자와 동물학자들이 차코의 외딴 북서쪽의 초보레카 천연기념물(Chovoreca Natural Monument) 중 새로운 종들을 발굴하기 위한 원정을 계획했다. 그 때, 출발하기 바로 몇 주 전, 아요레오 대표들은 과학자들이 공원에서 격리된 아요레오의 열가족 중 한 가족 정도는 마주치게 될 것이라고 반대했다.[174] 원정은 취소되었고 재개되지 못했다. 가이라 파라과이의 대표인 알베르토 야노스키(Alberto Yanosky)는 부끄러운 일이었다고 말한다. 아요레오 부족은 숲이 보호될 필요가 있고, 차코의 독특한 생태에 대한 외부의 인식이 커지는 것은 최고의 기회일 수 있었다.

나는 아요레오 부족을 만나본 적이 없다. 그러나 차코의 모든 오래된 부족을 만났다. 아순시온으로부터 일곱시간 동안 뼛속까지 흔들어 대는 버스로 차코 횡단 고속도로를 달려 야생의 한가운데에서 마술과도 같이 필라델피아(Filadelfia)라고 불리는 깔끔한 마을이 나타났다. 여기에는 한 세기 전 캐나다와 소련으로부터 정착한 기독교 근본주의자(Christian Fundamentalist) 종파인 메노파(Mennonites) 공동체가 거주한다. 예전부터 지금까지 가축을 키우면서 독특한 게르만 언어(Germanic language)를 사용한다.

그들의 마을 박물관은 초기의 끔찍했던 고된 시절을 보여준다. 그러나 최근에는 가시덤불 숲을 제거하고 차코 전역에 걸쳐 퍼져있는 목장 건설 방법으로 개척함으로써 번영을 이루었다. 그들은 파라과이 우유의 2/3와 대부분의 육류를 생산한다. 그들은 예전의 가난을 에어컨과 4륜구동 그리고 정원용 가구로 가득 찬 대형 매장으로 바꾸어 놓았다. 메노파(Monninites) 스토리 이외에도 박물관은 가축들이 도착하기 전 차코 숲에서 흔히 볼 수 있었던 동물들의 복제 인형으로 가득 차 있다. 아르마딜로, 보아뱀, 스컹크, 갈기늑대, 큰 개미핥기 그리고 2미터나 되는 카이만 도마뱀들이다. 그 박물관은 내가 여행하던 중에 그 동물들을 가장 가까에서 볼 수 있었던 곳이다. 예전의 야생 차코는 점차 사라지고 있었다.

글로벌 원자재 트레이딩 공급을 위한 이러한 만연된 파괴를 멈출 수 있을 것인가? 트레이딩계의 유력 인사들은 그렇다고 말한다. 2014년 9월, 반기문 UN 사무총장은 산림에 관한 뉴욕 선언(New York Declaration on Forests)을 주재했다. 전 세계에서 참석한 각국 정부와 글로벌 기업들은 자기들의 영토와 공급망에서 소위 말하는 '순 산림벌채(net deforestation)'를 2020년까지 절반으로 줄이고 2030년까지는 완전히 없애겠다는 약속을 했다. 원자재 대기업들은 2020년까지 산림벌채가 없게 하겠다고까지 단언했다.

연단 위에는 월마트(Walmart)와 마크스앤스펜서(Marks & Spencer)와 같은 대형 유통사, 켈로그(Kellogg's), 네슬레(Nestlé)와 유니레버(Unilever)와 같은 대기업 식품 가공 회사, 원자재 트레이더 카길(Cargill), 금융사 바클리즈 은행(Barclays Bank), 펄프 대기업 AP&P가 있었다. 몇 명의 환경 보호주의자들도 연단에서 그들에게 박수를 보냈다. 다른 참가자들은 그 선언문을 주로 법적 규제를 회피하기 위해 고안한 공약과 기업 그린워싱으로 일축했다. 그들은 파라과이에서 소고기를 수출하는 5대 기업을 포함한 수많은 최고 가해 기업들이 제로 산림벌채 약속을 하지 않은 점을 지적했다.[175] 그래도 움직임이 시작되었고, 아마도 해당 업계의 첫 타자가 나머지 기업들을 이끌게 될 것이다.

유니레버 대표인 폴 폴만(Paul Plaman)이 뉴욕선언문에 사인하기 1년 전, 런던 중심부의 템즈 강 옆 그의 사무실에서 인터뷰한 적이 있다.[176] 유니레버는 월(Wall)의 아이스크림부터 시작해 도브(Dove) 비누와 플로라(Flora) 마가린에 이르기까지 모든 제품을 생산하여 전 세계 슈퍼마켓의 진열대를 섭렵하는 기업이다. 제품들은 팜 오일을 주로 사용했는데 아마도 최근 몇 년 동안 그 어떤 기업들보다 열대우림 파괴의 가장 큰 원인을 제공했을 것이다. 그렇다고 해도 폴만은 그린 카드(green card)를 행사하고 있었다. 그는 2020년까지 100% 지속 가능한 공급망을 약속했다. '소비자들은 산림벌채를 야기시키는 구매 행위를 원하지 않는다는 명확한 시그널을 기업에 보내왔기 때문에 대응하는 것'이라고 말했다.

문제는 거기에 구체적인 내용이 없다는 것이다. 그의 포부를 어떻게 실현시킬 지 설명하지 못했다. 그래서 내 기사는 '폴 폴만은 자기가 지킬 수 없을지도 모르는 약속을 하는 것을 두려워하지 않았다'라고 시작한다. 그 사실은 증명되었다. 그날 뉴욕에 있었던 다른 사람들 대부분도 폴만과 마찬가지였다. 공급망은 복잡하다. 팜오일은 대규모 플랜테이션뿐 아니라 전 열대지역에 걸쳐 있는 수백만의 소규모 농장에서도 재배된다. 내 입장에서는 유니레버가 진정한 의지를 가지고는 있지만 폴만의 최고 임원이 '우리의 더러운 비밀은 종종 공급업체가 누구인지조차 알지 못한다는 것'이라고 말했을 때 공급망을 어떻게 정리할지 아무런 생각이 없는 것으로 생각되었다.

2020년 데드라인까지 유니레버는 '산림 관련 상품'의 89%를 지속 가능한 방식으로 조달한다고 주장했다. 네슬레와 마크스앤스펜서와 같은 기업들은 옥스포드에 위치한 제로 산림훼손을 위한 세계의 공약을 추적하는 NGO인 글로벌 캐노피(Global Canopy)의 평가에 따라 진행 중이다.[177] 진행의 핵심은 평판 리스크로 보였다. 분명히 익명의 금융사들과 헤지펀드 매니저들이 뉴욕에서 한 약속을 묵과해 버렸다. 사실은 이사회의 일부 투표 기록에 따르면 좀 더 진보적인 소비자 브랜드 관리자가 자사의 행동을 정리하려는

노력을 차단하고 있었다.[178]

TRASE라는 글로벌 캐노피의 또 다른 이니셔티브는 배송청구서, 고객 기록, 기업보고서 그리고 공공 데이터를 이용하여 브라질 농장의 대두가 전 세계에 걸친 소비자들에 이르기까지 30만 개 이상의 공급망 차트를 만들었다. TRASE는 2020년, 대두의 글로벌 트레이딩의 70%를 좌지우지하는 선박으로 중국의 돼지부터 영국의 닭에 이르기까지 전 세계에 걸쳐 축산 사료를 제공하는 카길*(Cargill)*, 번지*(Bunge)*와 ADM과 같은 대형 원자재 트레이더사들이 여전히 광범위한 산림훼손을 하는 농장 업자 지역들로부터의 유력한 구매자였다는 사실을 밝혀냈다. 그 지역들에는 브라질에서 대두를 가장 많이 수출하는 주*(state)*인 마토 그로소*(Mato Grosso)*가 포함되어 있는데 TRASE는 2018년 EU와 중국 대두 수입의 1/5이 2012년 이래로, 불법적으로 훼손된 산림에서 부분적으로 만들어진 농장들로부터 공급된 사실을 찾아냈다.[179]

물론, 그 기업들은 뉴욕에서 결코 모든 산림훼손을 일소시키겠다고 말하지는 않았다. '순 산림훼손'을 종식시키겠다고 했다. 이는 산림 손실이 다른 지역에 재조림으로 보상되는 한 원시림 파괴를 지속하겠다는 뜻이다. 여전히 2020년 뉴욕 선언 이후 5년 동안 전 세계 원시림 총 연간 손실이 실제로 43%나 증가했음이 밝혀진 것은 충격적이었다.

이 통계수치는 원자재 트레이드로 계속되는 만연하는 파괴 가운데 덤불 속에서 다른 무언가가 움직이고 있다는 것이 놀라운 점이다. 오히려 좀 더 낙관적이다.

11.

산림 측정

Taking Stock

산림의 과대 측정과 과소 측정에 대한 규명

Phantom Forests and Debunking Forest Demonology

1990년대로 돌아가서 두 명의 영국 인류학자 멜리사 리치*(Melissa Leach)*와 제임스 페어헤드*(James Fairhead)*는 서부 아프리카의 기니아로 어떻게 지역 공동체들이 산림훼손을 일으키고 대처하고 있는지 연구하기 위해 여행을 한 적이 있다. 출발하기 전에 가려고 하던 키시두구*(Kissidougou)* 지방의 토지가 어떻게 거의 모든 식생을 잃게 되었는지를 설명하는 과학적 문헌들을 읽었다. 지역민들은 땔감으로 쓰고 작물을 키울 곳을 마련하기 위해 숲을 베어냈다. 자연경관을 파괴한 악마 같은 영농인들의 이야기였다.

그들이 발견한바는 다소 달랐다. 거대한 고목 숲은 사라진 것은 사실이었다. 그러나 많은 나무가 경작지와 거주지 주변의 숲속에 모두 남아있었다. 1950년대부터의 항공사진과 최근의 사진을 비교해 보면, 최근의 사진에서 가끔은 이전보다 두 배에 이를 정도로 더 많은 산림피복률을 나타내는 것을 알아냈다.[180] 리치*(Leach)*는 뉴 사이언트스트*(New Scientist)*의 나의 동료인 케이트 드 셀린코트*(Kate de Selincourt)*에게 '큰 충격이었다'고 말했다.

여행 전에 읽었던 문헌 자료들의 저자들이 산림과 잃어버린 식생들을 찾아 떠난 것이었다고 결론지었다. 경작지와 그 주변에 나무를 포함했다면 키시우구*(Kissidougou)* 시골 동네는 너무나 다른 형태를 보였을 것이다. 광범위하게 산림 파괴자라는 낙인이 찍혔음에도 그녀가 연구한 지역의 영농인들 대부분은 그들의 땅에 나무를 가꾸고 있었다고 결론짓기도 했다. 영농인들은 이웃들과 힘을 합쳐 신성한 숲(sacred groves), 임야, 과수원, 방풍림 등 마을 주변 숲 전체에 나무를 심었다. 지역 인구가 많을수록 더 많은 나무가 심어지곤 했다.

기니아에 대해서도 별다른 차이점은 없다. 노섬브리아 대학교(University of Northumbria)의 필 오키프(Phil O'Keefe)가 몇 년간 진행한 내용이 잘 알려지지 않은 연구 이후에 리치와 페어헤드(Leach and Fairhead) – 이들은 나중에 결혼했다 – 의 연구 결과가 출간되었다. 그는 아프리카에 그 이전보다 두 배나 더 많은 식생을 가지고 있다고 결론지었는데 대부분 경작지였다. 또 모잠비크에는 자체 정부의 추정보다 네 배, 나이지리아는 두 배가 많은 식생을 발견하였다. 오키프는 내게 '아프리카 대륙의 건조지역과 세미 건조지역의 경작지에는 지역 생명체들에게 필수적인 과거의 조사에서 광범위하게 누락되어 왔던 놀라울 정도로 많은 수목이 생장하고 있다'고 설명해 주었다.[181]

나중에 알았지만, 멜리사(Melissa)의 아버지인 스톡홀름 환경연구소(Stockholm Environment Institute)의 제랄드 리치(Gerald Leach)도 동의하였다. 그는 케냐와 우간다 모두 식생의 1/3이 경작지에 있다는 사실을 알아냈다고 말했다. 그는 '가려진 나무들(invisible trees)'로 표현했는데 어디에서나 볼 수 있지만 위성사진에 나타날 정도 크기의 형태를 띠지 않아 상업적 임업인들이나 환경 보호주의자들 모두 인지하지 못 해왔기 때문이다.

이는 연구원들이 세계 산림 현황(state of the world's forests)을 측정할 때면 발생하는 흔한 이슈이다. 또 다른 문제는 산림 벌채의 영속성이다. 나무가 베어지거나 소실되면 영원히 사라지는 것인가 아니면 곧 다시 자라날 것인가. 주요 과학 저널에 2018년에 게재된 위성사진 분석에는 '소작농 개간 증가로 인한 콩고분지 산림 손실'이라는 설명이 달려있다.[182] 84%의 '산림 교란'은 '경작을 위한 소규모의 비기계적인 산림벌채' 때문이라고 기술되었다. 저자들은 '산림 교란'이 '산림 손실'과 같은 것은 아니라고 얼버무렸다. 소규모 벌채의 대부분은 영농인이 1~2년 후에 다른 곳으로 옮겨 숲이 회복될 수 있도록 하는 이동경작이 원인일 것이었다. 10여년 후에 돌아와 보면 분명 거의 이전과 같은 상태의 숲을 발견할 수 있을 것이고 산림훼손처럼 보인 것은 신기루일 뿐일 것이다.

어떤 연구자들은 고맙게도 지역 수준에서 어떤 일이 실제로 벌어지고 있는지를 측정하려고 노력하고 있다. 한가지 결론은 많은 시골 경관에서는 식생들이 끊임없이 사라졌다가 나타나곤 한다는 것이다. 에딘버그 대학교(University of Edinburgh)의 이아인 맥니콜(Iain McNicol)은 서부 아프리카에 걸친 시계열 레이더 이미지 분석 후에 상황이 전형적으로 '매우 역동적인(highly dynamic)'것이라고 표현한 바 있다. 산림 손실과 산림 회복 모두가 이전에 여겨졌던 것보다는 훨씬 광범위하다. 손실은 가시적인 경향이 있어서 주로 땔감과 숯의 수요가 높은 도시와 도로 주변에 신속하게 발생한다. 증가는 알아차리기 어려워서 주로 외부로 이동하기 어려운 외딴 지역에서 천천히 나타난다. 전반적으로 그는 서부 아프리카의 절반 정도는 한 때쯤은 임야로 덮여 있었고 수치들은 대체로 안정적이었다는 것을 알아냈다. 그러나 그 절반 정도인 임야로 덮인 지역의 위치는 계속 바뀌었다.

같은 에딘버그 대학교(University of Edinburgh)의 에드워드 미차드(Edward Mitchard)는 조금 더 연구했다. 콩고 분지 북쪽의 산림에서 직접 한 조사 결과, 코트디부아르(Ivory Coast), 가봉, 카메룬, 에티오피아를 포함해서 식생 피복률은 광범위하게 증가하고 있다. 산림이 사바나 초원으로 확대되고 기존의 사바나 임야는 더욱 우거져 가는 대규모의 '식생 침입(woody encroachment)'을 알아냈다.[183] 어떤 지역에서는 '산림은 정말로 빠르게 되돌아온다'고 내게 말했다.

산림훼손에서 산림 복원으로의 전환에 대한 한 가지 설명은 많은 아프리카 국가들에서 경작이 줄어들고 있다는 것이다. 그 지역 사람들은 작물을 키우고 가축을 기르는 것에 대해 '옛날 사람들의 활동'일 뿐이라고 말할 것이다. 젊은 사람들은 도시로 떠나거나 공업에 관련된 직업을 선택한다. 구세대 사람들이 죽으면서 농지는 그냥 버려지곤 한다. 그럼에도 아프리카에서는 오일팜과 바이오연료의 상업적인 재배에 대해 예측되었던 유행은 아직 시작되지 않았다.

산림훼손에 대한 데이터에 더 파고들수록 통계는 더 음울해진다. 글로벌 산림훼손에 대한 두 가지 주요 공공 데이터 소스로부터 나온 결과들을 비교해 보면 계속되는 혼동의 정도를 발견했을 뿐이다. 점점 더 자기모순이 증가한다.

글로벌 포레스트 와치(Global Forest Watch, GFW)라는 한가지 데이터셋은 워싱턴 싱크탱크(Washington think tank)인 세계자원연구소(World Resources Institute)가 위성 이미지로부터 취합한 것이다.[184] 이 데이터는 2017년 식생 피복이 감소한 수준이 금세기 전환점의 두 배가 넘는 2천 9백만 헥타르로 추정되며 오랫동안 우울한 그림으로 그려졌다. 또 다른 글로벌 포레스트 리소스 어세스먼트(Global Forest Resources Assessment, FRA)는 로마에 있는 UN 식량농업기구(UN Food and Agriculture Organization)에 의한 정부 인벤토리로부터 컴파일링된 것이다.[185] 이는 훨씬 낙관적이다. 연간 손실이 커봐야 1/10을 넘지 않는 3백 3십만 헥타르일 뿐이다. 산림훼손률이 최근 감소하고 있는 것을 보여준다. 극단적인 차이는 개별 국가들에도 적용된다. 미국, 차이나, 호주, 캐나다, 러시아 외 몇몇 다른 주요국들에서 FRA는 산림 증가를 보여주고 있는 반면 GFW는 큰 손실을 나타내고 있다.[186]

도대체 어떻게 돌아가고 있는 것일까? 이 점에서 약간 이상하다면 용서를 빌고 싶다. 간단한 일이 아니다. 아무도 의도적인 거짓말을 하고 있지는 않으며 측정한바에 따라 결론을 내는 것이다.

이에 직면하여 정부 인벤토리를 불신하고 위성 데이터를 믿을 수도 있다. 예를 들어 어떤 사람은 오일팜 플랜테이션, 고무나무, 대나무 임분을 산림으로 구분하고 다른 사람들은 그렇지 않을 수도 있다. 어떤 사람들은 수목 수관(tree canopy) 피복률이 10% 이상이 되는 지역을 산림이라고 부를 수 있지만 다른 사람들은 30%를 기준으로 할 수 있다. 정의하는 대로 임야가 군데군데 섞여 있는 초원 지역 - 브라질의 세라도(cerrado in Brazil)와 같은 - 은 산림일 수도 산림이 아닐 수도 있다.[187] 마찬가지로 산림을 제거하고 작물을 심은 경우, 산림훼손으로 간주할 수도 아닐 수도 있다. 환경보호 주의자들이 아닌 임업인들이 작성한 FRA의 규칙은 각 국가가 심지어 수목이 없는 지역에 대해서도 조림지로 배정된 경우, 산림 목록에 포함할 수 있도록 허용하고 있다.[188] '국가들은 상당한 수준의 산림 벌채를 하고서도 여전히 산림훼손이 벌어지지 않았다고 주장할 수 있다'고 나이로비(Nairobi)의 세계 농림업센터(World Agroforestry Centre)의 피터 미낭(Peter Minang)이 결론지었다.[189]

산림훼손 데이터 간의 차이에 대해서 또 다른 원인이 있다. 한가지 요인은 위성이 수동 분석과 마찬가지로 임의적일 수 있다는 것이다. 위성은 멍청이일 뿐이다. 찾아내라고 프로그램된 것만 알아낼 수 있다. 알고리즘의 규칙이다. 만약 0.5 헥타르 이상의 산림지역만 식별하라고 입력되면 - 일반적으로 그렇다 - 경작지와 강기슭의 많은 식생을 놓칠 수 있는 것이다.

더 큰 문제는 심지어 꽤 큰 산림도 관찰되지 않을 수도 있다는 점이다. 현재 취리히의 스위스 연방 기술연구소(Swiss Federal Institute of Technology) 지리학자인 장 프랑수아 바스틴(Bastin)이 이전에는 시도되지 않았던 지구 차원의 산림 피복 조사에서 고해상도 위성 영상을 통해 트롤링(trawling)한 결과, 이전에는 산림으로 분류되지 않았던 4억6천7백만 헥타르를 찾아냈다.[190] 사하라 남쪽 가장자리부터 중앙 인도, 호주 해안에서 캐나다 북부까지의 11개 지역의 대부분이 건조지역이었다. 전 지구 산림 피복의 현 추정량보다 10%까지 증폭시키기에 충분한 것이다. 바스틴은 그 산림들이 넓이에 있어서는 증가하고 있는지 감소하고 있는지 말하지는 않았지만, 분명히 고려되고 있지는 않은 것이다. 아마 프로그래머들이 건조한 땅에는 식생이 없다고 가정했기 때문에 위성이 찾도록 프로그램하지 않았던 것으로 보인다. 마찬가지로 코펜하겐 대학교(University of Copenhagen)의 마틴 브란트(Martin Brandt)는 서부 사하라의 위성 영상을 분석하여 이전에는 수치에 넣지 않았던 18억 그루의 나무, 즉 헥타르당 14 그루를 찾아냈다.[191]

위성은 더 큰 사각지대를 가지고 있을 수도 있다. 맥니콜(McNicol)이 주지한 바와 같이 산림의 회복을 쉽게 찾아낼 수 없다. 산림훼손이라는 한 해에서 다음 해의 위성 영상을 비교하는 경우에 갑자기, 완벽하게, 일반적으로 집중적으로, 발견하기 쉽다. 반면 산림의 회복은 자연적인 것이든 조림의 결과이든 느리고 좀 더 군데군데 분산되어 해마다 식별하기에 훨씬 어렵게 만든다.[192] 세계 산림 현황에 대한 어떤 추정에서도 회복되고 있는지 알아낼 필요가 있지만 이에 대한 정보는 믿기 어려울 정도로 없다. 한번 훼손되면, 영구적인 것인가 회복될 것인가 하는 것이다.

아칸서스 대학교(University of Arkansus)의 필립 커티스(Philip Curtis)는 해답을 얻기 위해 위성 영상을 좀 더 깊게 파고들었다. 그가 찾아낸 결과는 산림훼손의 완전히 새로운 지리학을 창출했다. 첫째로 상업적 농업, 광산, 토목 및 도시 확장으로 사용된 토지를 대상으로 금세기에 약 1/4의 산림 손실만이 확실하게 영구적이라는 것이다. 나머지 3/4은 땔감으로 소모되거나 이동경작을 위해 일시적으로 베어진 산림과 벌목되었지만, 갱신이 분명하게 입증된 산림으로 똑같이 양분된다.[193]

지역들마다 다른 비율을 나타냈다. 북미와 러시아는 분명한 손실은 대부분 산불이나 벌채로 인한 잠정적으로 일시적인 것이었다. 아프리카에서도 같은 상황으로 이동경작이 한 위성 영상으로부터 다음 영상에서 사라진 식생의 90% 이상의 원인이었다. 그러나 동남아시아와 라틴 아메리카는 산림훼손의 60% 이상이 산림을 주로 농업을 위해 확장한 것으로 영구적인 것으로 보인다. 커티스는 자신의 연구가 어떠한 식생 피복 손실이라도 실제 산림훼손을 나타내는 것이라는 오해를 불식시킨다고 말한다. 실제로 훼손된 산림의 3/4는 지금도 회복되고 있을 것이고 경제적인 지장이 없는 한 회복되도록 독려될 수 있다고 제안하고 있다.

분명한 것은 단순하게 보이는 글로벌 산림훼손에 대한 데이터가 복잡한 스토리를 숨기고 있다는 것이다. 마찬가지도 분명한 것은 낙관론자들이나 비관론자들이나 어느 쪽이 맞다고 할 수 없다는 것이다. 그러나 2018년도에 두 명의 GFW 데이터 컴파일러는 데이터에 대한 더 비관적인 견해를 부인하는 것처럼 보였다. 메릴랜드 대학교(University of Maryland)의 매튜 한센(Mathew Hansen)과 피터 포타포프(Peter Potapov)는 지난 40년 간의 토지이용 변화 검토에서 '전 지구적인 차원에서 산림면적이 감소해 왔다는 우세한 관점과는 반대로' 식생 피복이 2억 2천 4백만 헥타르, 즉 7%나 증가했다고 결론지었다.[194] 열대지역에서 손실은 이어졌지만, 유럽의 농경지에 대한 식생 침입으로부터 중국에서 조직화한 조림 사업, 세계온난화에 따른 북부 먼 지역과 산악지역의 천연 확산에 이르는 여러 지역에서의 증가는 열대지역의 손실

이상을 보상하고 있다.

산림 피복은 물론 그 문제를 측정하는 것뿐만이 아니다. 수량만큼 질적인 측면도 중요하다. 시베리아의 침엽수가 생태학적으로 열대우림의 손실을 보상한다고 말하기는 어렵다. 더욱이 커티스(Curtis)는 자신의 분석이 천연갱신과 상업조림을 구분할 수 없다고 인정했다. 새로운 식생 피복의 대부분은 분명 상업조림 쪽에 속할 것이다. FRA에 따르면 1990년에서 2015년 사이에 조림된 지역의 면적은 전 세계적으로 에티오피아 크기의 면적인 1억 천만 헥타르까지 증가했다. 그러나 커티스의 분석은 걷잡을 수 없는 산림 손실과는 다른 스토리를 제시한다. 또 다른 의문점을 제기하는 데 천연적인 회복이 진행된다고 하더라도 새로운 임상이 과거의 임상의 수준일 것인가?

이것은 산림 생태학자들 사이에서 매우 중요한 쟁점이다. 어떤 이들에게는 회복된 산림은 결코 '온전한 산림(intact forest)'을 대체할 수 없다. 포타포프(Potapov)는 온전한 산림(intact forest)을 '야생의 마지막 경계(the last frontiers of wilderness)'라고 부른다. '인간 활동이 원격으로 감지된 흔적이 없는 최소면적 5만 헥타르인 산림의 독립적 단위(a seamless mosaic of forest......with no remotely detectable signs of human activity and a minimal area of 50,000 hectares)'라는 그의 정의는 널리 사용되고 있다. 이는 곰이나 호랑이와 같이 넓은 사냥 영역이 있어야 하는 대형 육식동물을 포함하는 '자생하는 모든 생물 종 다양성이 유지되기에 충분히 넓은' 지역이라고 할 수 있다. 이는 원시림이나 고목림(old growth)과 같은 단어들보다 더 높은 질적 수준의 산림에 대한 황금 기준(gold standard for forests)이다.[195]

포타포프(Potapov)는 2018년에 현존하는 세계 산림 중에서 2000년 기준으로 거의 30%에서 급락하여 단지 약 22%만이 이러한 영예의 자격을 받았다고 말한다. 이 추세대로라면 2070년에는 없어질 것이다. 그중의 절반만이 열대지역에 있고 나머지는 북부 먼 지역이 대부분이다. 2/3가 브라질, 러시아, 캐나다 단 3개국에 존재한다. 1/3은 원주민 보호구역에 있으며 단 12%만이 국립공원 지역과 정부가 보호하는 다른 지역에 존재한다.[196]

나는 이러한 황금 기준이 현실적이고 유용한지 의문스럽다. 결국 오지 아마존은 거대하고 온전하다고 보일 수 있다. 포타포프(Potapov)는 대부분을 도면화하여 포함했다. 그러나 우리가 본 바와 같이 이러한 온전성(intactness)은 환상이다. 인간이 만들어 낸 토양 위에서 자라는 조림된 나무들이 전부이다. 내게는 단호하게 '인간 활동이 감지된 흔적'으로 들린다. 그러한 근거로 아마존상당 부분의 가치를 무시하는 것은 – 지구상의 가장 생물 다양성이 풍부한 산림의 생태적 온전성을 깎아내리기 위한 – 명백하게 부당한 것이다. 마찬가지로, 포타포프의 기준에 미치지 않는 다른 많은 산림에도 훌륭한 생태적 가치가 있을 수 있다. '최고'를 '좋은'의 적으로 만드는 위험이 있는 것이다. 온전한 산림(intact forest)을 너무 높게 평가함으로써 의도치 않게 나머지 숲의 미래, 다른 산림들의 거대하고 확장된 영역을 위태롭게 할 수 있는 것이다.

비온전 산림(non-intact forest)들은 순수주의자들에 의해 '황폐 등급(degraded)'으로 무시되곤 한다. 산림황폐화(degraded forest)에는 수많은 정의가 존재하지만, 그 기준이 어떻든 간에 물을 증산시키고 햇빛을 가리며 탄소를 저정하고 생물다양성을 갖는다. 많은 지역에서 생물종들은 산림의 대부분이 사라져도 버티고 있다. 하나의 예를 들자면, 1960년대 이후 엘 살바도르의 작은 중앙아메리카 주는 커피와 설탕 플랜테이션으로 인해 90%의 산림이 손실되었다. 물론 많은 야생동물이 사라졌지만 WWF 인터네셔널의 전 디렉터 클로드 마틴(Claude Martin)에 의하면 500여 종 이상의 조류 중에서 단 3개 종만이 사라졌다.[197] 이는 제한된 산림만으로도 야생동물의 거대한 다양성을 유지시킬 수 있다는 것을 제시하는 것이다.

이러한 순수주의 기풍에 대한 다른 반론들이 있다. 인도네시아 보르네오의 연구자들은 팜 오일 플랜테이션 안에 격리된 100 헥타르의 작은 일부 산림이 말레이 곰(sun bears)과 오랑우탄과 같은 보호종들에게 피난처를 제공할 수 있다는 것을 알아낸 바 있다. 실제로 이러한 종들의 생존에 필수적이다. 전 세계 오랑우탄의 3/4은 현재 오염되지 않은 정글이 아닌 인도네시아의 목재와 팜오일 생산을 위해 허가를 받은 지역에 서식하고 있다.[198] 생존하는 산악고릴라(mountain gorilla)의 절반은 우간다의 브윈디 국립공원(Bwindi

National Park)에서 발견되었는데 이 지역은 반복적으로 벌채되고 있다. 사실은 고릴라는 자연적으로 폐쇄된 숲보다는 벌채되어 개활된 지형을 선호하는 것으로 보고되었다.[199] 호주 국립과학연구기관(Australia's national science research agency)인 CSIRO의 카렐 모카니(Karel Mokany)는 '천연적인 서식지가 중요하긴 하지만, 분산되고 황폐해진 서식지들도 생물다양성을 보존하는 데 필수적인 것으로 증명할 수 있다. 인류의 간섭으로 다른 서식지들을 상실한 생물종들의 생계를 지원할 수 있기 때문'이라고 말한다.[200]

환경 보호주의자들 간에는 최근 벌채된 산림에 대한 보호를 고려하는 것을 배제하는 것이 일반화되었다. 그러나 이는 현명한 것일까? 버지니아의 란돌프 - 마콩 대학(Randolph-Macon College)의 벤자민 라마게(Banjamin Ramage)는 벌목이 숲의 생물다양성을 감소시키는 만큼이나 자주 증가시킨다는 것을 알아냈다.[201] 이러한 생각을 하는 사람은 벤자민 라마게뿐만이 아니다. 게인즈빌(Gainesville)의 플로리다 대학교(University of Florida)의 프랜시스 푸츠(Francis Putz)는 100여 개가 넘는 벌채된 산림을 조사한 후 '85~100%의 동물, 조류, 무척추동물, 식물이 생존했다'고 결론지었다. 그는 그러한 산림을 '황폐화(degraded)'로 기술하는 경향을 비난했다.

셰필드 대학교(Univiersity of Sheffield)의 데이빗 에드워즈(David Edwards)는 유사한 관점을 취했다. 보르네오섬 사라왁 옆 말레이시아의 주(Malaysian state)인 사바(Sabah)에서 벌채로 인한 영향 연구에서 그는 가장 가치 있는 수종을 한번이 아닌 두 차례에 걸쳐 선택적 벌채를 한 산림에서 벌채되지 않은 산림에서 나타나는 조류의 3/4 이상이 여전히 존재하는 것을 알아냈다.[202] 그러한 산림은 '열대지역의 자연보호에 결정적인 역할'을 하며 '무시하기에는 너무도 크고, 민감하며 중요'하다고 결론지었다.

전 세계에 걸쳐 인도 보다 넓은 4억 헥타르가 넘는 열대림에서 나무에 대해 정기적인 택벌(regular logging of selected trees)이 이루어지고 있다. 대부분이 버려지고 있다. 인도네시아에서는 정부에 의해 독일 보다 넓은 면적을 차지하는 벌채된 산림을 '황폐화(degraded)'로 분류했다. 결과적으로 막대한 생태적 가치에도 불구하고 이러한 자의적인 분류가 보호를 위한 기준에 미치지 못하고 팜 오일이나 아카시아의 플랜테이션을 위한 전용에 직면하게 된다.

이는 자연 보호주의자들에 의한 막대하고 우스꽝스러운 자기 합리화인 것이다. 하지만 밝은 측면을 들여다보자. 이러한 새로운 발견들은 '황폐화' 된 산림의 생태적 활기를 보여주기 때문에 희망을 제공하기도 한다. 그대로 방치하면 대부분 회복된다고 제안한다. 그리고 커티스(Curtis)가 지적한바와 같이 방치되고 있다. 세계가 열대지역의 위대한 산림을 잃고 있지만, 산림이 훼손되었으나 농장, 기반 시설, 도시화 등으로 전용되지 않은 토지에 새로운 식생들이 갱신됨에 따라 손실의 약 3/4이 회복되고 있다.

그것은 우리가 숲에서 나왔다는 것을 의미하는 것은 아니다. 온전한 산림(intact forest)은 빠르게 복원되지 않는 가치를 분명하게 가지고 있어서 손실을 막는 것이 최우선 과제로 남아 있어야 한다. 그러나 시간이 주어지면 손실된 많은 부분은 복원될 수 있다. 그것이 기후변화와 싸우고 생물다양성을 보호하는 정말 중요한 점이다. 이러한 '황폐한(degraded)' 토지들을 보호하고 보살피는 것을 지구를 다시 녹화하는 1 순위의 방법으로 삼는 전 지구적 캠페인이 요구된다고 믿어 의심치 않는다. 기회가 있으면 자연은 많은 일을 해낼 것이다. 이 책의 후반부에서 좀 더 구체적으로 살펴볼 것이다.

III

자연 복원
Rewilding

지구는 산림 전용(deforestation)과 황폐해진(degraded) 경관으로 거대하게 뒤덮인 상처를 가지고 있다. 하지만 또한 코스타리카(Costa Rica)의 정글 생태관광지로부터 하이랜드 지방(Scottich Highlands)까지, 뉴 잉글랜드의 실반 딜라이트(the sylvan delights for New England)로부터 히말라야 언덕(the foothills of the Himalayas)에 이르기까지 어디에서나 다시 살아나는 숲을 볼 수도 있다. 유럽은 현재 천년 전 보다 더 푸르다. 자연을 학대하는 중에도 위대한 복원이 진행 중이다. 각 정부는 1조 그루의 나무를 심겠다는 큰 약속을 한바 있다. 하지만 자연이 우리에게 감사할 것인가? 아니면 한 발 떨어져 자연 그대로 세계의 숲 언제 어느 곳에 씨앗을 뿌리도록 해야 하는 것인가?

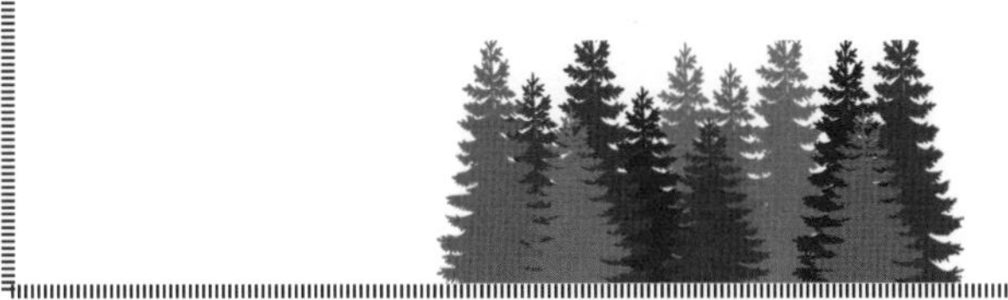

12

녹색의 즐거움

Green and Pleasant

하이랜드에서 사우스 다운즈까지의 녹지공간 창출

Making Room, from the Scottish Highlands to the South Downs

빌 리치*(Bill Ritchie)*는 스코틀랜드 북서 해안가에 있는 자기 소유의 소규모 경작지를 자랑스러워했다. 그 곳은 한 때는 버려진 양 목초지였다. 현재 그의 주장으로는 '수백 마일의 생물다양성이 높은 곳 중 하나일 것'이라고 한다. 그가 한 일은 양들을 없애고 나무들이 돌아오는 것을 지켜본 것뿐이다. 시간이 걸리는 일이었다. '1991년 이래로 숲을 갱신시켜 왔다'고 생태가 복원된 대서양이 넘겨다보이는 플롯을 돌아보면서 그가 나에게 말했다. '우리는 참나무*(oak)*와 물푸레나무*(ash)*, 약간의 왕벚나무*(wild cherry tree)*를 심기는 했지만 99%가 천연 갱신된 것이다. 나는 땅이 자기 일을 알아서 하도록 내버려두고 싶었다'고 했고, 그래서 그렇게 되었다. 나무들이 숲속의 새들을 유혹하고 '울타리를 치지 않아 소나무 담비와 오소리가 들어올 수 있다. 많은 사람들은 이 곳이 사슴들로 뒤덮일 것이고 나무는 자라지 않을 것으로 예측하지만 풀이 없으면 사슴이 들어오지 않는다'고 그가 말했다.

리치는 혼자가 아니었다. 스코틀랜드에 있는 그의 외딴 지역도 식생을 복구하기 위한 공동체 전체의 노력으로 변해가고 있다. 4반세기 전까지는 소규모 경작지는 어부들이 양과 소 몇 마리를 기르기 위해 사용했던 지저분하고 비좁은 임대 농장이었다. 나무가 있는 경우엔 주로 개암나무*(hazel)*였으며 자라면 통발을 만든다. 작은 농장은 헤더*(heather)*와 거친 풀로 뒤덮여 부재지주에 의해 양 방목장과 사슴 사냥터로 운영되는 수천 헥타르의 헐벗은 산등성이로 둘러싸여 있다. 근처 지주는 베스티가문(Vestey family)으로 같은 이름의 국제 비프(beef) 트레이딩 회사의 소유주이며 100년 전에 남아메리카 열대우림을 축산 유통상 공급을 위한 축우 목장으로 바꾸어 개척한바 있다.

1993년, 리치는 다른 사람들과 함께 그들의 작은 농장 주변 베스티가문의 8,400 헥타르를 사들여서 로킨버(Lochinver)의 어촌 북쪽에 그들만의 좀 더 자연적이고 훨씬 생물학적으로 다양한 노스 어신트 에스테이트(North Assynt Estate)를 만들기 시작했다. 리치와 같이 또 다른 사람들은 그들만의 작은 지역을 생태 복원시켰다. 선택적으로 1,000 헥타르가 넘는 자생 수목을 심고 더 많은 회복을 이루어 13개의 작은 마을로 둘러 싸인 황량한 목초지를 클래톨(Clachtoll), 스토어(Stoer), 발치페이디치(Balchladich)와 같은 게일어 이름(Gaelic names)으로 찬란하게 변모시켰다.

토지 구매는 스코틀랜드 고원의 산림 복원을 위한 분수령으로 입증되었다. 그 후로 많은 다른 공동체들이 지주를 매입하고자 자금을 모았다. 땅을 인수한 모든 사람이 어떻게 활용할 것인지에 대해 같은 생각을 가진 것은 아니었다. 어떤 사람들은 묘목을 뜯어 먹으며 자유롭게 돌아다니는 사슴을 없애버려서 생태 복원을 하려고 하고 또 어떤 사람들은 사슴 사냥으로 돈을 버는 데 더 관심을 가졌다. 대부분 두 가지 수요가 공존하지만 관광객을 위한 전망이던, 목재이던, 사슴과 소의 은신처이던 혹은 예술가들을 위한 영감이던 숲은 개방된 황무지보다는 더 많은 일자리를 제공한다는 점에 대해서는 모두 동의했다.[203]

리치의 파트너로 환경주의자이면서 작가인 맨디 하기스(Mandy Haggith)는 나를 로킨버(Lochinver)로 데려가 베스티 토지의 다른 필지를 매입한 지역 자선단체인 쿨락 커뮤니티 우드랜드 트러스트(Culag Community Woodland Trust)소속 회원들을 만나게 해 주었다. 그들은 주말을 이용해 어신트 호수(Loch Assynt) 주변 묘목장에서 키운 자생 자작나무와 같은 것을 심고 있다. 숲은 꽤 빽빽하게 자라고 있었기 때문에 한 활동가는 '이제는 조랑말을 타고 그곳을 지나갈 수 없다'며 불평을 하였다. 한 편, 또 다른 지역 기구인 어신트 재단이 베스티 소유 토지 중 훨씬 더 큰 필지를 매입했다. 그 필지는 네 개의 빼어난 산과 베스티의 웅장하고 유서 깊은 글렌캐니스프 롯지(Glencanisp Lodge)를 포함하고 있다. 재단의 CEO 고든 로버트슨(Gordon Robertson)은 쉴라 핸콕(Sheila Hancock)이 사암 정상 중 하나를 오르기 시작하는 노인 에디(the elderly Edie)를 연기한 2017년 영화에 이 롯지가 등장했다고 말했다. 그는 기존의 자작나무, 마가목, 버드나무 숲을 확장하는 한편 관광객을 유치하고 예술인들의 작업실을 건설하고 지역민을 위한 새로운 작은 임대 농장 설립을 계획했다.

종합하면, 스코틀랜드 북서부 외딴 곳의 이러한 프로젝트들은 유럽에서 가장 큰 경관 복구 사업 중의 하나이다. (이들은 영국 정부가 100년 전에 산림위원회를 창설했을 때, 이들은 스코틀랜드 고원을 재조림하려던 마지막 시도로부터 분명 큰 변화라고 볼 수 있다. 이러한 아이디어는 목재를 자급자족하는 국가로 만들겠다는 것이었으나 생산성 극대화에 신경을 쓸 뿐 유서 깊은 경관에 대한 존중없이 정서상 부적합한 침엽수 플랜테이션이라는 유산을 남겼다.) 프로젝트들은 대규모 지주들로부터 토지를 되찾고 재조림을 하고자 하는 두 가지의 강력한 공동체 주도 아이디어를 합친 것이다. 어신트 호수 주변 작은 농장들로부터 시작된 것이 국가 전체의 움직임으로 확대되어 지역 공동체들의 주도하에 문화적, 환경적, 경제적 자산을 만들어 나가고자 했다. '토지와 인간의 회복(Restoring the land and the people)'이 슬로건이다.[204]

스코틀랜드의 모든 프로젝트가 선별적 행동의 결과물은 아니다. MFI 플랫팩 상속인인 폴 리스터(Paul Lister)는 인버네스(Inverness) 북쪽 계곡에 소유한 9,000 헥타르에 25만 그루의 자생 소나무를 심었다. 그는 언젠가는 사슴으로부터 나무들을 보호하기 위해 늑대를 재도입하고 싶다고 했다. 내가 방문했을 때 그것이 가능하다면 펜스를 허물 수 있다고 말했다. 스코틀랜드 고원에 부동산을 가지고 있는 몇 명의 유럽부호들 중 한 명인 아소스 패션 체인(Asos fashion chain)의 대주주 앤더스 포블센(Anders Povlsen)도 마찬가지로 케어곰스(Cairngorms)의 글렌페시(Glenfeshie) 사유지 18,000 헥타르를 녹화하고 있는데 숲이 재조성될 수 있도록 사슴을 도태시키고 있다.

하지만 대부분 숲을 복원하고 가꾸는 것은 지주들보다는 지역공동체와 활동가들이다. 스코틀랜드 남쪽의 보더스 포레스트 트러스트(Borders Forest Trust)는 한때 불모지였던 모팟 힐스(Moffat Hills)에 작은 숲 제국을 건설하고 있다. 이곳의 활동가들은 소작농이 아니라 대부분 은퇴한 학자들과 환경 보호주의자들이다. 그들은 삽과 함께 쌍안경을 가지고 왔다. 그리고 현지의 씨앗에서 키워낸 자생 수종을 심었다. 트러스트의 회원인 휴 차머스(Hugh Chalmers)에 의하면 '6,000년 전부터 자생해 온 자생종의 풍부한 다양성'을 되돌리기 시작한 것이다. 17년간 60만 그루를 심어 나무들은 사람 머리 위로 자라고 덤불이 나타났으며 캐리프란(Carrifran) 강변의 자갈밭에는 많은 야생화가 자리 잡았다.[205]

환경 활동가들에게 이러한 프로젝트들은 유럽의 많은 다른 후기 산업화 사회에 있어서 혹은 그 이상을 넘어 민주적인 산림 복구와 생태적 야생 복원의 본보기를 제시한다. 리치의 소작농장으로 돌아가 보면, 하기스(Haggith)는 나무들 사이에 소나무 담비와 오소리들의 귀환에 만족하지 않는다. '진짜로 필요한 것은 곰'이라고 그녀가 말했다. 곰들이 원래 고원 지역 오래된 숲의 영주들이었다. 2천년대 동안 보이지 않았지만 '곰들이야말로 숲속에서 가장 파종을 잘한다'고 말했다. '우리 입장에서는 늑대들이 사슴을 잡아먹고 곰들이 나무를 퍼뜨려 주는 게 필요하다'고 했다. 자연 복원이란 그런 것이다.

하드리아누스 방벽(Hardrian's Wall) 남쪽에서는 영국인들도 그들의 나무를 숭상한다. 수목 개체들은 영국 역사에서 상징적인 역할을 하곤 했다. 중세의 법정은 한때 리버풀(Liverpool)의 캘더스톤스 공원(Calderstones Park)의 앨러튼 오크(Allerton Oak) 그늘에서 정기적으로 열리곤 했다. 천년이 흐른 뒤, 2차세계대전 동안 리버풀 소녀들은 전쟁에 나간 연인들에게 고향을 기억할 수 있도록 앨러튼 오크의 잎을 보내주었다. 그 고목은 여전히 한 해에 10만 개의 도토리를 만들어내고 있다.[206]

더 오래된 나무는 잉글랜드와 웨일스(Wales)의 고대 경계인 오파스 다이크(Offa's Dyke)와 가까운 렉섬(Wrexham) 죽은자의 문에 있는 오크(Oak at the Gate of the Dead)라는 멋들어진 이름을 가진 참나무일지도 모른다. 1165년의 잉글랜드의 헨리 2세와 웨일스 반란군간의 크로젠 전쟁(Battle of Crogen)에서 전사한 사람들의 묘지 위치를 나타내고 있다. 그동안에 도싯(Dorset)의 토퍼들 공원한 가운데에 있는 한 그루의 양버즘나무(sycamore) 고목은 또 다른 갈등의 현장을 알려준다. 1834년 6명의 농장 일꾼이 '농업 노동자 우호 단체'를 결성한 죄목으로 체포되어 호주의 교도소로 보내진 곳이다. 이들은 톨퍼들 순교자로 알려진 사람들이다.

그러나 잉글랜드는 큰 숲이 없는 편에 속한다. 유럽의 거대한 산림 규모에 아무런 보탬이 되지 않는다. 흑림(Black Forest)이나 나무로 덮인 카르파티아 산맥(Carpathian) 같은 것도 없다. 잉글랜드에서 두 개의 마지막으로 넓은 공유지인 햄프셔(Hampshire)의 뉴 포레스트(New Forest)와 글로스터(Gloucestershire)의 딘 포레스트(Forest of Dean), 시티오브런던 법인(City of London Corporation)이 소유하고 있는 에섹스(Essex)의 에핑 포레스트(Epping Forest)를 가지고 있다. 그러나 많은 유명한 숲은 매우 소규모이다. 곰돌이 푸의 집으로 설정된 석세스(Sussex) 동쪽 하이윌드(High Weald)의 애쉬다운 포레스트(Ashdown Forest)는 2,500 헥타르의 면적 정도이고, 실제로는 대부분 벌판이다. 왕실 사냥터로서 포레스트라는 단어의 어원에 대한 언어적 유산일 뿐이다. 한편 로빈 후드로 유명한 셔우드 포레스트(Sherwood Forest)는 현재 400 헥타르를 약간 넘는 면적을 가지고 있다. 버킹엄셔(Buckinghamshire)의 번햄비치스(Burnham Beeches)는 더 작은 규모이다.

잉글랜드는 대부분 민둥산이다. 국가 면적의 10% 수준이며 말타, 아일랜드, 네덜란드와 같은 유럽 어느 나라보다도 적은 비율이며 EU 평균의 1/4을 약간 넘는다. 산림의 약 1/10을 '고대의 천연에 준한 수준(ancient semi-natural)'으로 분류하긴 하지만 엄밀히 말해 진정한 천연림을 가지고 있지 않다. 식생의 1/3이 자생수종이 아닌 가문비(spruce)와 낙엽송(larch)의 조림지(plantation)이다.

대규모 숲의 부재에 대해서는 새로울 것이 없다. 나는 천 년 전에는 다람쥐가 땅을 딛지 않고서도 나무와 나무 사이로 뛰어서 브리튼섬(Britain)을 횡단할 수 있었다는 상식적인 주장을 부득이하게 반복한 적이 있다. 나는 완전히 틀렸었다. 실제로는 고 올리버 래컴(Oliver Rackham)의 그의 권위 있는 저서 『시골의 역사(History of the Countryside)』에서 기술한바와 같이 '우리의 거대한 천연 산림은 선사시대에 사라졌다.' 그는 영국은 아마도 4천 년 전보다 지금이 더 많은 식생을 가지고 있을 것으로 생각하고 있다.[207]

그렇다고 하더라도 우리는 분명 더 많은 식생을 위한 공간을 가지고 있다. 잉글랜드의 시골은 수백 년 혹은 아마도 수천 년 전 보다 사람이 없다. 모든 증거는 우리가 더 많은 나무를 원하고 있다는 것이다. 2019년 총선때 보수당(Conservatives)은 기후학자들의 요구에 맞출 수 있도록 매년 3만 헥타르의 새로운 조림을 계획했다.[208] 자유민주당(Liberal Democrats)은 4만 헥타르를 약속함으로써 판돈을 올렸고, 녹색당(Greens)은 7만 헥타르를, 노동당(Labour)은 매년 추가적으로 10만 헥타르를 조림하여 2040년까지 20억 그루를 약속했다.[209] 대규모 지주들은 그들만의 약속으로 대응했다. 가장 대규모 중의 하나인 내셔널 트러스트(National Trust)는 2030년까지 2천만 그루의 조림을 약속했다.

영국의 녹화사업에 대한 욕망은 몇 년 전으로 거슬러 올라간다. 17세기에 존 이블린(John Evelyn)은 『실바, 즉 왕권 지배에서 숲 - 나무의 담론과 목재의 증식(Sylva, or a Discourse of Forest-Trees and the Propagation of Timber in His Majesty's Dominions)』을 출간했다.[210] 이 책에는 참나무, 버드나무, 호랑가시나무와 같은 사랑받는 자생수종에 대한 모든 것이 실려있다. 그의 탄원은 목재가 군사 장비를 만들거나 무기를 위한 현금 조달을 위해 벌채되던 - '전쟁을 위한 목재'의 초기 사례 - 영국시민전쟁(English Civil War)의 여파로 이루어진 것이다. 이블린은 또 다른 저서 『푸미푸지움(Fumifugium)』에서 비난했던 런던의 석탄 연소로 인한 대기오염을 나무가 흡수할 수 있다고 주장한바 있다(현재는 이산화탄소 흡수라고 부름).

그래도 산림훼손은 지속되었고 1703년의 대폭풍과 같은 자연 재난으로 악화되기까지 했다. 동시대의 연대기 기록자 대니얼 디포(Daniel Defoe)에 따르면 '잉글랜드 전역의 나무와 숲을 파괴한 폭풍'이었던, 최근의 1987년 '대폭풍' 보다 더 심각한 것이었다. 하지만 영국만의 산림이 사라진 것은 아니었다. 영국은 해외 특히 발틱(Baltic) 지역의 산림을 벌채함으로써 목재 수요를 감당해 온 것이다. 경제학자들은 영국이 17세기 철강산업을 빠르게 확대하기 위한 용광로에 공급할 목재가 떨어졌기 때문에 석탄 연소로 전환하게 되었고 그로 인해 세계적인 산업혁명을 일으키게 되었다고 말한다. 1차 세계대전 동안 목재가 거의 바닥나게 되었고, 정부가 1919년 산림위원회를 창설하면서 상업적인 산림은 천천히 회복되기 시작하였다. 그러나 더 많은 천연림을 남겨두기 위한 관심은 거의 없었다.

국토를 재조림하려는 욕구는 지속되었으나 그 결과는 대부분 비참했다. 나는 나이가 있으므로 반세기 전 정부의 '73년도의 나무 심기' 캠페인을 기억한다. 어느 수목위원회가 진행한 것이다. 기념우표도 있었다. 나는 그때 학생이었고, 일부의 학생들은 거리에 묘목을 심었다. '74년도는 더 많은 나무 심기'를 권장했으나 그때 우리는 다른 곳으로 이동한 상태였고, 나중에 다시 가보니 원래 있었던 우리의 식수 표지는 사라진 후였다.

1990년 정부는 내셔널 포레스트(National Forest)를 창설했다. 네셔널 트러스트는 한 세대 동안에 걸쳐 미드랜즈(Midlands)의 광산 작업장과 다른 산업 용지였던 5만 헥타르를 녹화하고자 하였다. 1994년 진척 상황을 확인할 때 디렉터 수잔 벨(Susan Bell)은 '우리는 약 3천만 그루의 조림을 목표로 하고 있다'고 말했다. 그말은 존경할 만하게 들렸다. 벨은 처음 10년 동안 2천만 그루를 약속했다. 나는 '참나무, 물푸레나무, 자작나무, 버드나무의 고대 산림을 위한 새로운 시작에 필적할 만하다'고 기술했다.[211] 하지만 기한을 한참 넘긴 2020년까지도 그 땅에는 9백만 그루뿐이었다. 최근에는 한 해 100 헥타르도 조림하지 못했다. 이전에 담당 장관들 역시 브리스톨(Bristol), 글래스고(Glasgow), 뉴캐슬(Newcastle)과 같은 도시들 주변부에 10여개의 공동체 산림을 약속한바 있었다. 담당 공무원들은 계획된 수목의 단 8% 정도만 조림되었다고 말한다. 타인 위어 주(Tyne and Wear)의 석탄광산이었던 곳 중에 그레이트 노스 포레스트(Great North Forest)를 조성하겠다고 설립된 자선단체는 파산한 지 오래다.

지역이 자발적으로 구성한 조림 사업이 정부의 청사진보다 훨씬 잘 진행되곤 한다. 1972년에 창립된 자선단체인 우드랜드 트러스트(Woodland Trust)는 자원봉사자들에 의한 지역 조림 사업을 위해 4천 7백 만 그루의 자생 활엽수를 나누어준 바 있고 2025년까지 추가적인 2천 만 그루를 목표로 하고 있다. 영국에 거주하는 인구 한 명당 한 그루의 나무가 달성될 것이다. 하지만 조림이 결코 올바른 접근일까? 리치(Ritchie)는 한 발 뒤로 물러서서 자연이 스스로 그의 소작 농장을 점유해 나갈 것을 기다렸다. 모든 곳에 적용할 수는 없지만 가능한 곳에서는 자연이 무엇을 번성시킬 것 인지 제일 잘 알고 있다고 추측해도 좋다. 자연 스스로의 도구에 맡겨 두면 나무들은 과학, 세금 감면, 탄소배출권, 정부 보조금, 묘목 카탈로그, 정당 선언문, 심지어는 삽과 같은 자원이 없어도 자라날 수 있다. 따라서 야생 복원을 위한 움직임은 상업적인 침엽수를 빽빽하게 심지 않고, 과거에 존재했다고 믿는 것들로 복원하려고 노력하지 말고, 그저 자연 스스로 선택하도록 내버려두는 것이다.

이러한 야생 복원 운동의 새로운 주인공은 웨스트 석세스(West Sussex)의 크넵 성(Knepp Castle)에 있는 1,400 헥타르의 농장에 자연이 스스로의 코스를 택하도록 허용한 이사벨라 트리(Isabella Tree)라는 이름의 프로젝트에 대한 소재로 『와일딩(Wilding)』이라는 베스트셀러를 저술했다.[212] 그녀의 주장은 제발 조림하지 말자는 것이다. '새와 바람이 씨앗을 흩뿌리도록 하면서 가시덤불이 자라게 하면 된다'고 가디언지(Guadian)에 말했다. 가시 덤불은 나무가 자라기 시작할 수 있도록 사슴과 토끼들을 막아주는 '필수적인 자연의 철조망'인 것이다. '결론적으로 우리는 새들과 박쥐를 위한 거대한 서식처인 숲 경관과 나무들이 우거질 다음 세대를 가진 덤불이 우거진 경관을 얻게 될 것이다.'[213]

크넵 성에서 조심스럽게 일어나고 있는 일은 우연히도 영국, 유럽, 북미의 더 많은 지역에 걸쳐 나타나고 있다. 다음 두 장에서는 영농인들이 사라지면 자연은 금방 돌아온다. 위대한 산림 복원은 지금 진행 중이라는 주제를 다룰 예정이다.

13

유럽의 수상한 녹화사업
The Strange Regreening of Europe

산성비로부터 뉴 그린 딜 정책 까지
From Acid Rain to a New Green Deal

내가 환경 저널리스트 일을 시작했던 1980년대 초반에는 레몬주스만큼의 산도를 가지는 빗물을 만들어 내는 화력발전소의 산성비 - 석탄에서 낙진되는 황 - 가 가장 큰 주제 거리였다. 유럽의 많은 지역에서 침엽수의 잎들이 노랗게 변해가고 숲 전체가 독일인이 말하는 죽음의 숲*(Waldsterben)*이 되어 가고 있었다. 서독의 임업인들은 전체 숲의 절반이 훼손되었으며 1/5은 심각한 수준이었다고 말했다. 1986년에 독일을 여행하면서 괴팅겐 대학*(University of Goettingen)*의 베른하르트 울리히*(Bernhard Ulrich)*를 만났는데 니더작센주*(Lower Saxony)* 하르츠 산*(Harz Mountains)*에 한 에코호텔이 여행객들이 주변의 숲을 내려다 볼 수 있도록 전망대를 만들어 놓은 아커*(Acker Ridge)*로 데려가 주었다. '6년 전에는 나무들이 너무 잘 자라서 전망이 잘 안 보일 정도였다. 그런데 지금은 보는 바와 같이 나무들이 고사했다'고 말했다.[214]

공장에서 나오는 대기오염은 동쪽으로 피히텔 산맥*(Fichtel Mountain)*의 숲을 통해 요새화가 잘 되어있는 미국의 감청소*(listening post)*를 지나 체코슬로바키아*(Czechoslovakia)*와의 철의 장벽*(Iron Curtain)* 국경과 매우 가까운 곳까지 가면서 계속 더 나빠졌다. 국경을 넘어 흘러나오는 공기는 매콤한 냄새를 풍겨 고양이 오줌을 연상시켰다. 주변 전체에 국경 양쪽 모두 가문비나무들이 죽거나 죽어가고 있었다. 산림토양은 너무 많은 산이 축적되어서 마그네슘과 같은 영양분이 용탈되고 있었고 알루미늄과 같은 중금속들이 자유화되어 수목의 뿌리와 하천으로 유입되어 물고기가 죽어갔다. '이것이 우리 무생명의 광경(moonscape)'이라고 식생을 모니터링하는 바이로이트 대학교(University of Bayreuth)의 램 오렌(Ram Oren)이 말했다. 1970년대에서 1980년대 동안 체코의 임업인들이 국경을 넘어 전체 산림 중 1/3이상이 에르츠산맥(Ore Mountains)의 약 4만 헥타르로부터 고사하거나 쇠퇴하는 노르웨이 가문비나무를 제거한 사실이 나중에 밝혀졌다. '검은 트라이앵글(black triangle)'로 알려진 체코슬로바키아, 폴란드와 동독 간의 넓은 국경 지역에서는 끔찍한 대기오염 때문에 어떤 수목도 자랄 수 없을 지경이었다.

공산주의 붕괴와 고약했던 공업 단지의 폐쇄 이후 대기오염은 꽤 감소했다. 그동안에 EU의 대기오염 방지법하에서 서쪽에서는 탈황 기술이 연돌 설비(굴뚝, smokestacker)에 장착되었다. 이는 빗물의 산성도 훨씬 감소시켰다. 토양의 화학 독성에서 벗어나는 시간은 좀 더 오래 걸리고 있고 유럽의 많은 산림이 아직도 충분히 회복되지 않았다. 그렇기는 하지만 '검은 트라이앵글'에서 조차 체코 정부는 너도밤나무와 같이 산성에 덜 민감한 다른 수종과 함께 노르웨이 가문비나무를 다시 심었다.[215] 또한 상당한 천연갱신도 있었다.

중앙 유럽의 공산주의 규칙으로부터 낙진된 산성비는 지역의 산림에는 나쁜 영향을 끼쳤을 수도 있지만 냉전의 어떤 측면에서는 유익한 점도 있었다. 유럽이 높은 장벽, 지뢰밭, 감시초소에 의해 동서 간으로 나뉘었다. 사람이 없는 땅을 따라 늑대와 곰으로 가득한 숲의 야생이 번성하게 되었다. 죽음의 지대는 자연을 위한 생명선이 되었다. 격리된 국경은 의도치 않게 자연보전을 위한 지대를 이루어 바렌츠 해(Barents Sea)에서 아드리아 해(Adriatic)까지 뻗어갔다. 자연은 그 안의 연못이 채광을 위한 땅굴이었는지 알지 못하고, 무농약 지대 산림의 빈터가 철조망으로 막혔던 곳인지 상관하지 않는다. 대륙이 다시 연결되었을 때 보호주의자들은 금방 사라질뻔했던 곳을 지키기 위해 앞다투어 달려갔다. 이는 말뿐이었던 녹색 평화를 가시화했던 것이다.

냉전 종식 이후 동유럽의 경제 변화는 산림에 있어서 유익한 측면과 유해한 측면 모두 영향을 끼쳤다. 악영향은 의심할 여지 없이 유해한 것이었다. 경제적 자유화가 부패와 영합하여 유럽대륙에서 생존하는 가장 넓은 고목림과 절반에 가까운 개체수의 불곰, 늑대, 시라소니의 서식지인 카르파티아 산맥*(Carpathian Mountains)*에서 마구잡이 벌채가 이루어졌다. 서유럽은 불법 목재의 시장이 되곤 한다. 우크라이나 원목의 2/3는 EU시장에서 거래된다. 잠복 조사 결과 불법 벌채된 카르파티아 너도밤나무가 수만 개의 의자로 탈바꿈되어 세계 최대 목재제품 소비자인 이케아*(Ikea)*에 의해 유럽과 미국 전역으로 팔려나갔다.[216] 또 다른 NGO의 조사에 의하면, 루마니아에서는 주의 산림청이 공모하여 1990년 이래로 꽤 많은 국립공원 지역이 포함된 36만 헥타르 이상의 산림이 불법적으로 벌채되었다. 오스트리아의 목재 대기업 중 한 기업은 그 목재를 가공한 혐의를 받고 있다.[217] 또 다른 곳에서는 슬로바키아에서 살펴본 바와 같이, 발전소의 우드펠릿 수요로 인해 유럽 전역에 걸쳐 우려할 만한 수준의 산림훼손을 야기[218]하고 있다.

이러한 나쁜 뉴스들이 환경 캠페인의 핵심일 수 있지만 이것들이 전부가 아니다. 스포트라이트 밖에서는 좀 더 놀랄만한 또 다른 일들이 벌어지고 있다. 느리지만 분명하게 자연이 유럽대륙을 녹화시키고 있다.

동유럽과 서유럽의 재통합에 따라, 동유럽의 경제적 혼란과 농업에 대한 사회주의자 지원에 대한 철회는 특히 변방과 산악지역의 지방 공동체로 부터의 탈출로 이어졌다. 어떤 추정에 의하면 폴란드와 슬로바키아로부터 루마니아와 우크라이나에 걸친 카르파티아산맥*(Carpathian Mountains)*에서 1990년대에 16%의 농경지가 버려졌다.[219] 그로 인해 벌목업자들이 카르파티아산맥의 고목림을 베어 버리는 동안 다시 새롭게 자라나고 있었다.

좀 더 북쪽으로는 농경지 유기의 추정치는 벨라루스*(Belarus)*에서 13%, 라트비아*(Latvia)*에서 42% 수준이었다.[220] 동쪽으로는 유러피안 러시아에서 1990년 이래로 약 30%의 농경지가 사라졌다. 그린피스*(Greenpeace)*의 연구에 따르면, 러시아 전역에 걸쳐 농경지였던 1억 헥타르 만큼이나 되는, 스페인 약 두 배의 면적이 산림으로 뒤덮이고 있다. 기술적으로는 이러한 산림은 불법적인 것인데 법적으로는 영농인들이 자기들의 토지를 산림이 침범하지 않도록 유지할 것이 요구되기 때문이다.[221] 합법이든 아니든, 러시아 과학 아카데미(Russian Academy of Sciences)의 이리나 쿠르가노바(Irina Kurganova)는 현대 러시아에서 쟁기의 후퇴를 '20세기에 있어서 북반구에서 가장 광범위하고 급격한 토지 이용 변화'라고 명명한다.[222]

서유럽에 걸쳐서도 거의 유사한 일이 발생해왔다. 정치는 다르지만 인구통계는 동일하다. 농촌 인구는 고령화되고 젊은 층은 도시로 이주한다. 대부분의 지역에서 경작지가 버려지면서 덤불과 식생들이 다시 나타난다. 최근 몇 년 사이에 EU지역에서 산림 피복률이 43%까지 증가한 주요 원인이다. 이탈리아는 백만 헥타르가 추가되었다. 포르투갈 북부와 스페인 서부와의 경계를 걸쳐 광활한 농경 지역이 버려졌다. 포루투갈 북부의 카스트로 라보레이로(Castro Laboreiro)는 현재 천 마리도 되지 않으며 대부분 늙은 개체이다. 한때는 9천 헥타르의 절반 정도에 방목이 이루어졌으나 지금 그 목초지들은 사실상 전부 숲으로 뒤바뀌었다. 아이벡스(Ibex)와 독수리, 늑대와 멧돼지들이 돌아오고 있다.

어떤 지역에서는 양호한 토양 위에서 경작지가 여전히 늘어나고 있다. 그러나 노르웨이 과학기술대학교(Norwegian University of Science and Technology)의 프란세스코 체루비니(Francesco Chrubini)는 과거 30년에 걸쳐 유럽의 경작지 순손실은 스위스보다 넓은 면적에 맞먹는다고 추정한바 있다.[223] 2040년까지 네 배가 넘는 면적이 사라질 수 있다.[224] 현존하는 모든 경작지의 1/10에 해당하는 면적일 수 있다. 버려진 경작지의 대부분이 식생으로 잠식되고 있다. EU의 산림은 이미 이산화탄소 배출량의 약 1/10을 흡수한다. 스톡홀름 환경연구소(Stockholm Environment Institute)의 케이트 둘리(Kate Dooley)의 계산에 의하면, 이러한 경향이 지속된다고 가정할 때 다음 반세기에 걸쳐 탄소 저장량이 두 배가 될 수 있다고 한다.[225] 자연적으로 크게 자라도록 내버려두면 산림생태계 역시 복원될 것이다. 유럽의 정책 입안자들을 위한 꼼수가 이러한 새로운 산림을 보호하는 한편 잘 이용하는 방법을 찾는 것이 될 수도 있다.

*

유럽의 산림 복구에 놀랄 필요는 없다. 그렇게 새로운 현상도 아니다. 유럽대륙의 산림 면적은 약 1850년 정도로 바닥 수준이었다. 그 이후로 유럽은 이전 세기에 손실된 식생의 두 배에 가깝도록 되돌려 놓았다.[226] 현재 유럽은 전 세계 토지 2%에 불과한 면적에 지구상 식생의 약 5%를 가지고 있는 것은 나쁘지 않은 것이다.

유럽 식생의 대부분이 여전히 러시아에 있는 것은 사실이다. 그러나 스웨덴은 1990년 이래로 산림 피복률이 두 배가 되어 국가 영토의 2/3을 넘어섰다. 스페인은 1900년 이래로 산림 면적이 3배가 되었고, 프랑스는 1830년 이래로 산림 면적을 두 배로 만들었으며, 폴란드 역시 35%가 증가하였다. 1850년대 이후로 덴마크 주영토의 식생 피복률은 5배로 증가하였으며 일자리는 단 11%에 그쳤다. 유럽인들은 이러한 영향을 거의 매일 느낄 수 있다. 증산의 증가로 인해 식생들이 기온을 떨어뜨리고 운량*(cloud cover)*을 증가시키고 있다.[227] 그렇지 않은 경우에 비하여 유럽의 서부와 중부 지역의 봄과 여름 기온이 1도 가량 시원해질 것으로 생각된다.[228]

많은 환경주의자 친구들이 내 차 안에서 소리치는 것을 들을 수 있다. 식생 피복률은 산림의 건전성을 측정하는 방법 중의 한 가지 일 뿐이다. 유럽의 오래되고 가장 간섭 받지 않은 숲이 계속 약탈당하고 있다. 생태학자들은 현존하는 숲의 단 4%만을 순수한 의미의 숲이라고 간주한다. 유럽 대륙 종 다양성의 대부분을 간직하고 있는 영역으로서, 이러한 오래된 숲을 보호해야 할 필요가 있다는 데에 동의한다. 잃어버린, 오래된 숲을 대체하고 있는 새로운 산림면적의 대부분이 자연이 의도한 것과 동떨어져 있지 않은 것도 사실이다. 스웨덴 식생 지역의 양탄자에 가까운 형태는 가문비나무와 소나무의 단순림 조림지가 현재 국가의 많은 부분을 점유하고 있다는 사실을 위장하는 것이다. 참나무와 너도밤나무와 같은 활엽수를 복구시키기 위해 노력하고 있는 단체인 플록허젯*(Plockhugget)*은 '천연림은 스웨덴에서 자국민들이 거의 한 번도 본 적이 없을 정도로 드문 것'이라고 말한다.[229]

유럽 서부의 저지대에 걸쳐 임업인들이 전통적 활엽수들을 구주소나무(scot pine)와 노르웨이 가문비나무(Norway spruce) 침엽수들로 갱신해 왔다. 현재, 유럽은 1750년에 비해서 6천 3백만 헥타르 더 많은 침엽수림과 4천4백만 헥타르 더 적은 활엽수림을 보유하고 있다.[230] 이러한 산림의 대부분은 현재 특히 유럽 중부에서 나무껍질 딱정벌레 침해로 심한 공격을 받고 있다. 나무껍질 딱정벌레는 가문비 나무에 구멍을 뚫고 들어가 껍질 안쪽에 알을 낳아 유충이 나무를 갉아 먹고 수목을 약화시켜 고사시키곤 한다. 나무껍질 딱정벌레의 공격은 반세기 전의 산성비와 마찬가지로 유럽 중부지역의 식생들에는 치명적일 것으로 생각하는 사람들이 있다.

침엽수림 우세의 증가는 유럽의 탄소 저장 역할에 대해서도 영향을 끼칠 수 있다. 새로운 침엽수림은 오래된 활엽수림보다 탄소를 덜 흡수한다. 이러한 사실은 토양 상태의 악화, 더 잦은 산불과 질병, 집중적인 벌채와 조합되면 모순점을 보어준다. 10%의 산림면적이 증가했음에도 유럽대륙 현재 산림은 1750년에 비해 훨씬 적은 탄소를 저장한다. 여전히 현재 탄소 함량에 대한 논쟁하는 것이 무엇이든, 유럽의 산림은 복원 중이며 시간을 가지고 '새로운' 산림의 대부분은 미래의 '오래된' 산림으로 성장해 나갈 것이다.

바라건대, 이러한 과정은 브뤼셀(Brussels) 공무원들이 유럽 그린 딜(European Green Deal)이라고 칭하는 EU내에서의 정치적 계기에 의해 육성되고 가속화될 수 있다. 책임자인 EU의 부위원장인 프란스 티머만스(Frans Timmermans)는 그의 임무가 '그레이트 유럽 산림(Great European Forest)를 보호하고 복원하는 것'이라고 말한다. 그는 유럽대륙 산림면적을 2030년까지 추가로 30억 그루까지 '종 다양성에 유리한 생태학적 원칙'에 따라 증가시키고자 하는 계획을 수립한바 있다.[231] 2009년 독일 정부는 4년 이내에 5억 유로를 집행하는 계획을 발표했다. 농업부 장관 율리아 크뢰크너(Julia Kloeckner)는 '나무 한 그루를 잃는 것은 기후변화와 싸워야 할 동지 한 명을 잃는 것'이라고 말했다.

유럽의 산림을 복원하기 위해 정부가 제공하는 돈은 어디에 쓰여야 할까? 많은 의견은 조림 사업에 관한 것이다. 유럽대륙의 산림 산업의 많은 종사자들은 상업적인 대박을 꿈꾼다. 더 많은 이산화탄소를 흡수하고 미래의 더 뜨거워지고 건조한 기후에 더 적합하다고 주장하는 자생종이 아닌 수종을 좀 더 심기를 원한다. 일본 입갈나무(*Japanese Larch*)와 북미의 개솔송나무(*Douglas Fir*)를 선호한다. 환경주의자들은 기후의 회복력은 자생 활엽수종에 의한 혼효림을 확보하는 것으로부터 달성될 것이라고 맞선다.

이렇게 대단한 노력 중 천연 복원의 역할이 확실하지 않다는 점이다. 독일은 조림 사업계획을 내세우는 한편 산림의 5%는 자연 스스로 역할을 하게 함으로써 완벽하게 천연적인 상태로 되돌릴 수 있도록 하고 있다.[232] 독일은 이러한 경험을 가지고 있다. 니더작센(*Lower Saxony*) 뤼네부르그 히쓰(*Lueneburg Heath*)의 야생 지역은 냉전 시대에 탱크 훈련장으로 사용했던 영국 군인들이 떠난 이후에 '천연화'되었다. 정부는 1992년까지 러시아 군대 훈련장이었던 드레스덴(*Dresden*) 북부 쾨니히스브뤼크 히쓰(*Koenigsbruecker Heath*)에 5천 헥타르가 넘는 지역에 모든 사람의 접근을 제한했다. 풍화작용에 의해 막사와 콘크리트 벙커, 연병장이 붕괴하고 자작나무, 사시나무, 소나무 숲이 쾨니히스브뤼크 히쓰를 점령했다. 최소한 한 무리의 늑대 떼도 나타났다.

늑대는 유럽 생태복원(*rewilding*)의 상징이 되었다. 사냥이나 출몰에 대한 영농인의 총격이 없어 이전의 마지막 보루였던 러시아로부터 서쪽으로 진출한 것이다. 새로운 숲은 늑대의 진출을 위한 은폐를 충분히 제공한다. 유럽 중부와 서부 지역에 12,000마리의 개체수가 있다고 추정된다. 늑대들은 숲속의 은신처로부터 철로를 기어다니고 버려진 농지를 어슬렁거리며 대도시 교외에서도 밤까지 사냥한다. 지구에서 가장 인구밀도가 높은 유럽대륙은 또한 지금 개체수가 증가하는 스라소니, 불곰, 울버린, 비버, 아이벡스의 서식지이기도 하다.

야생의 부름이 손짓한다. 자연이 격리되면 어떤 일이 벌어지는지 알고자 하는 욕구가 늘어나고 있다. 어떻게 변할지 확신할 수 없다. 자연이 활엽수림의 어둡고 격리된 핸젤과 그레텔과 빨간망토와 같은 동화와 전설 속의 숲으로 점유된 대륙으로 복원시킬 것이라는 한 가지 관점이 유지되고 있다. 또 다른 관점은 현재 소의 조상격인 엘크(*elk*)와 오록스(*aurochs*)와 같은 대형 초식동물이 서식하는 초본류, 관목과 산야가 어우러져 점유한 경관인 조금 덜 빽빽한 '고목림(high forest)'이 항상 있곤 했다는 것이다.

후자의 사람들이 옳다는 증거는 무엇인가. 꽃가루 분석에 의하면 유럽 저지대의 고생대 산림은 언제나 햇볕이 잘 드는 서식지가 요구되는 참나무와 개암나무(Hazel tree)를 가지고 있었다는 것을 나타낸다. 유럽의 최고 수준의 야생 복원 경험은 이와 같은 방향을 지향하는 것으로 보인다. 생태학자들이 네덜란드의 버려진 간척지 오스트바르더스플라센(Oostvaardersplassen)을 인간의 간섭없이 재생되도록 내버려두면서 땅에는 바로 숲이 들어설 것으로 기대했다. 막상은 초식동물이 식생 수를 감소시켜 경관은 훨씬 더 개방되었다. 네덜란드 간척지는 당연히 유럽의 전형적인 경관이 아니지만 통제권 이양으로부터 오는 놀라움을 실증해 준다. 아마 자연을 추측하려고 하기보다는 그대로 내버려두고 자연이 무엇을 제안하는지 볼 필요가 있다.

14

산림 변천

Forest Transition

얼마나 여러 국가들이 산림을 지키고 복원하고 있는가

How Ever More Nations are Saving and Restoring Their Forest

한 세기보다 좀 더 전쯤에는 펜실베니아에 식생이 시각적으로 전혀 없었다.[233] 현재의 사라왁이나 마토 그로쏘*(Mato Grosso)*보다 더 나쁜 상황이었다. 주정부의 기록에 의하면 산림은 1985년 몇백 헥타르 수준까지 감소한 바 있다. 아팔래치아 산맥*(Appalachian Mountains)*은 '그루터기와 잿더미'로 덮여 있었다. 반세기에 걸쳐 선박의 돛대에서 숯, 건설자재부터 탄닌*(tannin)*에 이르기까지의 모든 공급을 위해 벌채되어 미국의 개국을 주도한 주 중 하나를 수목이 전멸하게 만들었다. 이후 정부 당국은 조림을 시작하였다. 1930년대의 뉴딜정책과 그 이후에 걸쳐서도 지속하였다. 오늘날 그 주에는 7백만 헥타르의 산림이 있는데 모두 자생수종은 아니며 생장상태가 나쁘다.

좀 더 북쪽으로는 뉴 잉글랜드의 많은 지역이 더 극단적으로 재조성되었다. 이곳에서는 자연이 대부분의 일을 했다. 유럽으로의 이주와 원주민을 축출한 수 세기 동안 목재와 펄프를 위한 벌채가 이루어졌고 농장과 목초지로 변환되었다. 산림훼손은 펜실베이니아만큼 최악은 아니었으나 뉴잉글랜드 산림 피복률은 19세기 중반의 30%에도 미치지 못하였다. 이후 미국이 산업화하고 인구들이 도시로 이주하면서 많은 농장과 목초지들이 방치되었다. 스트로브 잣나무와 같은 자생수종이 천연 갱신되었다.[234] 약 4백만 헥타르가 1910년에서 1970년 사이에 추가되었다.

현재 대부분의 뉴 잉글랜드는 버몬트(Vermont)의 78%, 뉴 헴프셔(New Hampshire)의 84%, 메인(Maine)의 90%가 다시 녹화되었다. 식생 구조는 다소 다른데 일부는 산불 진화와 다른 일부는 외래 해충의 유입 때문이다. 스트로브잣나무와 루브루단풍(Red maple)은 잘 견뎌냈으나 너도밤나무와 헴록(hemlock)의 더디게 적응하였다. 스미소니언 연구소(Smithsonian Institution)의 조나단 톰슨(Jonathan Thompson)은 여전히 '자생수종이 우세하고 산림이 여러 방면에서 천년을 지낸 것처럼 보이는 것은 놀라운 것'이라고 한다.[235]

교외가 잠식되기 시작했다. 연구기관인 하버드 포레스트(Harvard Forest)의 책임자인 데이빗 포스터(David Forest)는 산림이 하루에 약 25 헥타르에 이르기까지 후퇴해 왔다고 한다. 그렇다고 해도, 그 속도로는 천년 동안은 여전히 나무가 부족하지는 않을 것이다. 포스터는 경관이 '전 세계적으로 가장 놀라운 변천의 역사 중 하나를 겪었다'고 말한다.[236] 그는 그러한 산림의 복구를 마야제국(Mayan empire) 몰락 후의 과테말라 정글(Guatemalan jungle)의 부활에 비교한다. 그는 그 숲이 잘 관리되고 있다고 생각한다. 메인(Maine)의 가장 넓은 토지의 소유주인 J. D. 어빙(Irving)과 같은 대규모 산림의 남작(baron)들은 남아 있다. 그들과 함께 17세기에 시작된 마을 숲 전통의 부활이 있었다. 지금은 공동체 산림이라고 불리는데, 그 지역에 걸쳐 500여 개 이상의 산림이 흩어져 있는 것으로 파악되므로 뉴 잉글랜드의 가을 단풍빛이 변하는 마법 같은 광경이 사라질 것을 두려워할 필요가 없다.[237]

유럽 사람들이 나타나기 전에 북미대륙의 산림이 어떠했는지에 대한 수많은 추측들이 있다. 천연림이 끝없이 펼쳐져 있었다고 쉽게 믿어 왔다. 19세기에 미국 시인 헨리 롱펠로(Henry Longfellow) 유럽인들이 '인간의 손이 타지 않은 원시림'으로 덮여있는 대륙을 밟고 들어갔다는 생각을 대중화시켜버렸다.[238] 실제로는 미국 원주민들이 땅을 정력적으로 이용했고 심지어 불을 이용하기도 한 것이다. 우리가 아직도 원시림이라고 생각하는 대부분이 조림된 것이다. 캘리포니아의 고대 세쿼이어 숲 역시 그렇다. 캘리포니아 화재 연구원인 리 클링어(Lee Klinger)는 세계에서 가장 높고, 크며, 오래된 나무들은 '지역 주민들이 키우고 보살핀 것'이라고 말한다. 우리가 주의 깊게 들여다보면 더욱 분명해진다고 말한다. 캘리포니아의 원주민 공동체는 '단순한 수렵 채취인들이 아니었고 오히려 지속 가능한 농업을 시행하는 수준 높은 영농인들'이었다.[239] 세쿼이어 숲은 그들의 위대한 유산인 것이다.

이주 유럽인들은 대체로 이들의 전통적인 경관을 좋아하지 않거나 이해하지 못했다. 향후의 미국 대통령인 존 아담스(John Adams)가 1756년의 일기에 그들에게는 '계속되는 쓸모없는 황야'로 보일 뿐이었다고 적었다. 기후를 조절하고 비를 내리고 더욱 살기 좋은 환경을 제공하는 방법은 '숲을 제거하고 옥수수밭으로 덮인 토지, 과일이 주렁주렁 열린 과수원, 이성적이고 문명화된 사람들의 웅장한 주거지'를 확보하는 것으로 오랫동안 생각되어 왔다.[240] 그래서 그렇게 해온 것이다.

숲은 현재 더 나은 빛으로 여겨진다. '쓸모없는' 숲은 가치 있는 부동산인 것이다. 미국의 상위 6위의 토지 소유주들 중 3명이 임업인이다. 메인스 어빙 가문(Maine's Irving family), 캘리포니아의 에머슨 가문(Emmerson family)의 시에라 퍼시픽 산업(Sierra Pacific Industries), 퍼시픽 노스웨스트 앤드 사우스(Pacific Northwest and south) 리드 가문(Reed family)의 그린 다이아몬드 리소스(Green Diamond Resources)가 그들이다. 그들은 거의 뉴저지 면적에 달하는 2백만 헥타르를 소유하고 있다. 기술 억만장자 시대인 현재에도 벌목사업은 여전히 엄청난 부를 만들어 줄 수 있다. 아치 알디스 '레드' 에머슨(Archie Aldis 'Red' Emmerson)은 40억 불의 가치가 있는 것으로 알려져 있다. 하지만 미국은 여전히 수천 개의 소규모 임가를 위한 여지가 있다. 일반적으로 수십 에이커에 불과하지만, 국가 전체 산림의 38%에 달하며 텍사스 면적 1.5배보다 넓은 지역에 이른다.[241]

사람들이 이제 숲을 더 높게 평가하게 되면서, 미국의 재조림이 적어도 작물 재배를 위한 토지의 수요가 감소한 만큼은 추진되어 왔다. 유럽과 마찬가지로 북미의 많은 지역은 이제 농장이 물러감에 따라 천연림이 재건되는 것으로 보이고 있다. 30년 동안, 미국의 경작지는 거의 1/5로 감소하였다. 산타 크루즈(Santa Cruz) 캘리포니아 대학(University of California)의 카렌 홀(Karen Holl)은 '전 미국 동부는 200년 전에 산림이 훼손되었다. 그 대부분은 적극적인 조림 없이 다시 복원되었다'[242]고 말했다.

대서양 연안을 따라 4백만 헥타르의 산림이 더 존재한다. 인디아나에서 캔사스, 아이오와에서 일리노이에 이르는 미드웨스트(Midwest) 지역에 작물 재배나 광산을 위해 벌목되었던 땅들을 나무들이 다시 잠식하고 있다. 디프사우스(Deep South) 지역에서는 목화농장이나 목초지였던 곳에 나무 농장이 번성하고 있다.(축우는 사육장에서 수입 사료를 먹는다). 미시시피는 1990년대에 5%가 증가하여 2/3가 녹화되었다. 퍼시픽 노스웨스트(Pacific northwest) 조차도 산불에도 불구하고 산림은 탄소 흡수원으로 남아있다. 미국 산림청(US Forest Service)에 따르면 지난 30년 동안 전국의 산림이 국가 온실가스 배출량의 약 11%를 흡수했다고 한다.[243]

미국은 넓은 토지를 가지고 있다. 식생을 위한 많은 여유 공간이 있다. 하지만 좀 더 과밀한 인구를 가지고 있는 유럽이 산림을 복원할 수 있다면 중국은 어떠할까? 미들 킹덤(Middle Kingdom)에도 역시 14억 인구와 산림을 위한 여유 공간이 있을까? 그렇다고 본다. 우리는 1998년 이후에 중국이 어떻게 천연림 벌목을 금지했는지 목격한바 있는데, 또한 두 번째 정책이었던 국가 조림 프로그램이 있었다. 그 이후로 중국은 그 임무 수행을 위해 1억 명이 넘는 농민들을 동원해서 '농지 산림 전환 프로그램' 즉, 녹화 작물(Grain for Green)이라는 정책하에 약 3천만 헥타르를 복원시켰다고 주장한다.

나는 그중에서 황하(Yellow River) 중류 옆 황토(loess) 고원에 있는 가장 크고 집중적인 노력이 있었던 곳을 찾아갔다. 고원은 프랑스 크기의 비슷한 인구를 가지고 있는 수백 미터 두께의 황토 모래(loess sand) 지역이다. 고원에는 오랫동안 걷잡을 수 없는 침식이 이루어져 왔다. 더 이상 고원이라기보다는 언덕과 협곡의 미로일 뿐이다. 강 하류는 세상의 그 어떤 강보다도 더 많은 모래 진흙을 가지고 있다. 이로 인해 저수지를 막고 홍수를 일으키게 된다. 중국 기술자들은 수백만 그루의 나무를 심어 황하의 침식을 막고 물을 맑게 하기 위한 작업에 착수했다.

나는 딩시(Dingxi)주에 있는 산의 정상에 오르면서 저 멀리 뻗어있는 계단식 언덕을 갑자기 마주치게 되었다. 한 무리의 사람들이 땡볕 아래에서 산비탈 위로 손에서 손으로 묘목을 넘겨주며 나무를 심고 있었다. 하천 보호 임무를 띤 정부 기관인 황하 관리단*(Yellow River Conservancy)*에서 나온 가이드에 의하면 동시에 3만 명 이상의 작업자가 이 프로젝트에 투입되어 있다고 한다. 온 사방 산비탈에 일렬로 늘어선 수천 그루 – 아마도 수백만 그루의 – 사이프러스 나무를 내려다보니 숨이 막힐 지경이었다. 지역의 수자원 국장인 쳉 항준*(Cheng Hangjun)*이 멀리 보이는 척박한 산을 가리키며, '작년까지는 이쪽 산들도 저런 상태였다. 우리 작업은 아직 끝나지 않았다'고 말했다.

한동안 세계은행은 황토고원 분수령 재건 프로젝트*(Loess Plateau Watershed Rehanilitation Project)*에 자금을 지원했다.[244] 그 당시 이사장이었던 제임스 볼펜손*(James Wolfensohn)*은 개인적으로 이 프로젝트에 관심이 있었다. 몇 년 후 상해의 연설에서 처음 황토고원을 조사했을 때 '스위스 크기만 한 지역의 산들이 나무 한 그루 없이 건조하고, 끔찍하고, 황량했다'고 회상한바 있다. 지금은 '풀과 나무와 동물들이 생겼다. 휴일을 그곳에서 보내고 싶은 곳이 되었다. 스위스처럼 보인다'고 과장되게 말했지만 무슨 뜻인지 알 것 같았다.

그러한 모든 노동이 얼마나 성공적인가? 중국 정부는 매년 황하*(Yellow River)*에 도달하는 침적물의 3억 톤이 줄어 황토고원 침식의 60~80%가 감소했다고 주장한다. 그건 분명 계획이었다. 하지만 결과적으로 전반적인 환경적 혜택은 애매한 것이 사실이다. 나무들이 침식을 줄이기는 했지만 대기 중으로의 증산량이 늘어남으로써 지표수를 거의 반으로 줄여 지역에 가용한 수자원을 감소시켜 버렸다.[245] 중국 과학 아카데미*(Chinese Academy of Sciences)*의 프로젝트 결과 보고서는 '새롭게 복원된 생태계는 취약하고 상대적으로 불안정하다. 관리하지 않으면 원상태로 돌아가 버릴 수 있다'고 경고했다.[246] 그 원인 중 일부는 생태계가 전혀 '복원'되지 않았기 때문이다. 애초에 나무가 없던 곳에 나무를 심어서 만들어진 것이다. 단지 나무를 심는다는 것이 환경 측면으로 개선이 안 된다는 교훈이다. 장점은 상충할 수 있다. 맞다. 황하는 여전히 노랗다.

녹화작물*(Grain for Green)* 사업으로 중국의 산림 피복률은 1/3 증가하고 토양침식은 반으로 감소하는 실적을 거두었다.[247] 하지만 엄밀하게 따지면 사전 과학적 분석과 고찰 및 실행 후 평가 없이 상이한 지형에 동일한 나무를 심고 현지 노동력을 묶어두는 것은 좋지 못한 결과를 초래했다. 특히 사회적 결과가 제대로 다루어지지 않은 경우에 말이다. 중국 남서부에서 녹화 작물 사업은 지역의 산림 피복률을 32% 증가시킨 것으로 보인다. 그러나 캠브리지 대학교(University of Cambridge)의 생태학자 팡위앤 후아(Fangyuan Hua)는 플랜테이션은 거의 모두 이전에 농지였다고 말한다. 이주한 농부들은 다소 예상된 방법 – 인근 자생 산림을 개간하는 – 으로 대체 농지들을 찾았다. '지역의 산림 복구로 보이는 것은 자생 산림을 효과적으로 대체한 것'이라고 그녀가 말한다.[248] 결국 더 많은 플랜테이션은 자생 산림의 감소를 초대한 것이다.

산림복원에 대한 중국의 노력 중에 또 하나 주목할 만한 것은 '그레이트 그린 월(Great Green Wall)' 사업으로 북쪽 지역의 고비(Gobi)와 타클라마칸(Taklamakan) 사막화 진전을 막기 위한 조림 사업이다. 이 사막들의 확장은 아시아 최대의 대형 먼지 그릇으로, 정기적으로 북경의 시계를 제로에 가까운 수준으로 떨어뜨리는 모래 구름으로 휘저어 버린다. 그래서 계획은 서쪽의 신장(Xinjiang)에서 내몽고(Inner Mongolia)를 거쳐 황하에 달하는 4,500Km의 벨트에 몇천억 그루를 심겠다는 것이다. 그레이트 그린 월은 아마도 지구상에서 가장 큰 생태학적 엔지니어링 프로젝트일 것이다. 또한 중국에서 1949년 혁명 이래로 지속되어야 할 대형 정책 이니셔티브 중 하나일 것이다. 마오 주석이 발의하고 덩샤오핑이 집권한 1978년에 시작해서 시(Xi) 시대까지 진행되고 있다. 21세기 중반까지도 완성되기 어려울 수도 있다.

중앙아시아 스텝의 자생수종인 삭사울(saxaul)과 같은 수종을 심는데 수백억 불이 쓰였다. 젊은 시골 사람들이 도시로 이주하면서 노동력 공급이 부족해지자 운영자들은 작업을 지속하기 위해 군대를 끌어들였다. 2018년에는 러시아 국경 초소의 인민 자유대(People's Liberation Army)로부터 6만 명의 군인이 베이징을 둘러싼 허베이(Hebei) 지방에 나무를 심기 위해 파견되었다.

정부에 의하면 지금까지의 조림사업 덕택에 사막이 감소하고 있다고 한다. 베이징에 위치한 지리과학 자연 자원 연구소(Geographical Science and Natural

Resources Research)의 밍홍 탄(Minghong Tan)은 2015년 '현격히 식생조건이 개선되었고 모래폭풍이 감소하였다'고 보고한바 있다. '중국 북측지방 대체로 환경 상태가 개선되고 있다.'[249] 서방 지리학자들은 이러한 주장에 대해 냉소적이며, 중국 내에서도 마찬가지다. 생물 과학연구소의 중국 학술원(China Academy of Sciences' Institue of Biology)의 쟝 가오밍(Jiang Gaoming)은 이를 '동화 같은 이야기(fairy tale)'라고 한다.[250] 베이징 산림 대학(Beijing Forestry University)의 시시옹 카오(Shixiong Cao)는 조림한 나무의 85%가 죽었다고 한다.[251] '산림면적을 늘리기 위한 중국의 막대한 투자는 환경 측면으로 약한 지역의 환경훼손을 악화시킨 것 같다'고 말했는데, '대부분의 경우 토양 황폐화와 식생 면적의 감소, 그리고 물 부족 악화' 때문이라고 한다.

알라바마 대학(University of Alabama)의 데이빗 생크맨(David Shankman)은 천연적으로 자라기에는 너무 건조한 지역에 조림을 한다고 말한다. 어떤 나무들은 초기의 관수 작업 덕분에 생존하기도 하지만 번식하지는 못한다. 또 어떤 수종들은 지하수를 과다하게 빨아들여 지하수면을 떨어뜨려 도입 수종에 비해 가뭄에 대한 저항성이 더 크고 침식 방지에 더욱 효과적인 지역의 천연 식생들을 고사시킨다. 그래서 사막화를 방지하기보다는 그레이트 그린 월이 사막화 진전을 가속할 수도 있다. 2015년 논문에서 그레이트 그린 월의 성공을 치하한 탄(Tan)에게 이러한 비판을 했을 때, 그가 동의하자 나는 적잖이 놀라웠다. 그는 정부 당국은 단순히 산림이 증가한 것에만 초점을 맞추어서는 안 된다. '북중국의 대부분 지역에서는 초본류가 더 나을 수가 있다'고 말했다.[252]

중국은 그럼에도 불구하고 스스로를 세계 재녹화의 모델이라고 생각한다. 중국은 조림 사업을 개발도상국의 기반 조성을 위한 거대한 벨트와 로드 이니셔티브(Belt and Road Initiative)의 일부분이라고 홍보해 왔다. 중국은 파키스탄(Pakistan)이 아프가니스탄(Afghanistan)과의 국경에 소위 '10억 그루의 쓰나미(billion-tree tsunami)'라고 하는 조림 사업을 위한 수천 개의 묘목장 설립을 도와주고 카자흐스탄, 이란 그리고 심지어 터키까지 확대할 계획이 있다. 중국은 기후변화에 대응하여 자연 기반 솔루션 추진을 위한 UN의 노력을 주도하고 있다. 그러나 꿈은 가상하지만, 국내의 성공에 대한 주장은 불분명하고 실패를 반복할 위험성이 높다. 고국인 중국이 환경을 어떻게 인식하고 있는지에 대해 연구 중인 하와이 대학교(University of Hawaii)의 문화 지리학자 홍장(Hong Jiang)은 무간섭적으로 자라지 않는 지역에 조림하는 중국의 '자연에 대한 공격적인 태도'는 효과가 없을 것이라고 내게 말했다. 그녀는 '자연을 통제하는 대신 자연을 따라야 한다'고 말한다.[253]

숲을 키우자는 주장은 그 목적이 사막화 방지, 홍수 예방, 그린 라이프, 탄소 흡수, 종 다양성 유지, 지역 기후에 대한 위험한 변화 방지 혹은 단순히 자연이 자기 할 일을 하도록 하는 것이다. 그리고 의지가 있는 곳에서는 가장 가능성이 낮은 환경에서도 일어날 수 있다.

20세기 산림훼손의 핫스팟이었던 중앙아메리카의 작은 국가인 코스타리카를 들어보자. 무성한 열대우림은 미국의 탐욕스러운 소고기 버거 체인 수요를 충족시킬 목초지를 위해 갈기갈기 찢어졌다. 한 지점에서 코스타리카는 국가의 소고기 60%를 버거킹에 팔아치웠다고 한다. 목장 사업주들은 나무를 제거하고 육류 수요에 대응할 수 있는 소프트 론(soft loan)를 제공받았다. 나는 코스타리카가 세계에서 가장 빠른 산림훼손 속도를 가진 국가라고 보고했던 기억이 있다. 산림 녹화율은 1940년 75%에서 1980년대 후반에는 20%로 감소하였다. 환경피해가 곳곳에서 벌어졌다. 벌거벗은 산비탈은 산사태로 고통받았고 계곡 아래에는 홍수가 지속적으로 일어났다.

그 때, 두 가지 일이 벌어졌다. 소고기 가격이 떨어지고 1990~1994년 임기를 지냈던 대통령 라파엘 칼데론(Rafael Calderón)이 그린 핑거(green finger) 정책을 편 것이다. 1992년 리우회의(Earth Summit in Rio de Janeiro) 후에 그는 '새로운 생태적 질서(new ecological order)'를 요구하며 카리스마 있는 캐나다인 의장 모리스 스트롱(Maurice Strong)에게 코스타리카에 지구위원회(Earth Council) 설립을 요청하였다. 그 후에는 그의 환경부 장관인 르네 카스트로 살라자르(René Castro Salazar)로 하여금 토지 소유주가 산림을 보호하고 소들이 떠난 목초지에 순조롭게 자라나는 새로운 산림을 가꾸기 위한 제도를 만들도록 했다. 1996

년부터 연료세로 재정지원이 시작되면서 성향이 매우 다른 정치적 기반에서 선출된 6개 정부를 통해 지속되었다.

칼데론(Calderón)은 나라를 파괴하는 홍수를 감소시키고 생태관광을 독려하는 계획을 프로젝트로 만들어 매각하였다. 그것은 효과적이었다. 현재 산림면적은 다시 국토의 절반 이상을 차지하고 있다.[254] 일부는 조림된 것이나 대부분은 천연갱신의 결과였다. 홍수는 감소하였고 생태관광의 경제적 가치는 현재 국가 전체 매년 20억 불에 이른다. 좀 더 진취적인 영농인들은 감탄스러운 새로운 열대우림이 최근까지도 가축 목장이었던 사실을 대부분 모르는 관광객들을 위한 산장을 짓고 있다.

물론 경고의 목소리도 있다. 산림훼손은 완벽하게 중단된 것이 아니다. 미주리 식물원(Missouri Botanic Garden)의 라이톤 레이드(Leighton Reid)에 따르면 파나마(Panama)와 동쪽 국경을 맞대고 있는 주인 코토 브루스(Coto Brus)에는 갱신된 산림의 절반이 20년 동안 다시 벌채되었다고 한다.[255] 목장 사업자들이 제자리로 돌아오고 일부 영농인들이 파인애플을 재배하기 위해 산림을 벌채하고 있다. 아무도 그것이 쉬울 일이라거나 잘못되지 않을 것이라고 그 누구도 말하지는 않았다. 그렇지만 복원을 위한 트렌드는 분명하고, 지금 4반세기 동안 지속되고 있다. 가능한 일이다. 코스타리카는 정당하게 열대 국가가 다시 숲이 돌아올 수 있도록 하는 것만으로 어떻게 산림훼손을 되돌릴 수 있는지 전형적인 사례가 되었다.

코스타리카뿐만이 아니다. 다른 곳에서도 비슷한 변화가 일어나고 있다. 사실은 경제개발의 규모를 확대하고 있는 국가들에는 산림훼손을 중단하고 재조림을 시작하는 것이 현재의 스탠다드라고 말할 수 있을 정도로 빈번하게 발생하고 있다. 환경 경제학자들은 이러한 여정을 '산림 변천(forest transition)'이라고 부른다. 헬싱키 대학교(University of Helsinki)의 페카 카우피(Pekka Kauppi)는 산림 피복률과 경제적 지위 변화에 대한 국가적 통계 수치 간의 단순 상관관계를 수행하여 관련성이 필수 불가결하다는 사실을 발견했다. 1990년과 2015년 사이에 고소득 국가들은 매년 평균 1.3%의 산림 피복률 증가를 나타냈지만, 중간 소득 국가들은 0.5%의 증가수준에서 관리하였다. 그러나 중 - 저소득 국가들은 매년 0.3%, 최빈국들은 0.7%의 산림을 손실하였다.[256]

이 법칙은 대부분의 국가에 적용되었다. 한국은 한국전쟁 후 경제적 호황기를 거치면서 산림 피복률이 거의 두 배가 되었다. 1953년으로부터 반세기 동안 1970년대에 시작된 국가주도 프로그램의 덕택으로 산림 피복률이 35%에서 64%로 증가한 것이다.[257] 카우피(*Kauppi*)는 유일하게 산림을 잃어가고 있는 부강한 국가가 열대 보르네오 섬에 있는 기름이 풍부한 브루나이(*Brunei*) 주라는 것을 알아냈다.

개발도상국 중 칠레, 중국, 코스타리카, 엘살바로드, 인도를 포함한 13개국이 1990년 이래로 산림을 확대하기 시작했다. 파나마에서는 정부가 아주 최근인 1970년대에도 '정글 정복'을 위한 프로그램을 운영했지만 파나마 운하를 채우기 위한 수자원 공급의 신뢰성에 대한 우려에 따라 선회하였다.[258] 천5백만 그루가 넘을 것으로 추정되며 대부분 자생수종으로 이루어진 20년 프로그램이 이제 성과를 내고 있다. 네팔은 국가 산림 피복률이 과거 40년간 약 1/5 증가한 것으로 보인다.

흥미롭게도 산림의 확대는 높은 인가 증가율을 보이는 국가들에서도 볼 수 있다. 중국은 한 자녀 정책 도입 전 인구가 십 년에 20% 증가하던 때였던 1970년 이래로 산림 순손실로부터 산림 순증가로 이행되었다. 인도는 1970년 이래로 인구가 두 배 이상 증가하였으나, 산림 피복률도 동일한 변화를 보였다.

우리는 어떻게 재조림이 이루어지는지 항상 마음에 들지는 않을 수 있다. 칠레는 플랜테이션 보조금에 거액을 사용했지만 천연림의 종 다양성을 계속 상실하고 있다.[259] 인도 정부는 개발업자들이 다른 동일한 면적의 지역에 나무를 심는 것을 조건으로 천연림을 벨 수 있도록 허가하고 있다. 이는 가난한 공동체가 이용하던 종 다양성이 중요한 산림 - 혹은 서고츠 산맥(*Western Ghats*)와 같이 강의 흐름이나 증산작용으로 중요한 유역의 산림 - 상업적 조림으로 대체된다는 것을 의미한다.[260] 그런데도 어떤 방법으로든 인도는 좀 더 많은 나무를 위한 공간을 찾고 있다. 인도의 산림 계획은 산림 피복률을 24%에서 33%로 증가시키겠다는 약속을 한다.

그렇다면 세계를 재조림하는 가장 좋은 경로는 단순히 부유해지는 것일까? 그럴 수도 있다. 그러나 부유한 국가들에서도 어떤 환경적 후광은 부적절할 수도 있다. 일반적으로 부유한 국가들은 다른 나라들을 벌채해서 키운 식량자원과 다른 상품을 구매하면서 산림 벌채를 아웃소싱할 자본을 가지고 있다. 우리가 살펴본 것처럼 그들은 산림 벌채를 멈추지 않는다. 단지 그들의 나라에서 좀 더 먼 어딘가에서 벌채할 뿐이다. 유럽은 필요한 것을 키우기 위해 열대지역에서 산림을 벌채하기 시작한 19세기 중반에 산림을 회복하기 시작했다. 소고기와 팜오일로부터 고무와 설탕에 이르기까지의 모든 것들에 대한 유럽의 소비는 현재 글로벌 산림벌채 1/10에 대해 그리고 국제적으로 교역되는 상품 36%에 대한 책임이 남아있다는 것을 의미한다. 1990년에서 2008년 사이에 EU 밖에서 소실된 전체 산림면적은 포르투갈의 규모와 같다.[261]

세계 산림의 전 지구적 차원의 복원은 기존하는 산림의 보호와 더 많은 산림을 위한 공간 창출 모두에 있어서 부유한 국가들의 소비로 인한 영향에 대한 책임을 질 것을 요구할 것이다.

15

심을 것인가 말 것인가

To Plant or Not to Plant

나무가 문제가 되는 경우

When Trees Become Part of Problem

2019년, 조림은 세계적인 열풍이었다. 한동안 내 이메일 수신함은 전 세계로부터 온 민간 조림 프로젝트 홍보로 넘쳐났다. 세계에서 가장 큰 비영리 검색엔진 에코시아(Ecosia)는 8천5백만 그루를 심기 위한 여유 자금을 사용하고 있다고 발표했다. 유튜브 스타들은 비영리 미국 식목 일재단(US-based Arbor Day Foundation)을 위해 6백만 불의 모금을 마련했다. 재단은 1972년 전에 설립되었고 지난 반세기 동안에 걸쳐 미국의 캠퍼스들, 중앙유럽 광산의 산성비 피해지역, 마다가스카르(Madagascar) 열대우림을 포함한 여러 지역에 3억 5천만 그루의 나무를 심었다고 한다. 그렇지만 그런 사업을 이전에는 본 적이 없었다고 말한다.

과장된 스토리텔링으로 흥미를 유발하곤 한다. 클레어 두보이스(Clare Dubois)는 영국 교외의 나무가 그녀의 차가 계곡으로 굴러떨어지는 것을 막아 준 뒤에 트리시스터스(Treesisters)를 설립했다. 트리시스터스는 마다가스카르, 인도, 케냐, 네팔, 브라질, 카메룬에서 활발하게 활동 중이다. 케냐에서 들기로는 노벨상 수상자인 고 왕가리 마타이(Wangari Maathai)의 그린벨트운동으로 지역주민 여성들이 심은 나무들이 5천만 그루가 넘었다고 한다. 또 다른 접근방법으로, 월드뷰 임팩트(Worldview Impact)는 드론을 이용해서 미얀마 전 지역에 나무종자를 뿌리고 있었다.

이러한 수많은 프로젝트는 결실을 보지 못했다. 2011년으로 돌아가보면, 갓 설립한 어메이징 포레스트*(AmazingForest)*의 로드리고*(Rodrigo)*라는 사람으로부터 '한 번에 한 그루씩, 아마존 열대우림 재건'[262]이라는 계획과 함께 연락을 해왔다. 아마 아마존에서 천억 그루가 소실된 것을 보면 이 계획이 무리인 것을 알 것이다. 언론홍보에는 이런 것도 있다. '아마존 열대우림 중 지정하시는 특정 지역에 당신을 대신하여 심겨질 나무를 분양합니다. 더 놀라운 것은 심은 사람의 이름표가 개별적으로 부착되어 절대 그 나무가 베어지지 않을 자신만의 나무로 소유하게 된다는 사실입니다.'

그들은 아마존 유역에서 산림 벌채가 가장 적은 로라이마주*(Roraima)*의 보아 비스타*(Boa Vista)*에서 50Km 떨어진 교외 지역 대상지의 지도 좌표까지 제시한다. 한그루에 60불이라니... 그동안 내가 접해 본 조림 프로젝트 대부분보다 훨씬 더 높은 비용이었다. 8년 뒤 다시 확인해보니, 어메이징포레스트*(AmazingForest)*는 더 이상 존재하지 않았다. 실제로는 설립일 이후 그 어떤 실체의 흔적도 찾아볼 수 없었다. 설립 당시에는 자선단체로 등록된 로드리고*(Rodrigo)*와 파트너인 벤*(Ben)*의 또 다른 회사들 역시 흔적 없이 사라진 것으로 보인다. 나무들과 돈은 이후 어떻게 되었을 지 진심으로 알고 싶다.

너무 냉소적이 되고 싶지는 않다. 그들의 목적 자체는 좋은 취지였을 수도 있다. 작은 자선단체들에 돈을 기부할 때는 어느 정도는 도박같은 것일 수 있음을 잘 알고 있다. 그러니 우리는 정부 측이 좀 더 신뢰성이 있다고 기대할 수 있다. 그러나 지금은 나무 심기로 지구를 치유하겠다는 정부의 약속이 거의 덧없는 것으로 증명되곤 해서 우려가 커지고 있다. 2011년에 어메이징 포레스트가 우리의 현금을 노렸던 와중에 세계의 모든 국가는 본 첼린지*(Bonn Challege)*에 사인을 했다. 독일 정부와 세계 자연보전 연맹*(International Union for the Conservation of Nature)*이 세계의 잃어버린 숲을 되살리기 위해 주관한 것으로 '2020년까지 벌채와 황폐해진 세계의 산림 1억 5천만 헥타르, 2030년까지는 3억 5천만 헥타르를 복원'하고자 한 것이었다. 이는 인도보다 좀 더 넓은 면적이다. 그 목표는 더 많은 나무를 심는 것뿐 아니라 '생태적 통합 복원', '인간의 삶의 질 개선', 그리고 해마다 17억 톤의 이산화

탄소를 흡수하는 것이었다.[263]

시작은 좋아 보였다. 40여 개국이 1억 7천만 헥타르에 이르는 서약에 동참했다. 브라질, 중국, 콩고민주공화국, 에티오피아, 인도, 인도네시아, 멕시코, 나이제리아, 베트남 모두가 추가적으로 천만 헥타르 이상을 약속했다. 가디언지*(Guardian)*의 동료 존 비달*(John Vidal)*은 이를 '유레카의 순간*(a eureka moment)*'이라며, 숲이 '어둡고 두려운 장소에서 성스럽기까지 한 범접하기 쉽지 않은... 코스타리카에서 네팔까지 나무 심기가 정치적, 경제적, 생태적 동기가 되고 미래의 신념에 대한 보편적인 상징인 장소로 변모하는' '위대한 문화적 변혁'이라고 했다.[264] 어느 정도까지는 그럴 수도 있다. 이 중에서 많은 국가가 산림면적을 늘려 나갔지만, 독일 연방의회*(German Bundestag)*의 자금 지원을 받은 독립 보고서는 2019년 말 기준으로 나무는 본*(Bonn)* 서약의 1/50보다도 적은 2천 7백만 헥타르보다 적다고 결론내렸다.[265] 그 와중에 다른 분석에서는 약속된 생태적 통합, 삶의 질, 탄소 포집에 대한 다소 난해한 의문들이 제기되었다.

리즈대학*(University of Leeds)*의 사이먼 루이스*(Simon Lewis)*가 2019년 중반까지 검토한 본 서약*(Bonn pledge)*의 전단지를 보면, 약속한 신규 산림의 45%는 플랜테이션이며 대부분 종이를 위한 펄프 제조용으로 두 배나 빠른 수확을 목표로 한 속성수였음을 알아냈다.[266] 약속한 조림은 브라질 82%와 중국 99%가 그러한 단순림의 조성이었다. 이는 천연림이 아니었다. 생태적 통합이나 인간 삶의 질에 거의 기여할 수 없고 기후변화에도 마찬가지일 것이다. '정책 입안자들이 여론을 호도하고 있다'고 그는 말한다. 산업 플랜테이션이 산림복원과 같다고 시사하는 것은 '스캔들'인 것이다.

더욱이 '기후 목표를 위험에 처하게 하는' 스캔들인 것이다.[267] 왜 그런 것일까? 플랜테이션은 궁극적으로 천연림보다 훨씬 더 적은 탄소를 저장하기 때문이다. 단기적으로는 천연림에 비해 탄소흡수가 능가할 수도 있다. 그러나 10년 내외에 수확되기 때문에 지속되지는 않는다. 기후변화에 대응하는 것은 장기적인 것이 중요하다. 루이스는 생장과 벌채의 생명 순환의 과정으로 플랜테이션은 평균적으로 작물을 심기 위해 개간했던 토지보다 더 많은 양의 탄소를 지니기는 어렵다고 말한다. 약속한 3억 5천만 헥타르에 걸친 천연림 복원 사업으로 2100년까지 공기 중의 탄소 420억 톤을 제거할 수 있는 반면 상업적 단일 재배로는 겨우 10억 톤을 제거할 뿐이다. 40배 차이인 것이다.

플랜테이션에 대해 모두가 그렇게 반대하는 것은 아니다. WWF와 세계 지속 가능 발전 기업협의회(World Business Council for Sustainable Development)는 좀 더 환경친화적인 형태를 장려하려는 목적의 뉴제너레이션 플랜테이션(New Generation Plantations)이라고 하는 프로젝트를 신설했다. 협의회 자문위원 중 한 명인 에딘버그 대학(University of Edinburgh)의 자보리 가졸(Jaboury Ghazoul)은 '플랜테이션은 지속 가능한 바이오 - 경제에 기여할 수 있다'고 말한다. 그는 콘크리트, 철강, 플라스틱, 면화와 같은 고탄소 재료와 바이오 연료 및 화학산업의 원재료를 목재가 대체할 것이라고 내다본다. 그는 '미래의 경제는 나무에서 자라날 것'이라고 말한다. 어쩌면 그럴 수도 있다. 하지만 그런 나무 농장은 본 첼린지에서 제안된 임무를 해내지는 못 할 것이다. 실제로, 살림살이를 개선할 수 있고 장기간 탄소를 포집할 수 있는 천연림을 회복시키는 데 주력할 수 있는 토지를 차지할 뿐일 수도 있다. 많은 국가가 시행하고 있는 바와 같이 본 첼린지가 국가적인 녹화사업을 독려할 수 있는 좋은 아이디어이지만, 우리에게 요구되는 종류의 산림을 조성하는 계획은 중단시키는 심각한 리스크를 안고 있다.

조림 사업과 탄소에 관한 전반적인 이슈에 대해 좀 더 구체적으로 들여다볼 필요가 있다. 나무는 자라는 동안 공기 중의 이산화탄소를 흡수하기 때문에 오랫동안 기후 위기를 개선할 수 있는 한 분야로 취급되어 왔다. 내 책장에 미국 에너지부가 1988년에 발간한 『세계적 재조림을 통한 이산화탄소 문제 해결의 가능성』이라는 보고서를 소장하고 있다. 그 당시 테네시(Tennessee)에 있는 미국 정부의 오크 리지 내셔널 연구실(US government's Oak Ridge National Laboratory) 소속이었던 저자 그레그 마랜드(Gregg Marland)는 '산림을 이산화탄소 문제의 해결책으로 바라보는 것이 비현실적일 수도 있지만, 재조림은 이산화탄소 증가에 대처하기 위해 취하는 다양한 수단 중의 한 구성요소로서 실질적으로 의미 있는 역할을 할 수 있다'는 결론을 낸 바 있다.[268] 32년이 지난 지금도 그의 판단은 유효하다.

기후 위기에 관한 2015 파리협정(2015 Paris Agreement on climate change)에 따르면, 탄소흡수원으로서의 나무는 지금 중앙 무대에 서 있다. 파리협정은 지구 온난화를 섭씨 2도보다 현저히 낮은 수준 - 바람직하게는 1.5도 이하 - 으로의 제한을 약속한바 있다. 주된 과제는 화석화된 탄소를 연소시키고 공기 중에 이산화탄소를 불어넣으며 전기, 산업, 운송 등의 에너지를 만드는 세계적인 중독을 종식시켜야 하는 것이어야 한다. 그런데도, UN의 기후변화에 관한 정부 간 협의체(Intergovernmental Panel on Climate Change, IPCC)의 과학자들은 산림으로부터의 큰 기여 없이 목표를 달성하는 것은 거의 불가능하다고 말한다. 우선, 어디에서나 여전히 배출량의 10~15%에 해당하는 열대림 파괴를 중단시켜야 한다는 뜻이다. IPCC는 또한 대기 중의 이산화탄소를 직접적으로 제거하는 방법을 찾아야 한다고 이야기 한다. 나무들이 공기중의 더 많은 이산화탄소를 광합성하게 하는 것이 이러한 '음의 배출(negative emission)'[269]을 달성할 수 있는 가장 타당성 있는 방법으로 보인다. 결국은 더 많은 나무가 필요하다는 것이다.

환경론자들에게는 흥미로운 관점이다. 자연이 구해주는 것이다. 자주 인용되는 네이쳐 컨저번시(The Nature Conservancy) 브론슨 그리스콤(Bronson Griscom)의 논문을 포함한 다른 문헌들은 그러한 '자연 기반 솔루션(nature-based solutions)'이 그 이후에는 좀 더 적겠지만 2020년대 기간 중에만 온실가스 축적 억제를 위한 현재 목표의 1/3에 이르는 최대 240억 톤의 이산화탄소를 흡수할 수 있다고 주장한다.[270] 화석연료 배출 추방이 필수적이지만 온난화가 최대 1.5도 혹은 더 이상으로 떠밀려 상승하므로 더 많은 나무는 변화를 도래할 수 있는 것이다.

천연림 복원에 대한 제대로 된 주목으로 본 챌린지 달성은 자연 기반 솔루션을 통한 온난화 억제에 주요한 역할을 할 수 있을 것이다. 조림이든 천연갱신이든 실제로 나무에 필요한 충분한 땅이 있는지는 또 하나의 해결해야 할 질문이다. 토마스 크라우더(Thomas Crowther)를 검색해 볼 필요가 있다.

30대 중반의 영국의 생태학자인 크라우더(Crowther)는 빅 데이터를 통하여 논쟁을 바꿀만한 통계치에 대한 안목을 가지고 있다. 2015년 그는 전 세계의 산림이 이전 추정에 비해 여섯 배나 큰 3조 그루의 나무를 품고 있다는 경쾌한 평가를 제시한바 있다.[271] 그 배경에는 부분적으로 취리히의 스위스 연방 기술연구소(Swiss Federal Institute of Technology)의 연구소를 가지고 자금이 풍부한 네덜란드 NGO로부터의 자금조달이 있었다.

4년간 동료인 장-프랑수아즈 바스틴(Jean-François Bastin)과 함께 전 지구상에서 이전에는 산림지역이었으나 지금은 농업이나 인간의 주거지로 사용되지 않고 있는 9억 헥타르의 면적에 1조 2천억 그루를 더 심을 수 있는 여유가 있다는 사실을 보여주는 상세한 지도분석으로 전 세계의 시선을 끌었다.[272] 그들에 의하면 그 나무들은 IPCC가 2050년까지 지구온난화를 1.5도로 제한하기 위해 필요하다고 제시한 것과 맞먹는 2천억 톤의 탄소를 흡수할 수 있다고 한다. 이는 탄소 1톤당 단돈 US 40센트로 저렴하기도 한 것이다. 그는 돈 많은 자산가들이 지불할 수 있는 수준이라고 제안했다.

유명 저널인 사이언스지에 실리면서, 매핑(mapping)과 빅데이터의 조합으로 가디언지의 첫 페이지와 다보스(Davos)의 도널드 트럼프(Donal Trump) 차기 프리젠테이션의 한 줄을 장식하게 되었다. 실제로, 조림은 2020년 스위스 리조트 다보스에서 열린 세계경제포럼(World Economic Forum)의 주제였다. 몇 달 이후, 트럼프는 미국 전역에 걸쳐 10억 그루에 달하는 조림을 약속하는 행정명령으로 후속 조치를 한바 있다. 크라우더(Crowther)는 이 모든 관심을 끌어냈다. 몇 주 후에는 또 다른 유명 저널 네이처지(Nature)가 '그의 목표는 지구를 복원시키는 것이라고 믿고 있다'는 내용을 다루었다'[273]

크라우더(Crowther)의 많은 동료들은 그의 논문과 논문을 둘러싼 출간물들을 좋아하지 않았다. 아마도 질투 때문인 것 같았다. 그들은 분명 다소 성급하다고 생각한 것이다. 뉴욕타임즈지 특집호에서 매릴랜드 대학교(University of Maryland)의 엘 엘리스(Erle Ellis)는 그의 기여에 대해 화석연료 산업의 '탄소배출에 대한 책임으로부터 관심을 돌리는 위험한 외면'이라고 재치 있게 표현한 바 있다.[274] 많은 출간물들을 추진해 왔던 크라우더(Crowther)의 대학에서도 적대적인 입장을 취하기 시작해서 몇 개월 동안 미디어에 인터뷰하는 것을 금지했다.

사이언스지는 결국 몇 페이지의 비판적인 내용을 다루었다. 수많은 비판이 떼를 지어 저격하는 듯했다. '위험한 외면'이라는 딱지를 제외하고도, 매핑에 대해 꼬투리를 잡아 댔으며 크라우더가 충분한 용수가 있는지 혹은 숲을 조성하게 될 어떤 지역에 초래하게 될 잠재적인 기후변화를 고려했는지와 같은 조림 사업에 요구되는 다른 요인들을 고려하지 않았다고 주장했다. 이와 같은 비난은 그가 다른 연구를 더 해야 했다는 것에 지나지 않았지만, 다른 비판에는 더 많은 본질적인 내용이 있다. 그가 통계치를 올리기 위해 약간의 수목이 존재하는 초원이 생태계 그 자체라기 보다는 '회복'이 도래하는 단계의 훼손된 산림이라고 너무 성급하게 가정한 것으로 보인다. 가장 큰 불만은 초원이 가장 많은 대륙인 아프리카에서 제기되었다.

미디어 단속 직전에 나는 취리히의 그의 연구실에서 크라우더와 인터뷰를 했다. 그는 그 자리에서 '그래도 우리는 아무도 이전에 해보지 않았던 일을 하고 산림 복원을 위해 잠재적으로 가용한 토지를 매핑하는 단순한 목표를 가졌을 뿐이었다. 조림을 할 수 있는 특정한 지역에 조림해야 할지 말아야 할지에 대해서는 언급한 적이 없다. 결국 토론의 시작이지 결론이 아닌 것'이라는 말을 했다. 그는 또 하나의 좋은 통계치를 가지고 있었다. 산림 복원으로 현재까지 인간 활동에 의해 대기 중에 추가된 모든 배출량의 2/3를 포집할 수 있다는 것이다.

인터뷰 이후 우리는 그가 해고되지 않도록 – 이는 언론의 독립성과는 별개로, 개인적으로 발생하기를 원하지 않는 일이었으므로 – 내가 출간할 수 있는 내용에 대해 긴 서신을 교환했다. 나는 결국 밝혀진 바와 같이, 그리고 한편으로는 용기 있는 행동이었는데, 그가 기후 정책 입안에 중대한 기여를 했다고 생각했다. 나는 코네티컷 대학교*(University of Connecticut)*의 산림 생태학자인 로빈 차즈돈*(Robin Chazdon)*의 '한계를 뛰어넘어 사람들을 흥분시킬 빅데이터와 잠재력을 제공하는 크라우더가 필요하다'는 생각에 동의한다.[275]

크라우더에 대한 비판론이 우려하는 점은 '탄소 상쇄'를 통하여 기후변화를 중단시키겠다는 대단한 요구를 하는 의심스러운 산림 플랜테이션 프로젝트들의 급증을 부추길 수도 있다는 것이다. 루이스(Lewis)가 지적하듯이 프로젝트들은 천연림에 비해서 종 다양성 측면에서 실질적인 이점이 거의 없거나 탄소 저장량이 훨씬 적을 수 있다. 설명하자면, 탄소 상쇄주의자들은 산림훼손을 방지함으로써 이산화탄소를 흡수하고 공기 중의 온실가스를 유지하기 위해 조림을 하는 프로젝트들을 수립한다. 그들은 과학적 전문 인증인이 프로젝트로 인해 대기 중의 이산화탄소가 얼마나 감축되었으며 이러한 혜택을 대기오염을 유발하는 사업자들에게 탄소배출권의 형태로 판매할 수 있도록 하고 구매자들은 자신의 배출량을 감소시켜야 하는 의무를 회피하는 데 사용할 수 있게 한다. 이러한 배출권에 대한 글로벌 마켓이 증가하고 있고, 사업자들은 대개 배출 제한을 직접적으로 준수하는 것보다 저렴한 경우 구매할 수 있다. 이러한 탄소 IOU에 대한 신뢰성에 달린 것이다.

몇 가지 작지 않은 의문점이 있다. 첫 번째, 한번 나무가 심어지면 얼마나 영속적일 수 있는가? 절대 자라지 않거나 신속하게 훼손되지 않을 상상 속의 숲이 될 수 있을까? 쓸모가 있으려면 불도저나 기계톱 혹은 산불에 굴복되지 않고 수십 년간 이산화탄소를 흡수해야 한다. 둘째, 새로운 나무들이 심어졌는지, 아니면 자연적으로 그 땅 위에서 자라났는지 어떻게 알 수 있을까? 셋째, 나무를 보호하기 위해 탄소배출권이 할당되었을 때, 그렇지 않았다면 반드시 베어졌을 것이라고 어떻게 가정할 수 있을까? 때때로 배출권이 영향력이 있다는 증거가 놀라울 정도로 부족한 경우가 있다. 400개 이상의 산림 탄소 상쇄 프로젝트에 대한 2015년의 연구에서는 탄소배출권의 1/4이 최소한 부분적으로는 이미 보호되고 있는 지역을 위해 발행되었다고 판단한바 있다.[276] 그렇다면 추가적인 혜택은 어디로 간 것일까? 일상적인 보호는 일상적인 오염을 허용하게 되는 위험인 것이다. 특정한 산림을 보호하기 위해 자금을 지원한 배출권으로부터 추가적인 현금이 없었다면 벌채되었을 그 산림의 보호가 실질적인 것이라고 해도 여전히 또 하나의 의문이 있을 수 있다. 벌채 업자나 농장주들이 지장을 받았다고 대신에 순순히 다른 곳으로 옮겨가 다른 나무들을 베었을까? 또, 그렇다고 하더라도 대기는 얻는 것이 없을 것이다. 조림은 문제의 일부일 뿐이다.

*

이러한 모든 것에 대한 가정은 나무가 이산화탄소를 흡수하고 물을 순환시키는 등 기후에 좋은 영향을 끼친다는 것이다. 이는 일반적으로 사실이다. 그러나 항상 그런 것은 아니다. 북극의 거대한 북부 산림에서 우리가 살펴본 바와 같이, 산림의 어두운 수관 색에 의한 온난화 영향은 탄소 흡수로 인한 냉각 효과를 넘어선다. 예를 들어 사막과 같은 지역들이 있다. 사막에서는 거의 나무들이 빽빽하게 자랄 수는 없기 때문에 좋은 영향보다는 해를 끼치는 점을 조심해야 한다.

텔 아비브(*Tel Aviv*)로부터 2시간 거리인 헤브론 산(*Mount Hebron*)의 남쪽 사면에 있는 야티어 숲(*Yatir Forest*)은 이스라엘에서 가장 큰 인공 조림지이다. 텔아비브(*Tel Aviv*)보다 약간 작은 지역에 걸쳐 4백만 그루의 나무들이 펼쳐져 있다. 알레포 소나무(*Allepo pine*)로 빽빽한 산림은 연한 노란 빛의 네게브사막(*Negev Desert*)에 인접한 다소 어두운 녹색의 반점으로 보인다. 나무들 사이로, 동쪽으로는 사해(*Dead Sea*), 북쪽으로는 팔레스타인의 웨스트 뱅크(*Palastinian West Bank*), 남쪽으로는 네게브(*Negev*)를 거쳐 베르세바(*Be'er Sheva*)의 도시 쪽 광경이 펼쳐진다. 배두인족(*Bedouin*)이 양들을 풀 먹이고 있는 그 너머에 태양광발전소가 안개 사이로 반짝이는 것이 보였다. 그 어딘가에 이스라엘 디모나(*Dimona*)의 비밀 원자로와 무기고가 있을 것이다.

어떤 사람들에게 이 숲은 세계의 사막을 녹화하는 모델이 될 수도 있다. 사하라에서 호주 북부, 보츠와난 칼라하리(*Botswanan Kalahari*)부터 칠레 아타카마(*Chilean Atacama*)에 이르기까지 조림 사업으로 기후변화를 막으려고 하는 세계적 노력의 맛보기가 될 수도 있다. 이스라엘 과학자들은 그러한 산림이 사막에 수분을 공급해서 인간의 간섭없이 천연림이 자랄 수 있다고 말한다. 궁극적으로 1조 그루 나무의 꿈이 될 수 있는 것일까? 아니면 사막의 신기루 같은 것일까? 내가 확인하러 온 것이다.

건조한 이스라엘에서 나무는 생태학적인 만큼 문화적으로도 꽤 중요하다. 세계의 많은 이스라엘인들과 유대인 디아스포라(Jewish Diaspora)들은 매년 '나무의 새해(holidays of trees)'인 투 비슈밧(Tu BiShvat)을 축하한다. 한 과학자가 나에게 말했다. 숲을 만드는 것은 '우리가 여기에 있다는 것을 알리는 방법(a way of saying we are here)', 사막을 영원히 이스라엘 국가의 일부로 만드는 것과 같다. 나무를 심는 것은 사랑하는 사람을 기리는 보편적인 방법이다. 이스라엘에서 가장 오래된 보호 그룹인 이스라엘 자연보호협회(Society for the Protection of Nature in Israel, SPNI)의 제이 쇼펫(Jay Shofet)은 텔 아비브(Tel Aviv)의 그의 사무실에서 '사실상 시온주의적 계명(Zionist commandment)'이라고 말했다. '녹화된 이스라엘의 이미지는 늘 선의의 시온주의자(Zionist)들의 상상력을 불러일으켰습니다.'

야티어 숲(Yatir Forest)의 조림은 웨스트 뱅크(West Bank)와의 경계에 맞서 이스라엘령의 한 지역의 녹화와 점령을 위한 광범위한 노력의 일환으로 1964년에 시작되었다. 1901년 시오니스트(Zionist) 발기를 위한 토지를 매입하기 위해 설립된 비영리 단체인 케렌 게에메드 르이스라엘-유대 국가 펀드(Keren Kayemeth Lelsrael - Jewish National Fund, KKL-JNF)에 의해 수행된 것이다. 모두 합쳐서, 네게브(Negev) 및 기타 지역의 십만 헥타르에 걸쳐 2억 5천만 그루의 조림을 완료했다.

야티어 산림(Yatir Forest)은 단지 사막 모래에 이스라엘인의 흔적을 남기고자 하는 것이 아니다. 사막을 되돌리고, 토양에 수분을 채우고, 베르세바(Be'er Sheva)의 홍수를 막고, 특히 사막 대기 중의 이산화탄소를 포집하여 기후변화와 맞서기 위한 환경적 개선을 위한 요구인 것이다. 텔 아비브 대학교(Tel Aviv University)의 공공정책부문 알론 탈(Alon Tal)은 야티어 숲이 연간 25센티미터의 강수량만을 가진 지역에서 '토양내 탄소 함량을 극적으로 증가시키고 많은 아름다운 공원을 만들어냈다'고 한다.

조금 더 들여다보기 위해, 어느 날 아침 20여 년간 산림을 관찰한 와이즈맨 과학연구소(Weizmann Institute of Science)의 연구원들과 만났다. 박사 과정의 학생 야키어 프라이슬러(Yakir Preisler)는 주간 여행에 나를 데려가 주었다. 레호보트(Rehovot) 연구소 본부로부터 관개시설이 된 지역을 지나고 점점 건조해지는 초원을 지나 이스라엘과 웨스트 뱅크(West Bank)를 분리시키는 울타리 바로 맞은편에 조성된 숲으로 달려갔다. 이곳은 생태학적 영역일 뿐 아니라 군사지역이었다. 산림 관리인이 일하는 건물은 현지에서 요새로 알려져 있다. 그러나 프라이슬러(Preisler)는 독립 연구원이었으며 우리는 그의 울타리가 쳐진 숲속의 이동식 연구실로 향했다.

그는 우리에게 숲속의 수백 그루의 나무에 설치된 측정 장치들을 보여주었다. 그들은 나무의 성장과 수액의 흐름, 잎의 온도, 광합성과 증산 속도를 포함한 생리 상태를 체크한다. 마치 마나우스(Manaus) 외곽의 아마존 상층 높은 탑의 낮은 버전인 나무보다 약간 더 높게 솟은 탑에는 숲의 호흡을 측정하기 위한 장치가 달려 있다.[277]

이 숲은 지중해의 습한 지역에 천연림으로 발견되는 알레포 소나무(Aleppo pine trees) 단순림이다. 나무들은 이곳의 가혹한 사막 조건에 적응해야 했다. 프라이슬러(Preisler)에 의하면 '예를 들어, 나무들은 그리스에서와 다른 모습을 보인다.' 나무들은 광합성을 위한 수분이 있는 짧은 습한 봄철에는 '미친 듯이 자라고', 그 후 연중 다른 철에는 정지한다. 그는 지구온난화의 관점에서 예측하기를 '이는 향후 몇십 년간 남부 유럽의 산림이 어떻게 변모할 것인지 보여주는 것'이라고 했다.

그러나 이러한 적응에는 한계가 있다. 이 소나무가 지금 이스라엘내 식생지역의 가장자리에 있다 해도 앞으로 수십 년 동안 살아남을 수 있을까? 프라이슬러(Preisler)에 의하면 연중 계속되었던 2010년의 가뭄으로 야티어 식생의 10%가 고사했고, 80%이상이 사라졌다.[278] 우리는 남겨진 불모지역 중 한 곳을 조사하였다. 거의 십 년이 지나도 새로운 싹이 트는 징후를 볼 수 없었다. 숲은 새로운 조림을 하지 않고서는 기존 식생의 수량 이상 생존할 것 같지 않았다.

최소한 그 산림은 탄소를 포집하고 땅의 온도를 식히고 있다. 아니면 내 상상일 뿐이었다. 와이즈맨 과학 연구소(Weizmann Institute of Science)로 돌아오니 프라이슬러(Preisler)의 상사이자 산림과 대기 간 상관관계에 대한 전문가인 댄 야키어(Dan Yakir)는 다른 생각을 하고 있었다. 그가 야티어 산림(Yatir Forest)이 어떤 이유에서든 온난화를 초래해 왔다고 추산했다. 식생의 생장은 분명 이산화탄소를 흡수한다. 충분히 성장하면, 숲 속의 나무 한 그루는 최종적으로 500~800kg의 탄소를 저장한다는 KKL-JNF의 의견이 맞을 것이다.[279] 봄의 짧은 생장 기간에는 적게나마 증산작용이 일어난다. 그것이 가끔 추가적인 냉각 효과를 가져온다. 알베도(albedo)가 문제인 것이다. 네게브(Negev)의 가장자리에서는 야티어 숲 수관 층 나뭇잎의 어두운 색이 사막 표면의 반사작용을 하는 밝은색을 대체해 버린다. 그래서 수관 층은 모래사막보다 더 많은 태양의 복사 광선을 흡수하게 되는 것이다. 에너지는 열의 형태로 공기 중에 방사되어 국지적인 대기 온난화를 초래하게 된다. 산림의 수관과 하얀 눈이 대조를 이루는 시베리아의 겨울과 같은 것이다.

그래서 어떤 효과가 더 우세일까? 식생에 의한 탄소흡수 영향은 전 지구적이고 누적이 되는 한편, 알베도 온난화 효과는 지역적이고 지속적이기 때문에 계산이 복잡하다. 초기 연도에는 온난화가 우세할 수밖에 없다. 그러나 자연재해만 없다면, 매년 생존하여 성장해 나가면서 식생들은 지구를 위해 더 많은 탄소를 저장하고 더 많은 냉각 효과를 제공하게 된다. 누적되는 냉각 효과가 꾸준한 온난화 효과를 넘어서는 교차점이 있어야 한다. 그래서, 야티어 산림이 아직 교차점을 넘어서지 못했을까? 야키어(Yakir)는 아직 도달하지 못했다고 말한다. 그는 야티어 숲의 냉각 효과가 온난화 효과를 넘어서는 데 총 80년 동안 식생이 자라야 할 것이라고 예측한다. 다시 말하면, 식생들이 오랫동안 생존한다고 가정할 때, 2040년대가 되어야 한다는 것이다. 그렇게 되지 않을 수도 있는데, 기후모델은 네게브의 강수량 감소와 더 잦은 가뭄으로 산림이 쇠퇴하여 탄소를 공기 중으로 되돌려 보낼 것으로 예측하기 때문이다.

야키어가 이단자는 아니다. 야티어 숲에 관한 그의 작업은 이스라엘 산림 압력단체들이 수년간 인용해 온 바 있다. 내가 방문했던 2019년에는 지구과학 분야로 이스라엘 상을 받기도 했다. 그렇기 때문에 이러한 새로운 예측은 그의 팬들에게는 다소 충격이었다.

야티어 숲의 사례는 무간섭 성장이 불가능한 지역에 있어서 조림 사업의 필요성에 대한 증가하는 우려를 더욱 부추길 것이다. 그 우려들은 기후적으로 뿐만 아니라 생태적인 관점으로 놀라울 정도의 많은 이스라엘 환경주의자들이 제기하고 있다. 그들은 지역 사람들이 지역 녹화사업이라는 명분으로 조림하는 식생들이 실제로는 고유한 지역 생태계를 말살시킬 것이라고 주장한다. SPNI에서 쇼펫*(Shofet)*은 '대부분의 이스라엘은 종 다양성 측면에서 높은 가치를 지닌 관목지 생태계를 이룬다'고 말했다. 이스라엘로 이주하기 전에는 뉴욕에서 자랐던 그는 '저는 유대계 미국인들이 여기에 조림 사업을 하는 것을 중단시키고자 하는 간절한 마음을 가지고 있다'고 말한다.

그는 내게 실정을 알려주기 위해 동료인 종 다양성 책임자 알론 로스차일드*(Alon Rothchild)*를 불렀다. 야티어 숲은 사막과 지중해 생태계가 만나 '이스라엘에서 가장 위협받는 서식지와 생물종'을 지닌 지역에 위치하고 있다.[280] 그는 목록을 가지고 있었다. 야티어 숲의 조림 사업으로 다크브라운 아이리스*(dark-brown iris)*, 희귀 자생 수선화(*Allium kollmannianum*으로 불림), 야생 밀 종의 가장 남쪽에 있는 개체군의 서식지가 감소하였다. 바늘꼬리사막꿩*(pin-tailed sandgrouse)*와 흰목솔새*(spectacled warbler)*와 같은 관목 둥지 새들과 같은 몇몇의 땅속이나 관목에 둥지를 틀고 사는 새들은 나무 위에서 노리고 있던 까마귀와 어치의 먹잇감이 되어 역시 감소하였다. 나무는 또한 베르세바*(Be'er Sheva)* 자생종인 프린지 핑거 도마뱀과 같은 파충류가 필요로 하는 햇빛을 가로채기도 한다. 이러한 수많은 생물종이 공식적으로 보호되고 있다. 그러나 로스차일드*(Rothschild)*는 내가 코멘트를 요청한 것도 거절한바 있는 KKL-JNF가 서식지를 훼손시킨 점에 대해 아무런 설명이 없다고 주장하고 있다.

이는 단지 사막만의 문제가 아니다. 천연 초원과 같이 이전에 식생이 거의 없던 곳에 조림하는 것은 항상 신중할 필요가 있다. 나무에 애착을 갈은 사람들은 '풀밭뿐이군'이라고 이야기할 수 있지만 브라질의 세라도*(cerrado)*에서 남아프리카 공원과 네게브 가장자리의 건조 관목숲에 이르는 곳에서 초원은 생태학적 사금이다. 자체적인 풍부한 탄소저장소를 보유하고 있기도 하다.

아프리카에서 1억 헥타르에 이르는 대부분 초본류로 이루어진 생태계가 본 챌린지*(Bonn Challenge)* 정책하에서 산림복원 대상지로 지정되었는 데, 케이프타운 대학교*(University of Cape Town)*의 윌리암 본드*(William Bond)*의 주장에 따르면 '이들의 생물계*(biomes)*가 훼손되고 황폐해졌다는 잘못된 가정'에 근거한 것이다.[281] 리버풀 대학교*(University of Liverpool)*의 케이트 파*(Kate Parr)*에 따르면 식물이나 동물의 생물종들은 개방되어 있고 조명이 밝은 환경을 선호한다.[282] 그녀가 언급하는 것은 사자나 코끼리, 들소와 영양들을 의미한다. 아프리카의 사바나 초원은 3억 명에 이르는 사람들의 일터이면서 전 세계의 30%에 이르는 탄소를 저장한다.

중국의 사례에서 본 바와 같이 잘못된 지역에 조림된 식생들은 지역 수문학을 바꿔 놓는다. 그렇다. 수분을 공기중으로 증산시켜 플라잉 리버를 유지하고 강우를 확보한다. 그렇다. 운 좋게도 나무들은 토양과 뿌리를 함께 연결하고 하천으로 흘러 들어가는 물을 조절하며, 홍수를 저지하고 가뭄에는 하천의 수위를 유지할 것이다. 그러나 생태계와 인간에게 필수적인 하천과 지하수위에 수량이 적게 되면 불가피한 비용이 발생한다. 식생이 없던 곳에 조림하는 것은 막대한 관리가 요구되고 대체로 피하는 것이 좋다는 결론이다. 환경 측면으로는 장점보다는 단점이 많은 것이다.

결국, 전 세계 사막과 초지에 걸쳐 더 많은 나무를 심는 방법이 아니라면, 지구를 어떻게 다시 녹화할 수 있을 것인가? 대부분의 장소와 대부분의 시간에 있어서 가장 좋은 해결책은 전혀 심지 않는 것이다.

16

자라게 하라

Let Them Grow

자연만이 1조 그루의 나무를 심을 수 있다

Only Nature Can Plant a Trillion Trees

아마존에 대해 들어보지 못한 이야기가 있을 것이다. 나는 확실히 못 들었다. 산림벌채 중에도 열대우림의 거대한 지역은 다시 자라나고 있다. 자연적으로... 2020년 초, 리즈대학교*(University of Leeds)*의 지리학자 윤시아 왕*(Yunxia Wang)*은 대부분의 뉴스 보도에서 알 수 있듯이 개간과 산불로 인해 원시림*(primary forest)*이나 온전한 산림*(intact forest)*이 없는 경우가 점점 많아지고 있다는 보고서를 썼다. 산림에서 사라지고 있는 대부분의 나무들은 겨우 몇 년 된 어린나무들인 것이다. 그 나무들은 최근 벌채된 지역에서 다시 자라고 있다. 이것이 벌채의 끔찍한 규모를 줄인 것은 아니었다. 자연의 회복 능력을 말하고 싶은 것이다. 현대 아마존 벌채의 극단적인 상황 속에서도 숲은 인간의 침해 이후에도 여러 차례 반복했던 재생이라는 것을 시도하고 있다. 이는 약간의 기회라도 주어지면 자연이 영토를 되찾을 것이라는 사실을 강조하는 것이다.

왕*(Wang)*은 브라질의 새로운 지도 데이터를 이용해서 그녀가 가진 상세 데이터의 마지막 날짜인 2014년을 기준으로, 벌채되고 있는 산림이 2000년에 비해 두 배에 이르는 비율인 72%가 최근 갱신된 것을 보여주었다.[283] 마지막 벌채 후 일반적으로 단 6년이 소요되었는데 해마다 기간이 짧아지고 있다. 반세기 전 본격적으로 시작된 벌채 이후 어떤 곳은 1/3, 1/4 심지어

1/5의 시간만으로도 녹화되고 있다.

그런 측면에서, 이러한 현상은 매우 이상해 보인다. 왜 가축 목장업자들은 숲을 벌채하고 자라게 한 다음 다시 또 벌채하는 것일까? 우리가 열대우림 토양에 대해 알고 있는 사실과 이는 맞아떨어질 것이다. 한번 벌채하고 목초지를 위한 파종을 하면 금방 고갈된다. 몇 년이 지나면 풀은 더 이상 자라지 않는다. 목장업자들은 그 땅을 포기하고 다른 숲을 벌채하기 위해 이동한다. 왕(Wang)이 처음으로 측정한 것은 고갈된 토양일지라도 버려진 목초지가 나무를 회복시키는 한도이다. 재생은 성숙한 열대우림으로 즉각적으로 변모하지 않고 시간이 걸리므로 그 누구도 세계에서 가장 큰 열대우림에서 오늘날의 전례 없는 생태적 학살로 인한 위협을 부인할 수 없다. 하지만 왕의 데이터는 예측했던 것보다 훨씬 더 빠르게 회복되는 산림의 능력을 보여주었다. 브라질이 천 2백만 헥타르의 산림을 2030년까지 복원하고자 했던 보우소나루 이전(pre-Bolsonaro)의 약속으로 되돌리고자 한다면 아마존에서 천연갱신에 의한 이차림이 자연스럽게 다시 자랄 수 있도록 하는 것만으로도 쉽고 적은 비용으로 목표를 달성할 수 있을 것이라는 점에 대해 정책 입안자들도 왕의 연구를 감사하게 생각한다. 조림작업이 필요없는 것이다.

아마존에서 일어난 일은 글로벌 녹화를 위한 경로를 찾는 핵심이 될 수도 있다. 본 챌린지(Bonn Challenge) 서약과 탄소 상쇄의 트릴리온 - 트리 프로그램의 모든 이야기에 대해 다른 방법이 있다는 것이 분명해지고 있는 데, 바로 단순하게 스스로 자라게 하라는 것이다. 앞 장에서 살펴본 바와 같이 알칸사스 대학교(University of Arkansas)의 필립 커티스(Philip Curtis)는 산림의 손실 중에서 단지 1/4 정도의 토지만 인간이 영구적으로 인수하는 결과를 초래한다고 추정한바 있다.[284] 산불이나 경작지로의 전용 혹은 벌채와 같은 나머지의 대부분은 자연적인 복원에 대한 최소한 잠재력을 가지고 있다.

본 첼린지를 지원하기 위해 설립된 학계 및 기타 네트워크인 산림 경관 복원 글로벌 파트너십(The Global Partnership on Forest Landscape Restoration)은 지구에 호주(Australia) 크기의 면적인 20억 헥타르에 이르는 황폐지가 있다고 측정하였다. 그중에 1/4은 미래에 독립적인 숲으로 다시 자랄 수 있고 나머지는 숲이 농경 지역에 묻혀 들어가는 '모자이크' 복원('mosaic' restoration)에 적합하다고 예상한다. 숲의 대부분은 이미 훌륭한 생태적 가치를 지니고 있고 지금도 다시 자라나고 있다. UN은 어느 한순간에도 자연 재생 중인 과거 열대우림 지역이 8억 헥타르에 이른다고 추정한다. 메사추세츠(Massachusetts)의 우즈홀 연구센터(Woods Hole Research Center) 리차드 휴튼(Richard Houghton)은 이런 숲들이 다시 자라게 된다면 60년에 이르도록 매년 30억 톤의 탄소를 포집하여 잠재적으로는 '화석연료가 없는 세계로의 연결다리를 제공'할 것이라고 예측한다.[285]

이 모든 자연 재생이 어디서 일어나고 있는 것일까? 우리는 이미 유럽과 북미의 버려진 농장들에 대해 들어본 적이 있다. 산림황폐가 어디서나 지속되고 있는 열대지역에도 꽤 포함되어 있다. 이러한 재생은 다양한 형태를 띨 수 있고 '온전'하거나 그 이전의 복사판으로서의 검열은 동과되시 못할 수도 있다. 물론, 주로 보호지역 내에서 벌어지는 일이다. 하지만 훨씬 광범위하다. 널리 퍼져 있으며 눈에 잘 띄는 곳에 끊임없이 가려져 있는 것이다.

임업 활동이 다소 특별한 곳을 찾아 세계 곳곳을 돌아다니다 보면, 차를 몰면서 산림복원을 위한 푸르른 싹의 저력을 지나쳐 버리곤 했다는 것을 깨닫게 된다. 이는 주로 초지 가장자리와 버려진 목장, 덤불과 숲 가장자리에서 발생한다. 사람들은 정상적인 숲이 아닌 '관목(bush)'이나 '덤불(undergrowth)'이라고 일축한다. 이는 잘못된 것이다. 생태학자들이 '천이(succession)'라고 부르는 과정을 거치고 있는 정상적인 숲의 소재인 것이다. 자연에 덧붙여진 것처럼 보일 수 있지만, 원동력인 것이다. 우리 인간이 갑자기 지구를 떠나게 된다면 자연이 그다음에 할 일인 것이다. 자연은 생태학적 공백을 꺼리고 서둘러 채우려는 성질이 있다.

잘 알려지지 않은 푸에르토 리코(Puerto Rico)의 캐리비언 섬(Caribbean island)의 성공담을 들어 보자. 루트거 대학(Rutger University)의 토마스 루델(Thomas Rudel)에 의하면, '전 세계 어느 곳이든지 비율적으로는 가장 넓은... 산림 복원'인 것이다.[286] 아마도 들어보지 못했을 것이다. 많은 산림 과학자도 잘 모르는 것이다. 그 성공담은 익숙한 방식으로 시작된다. 15세기 말 스페인 사람들이 나타나기 전, 푸에르토리코의 원주민 뱃사람들은 숲을 최대한 온전하게 내버려두었다. 그러나 그다음 세기에 정복자들이 나무 대신에 낮은 지역에는 설탕 농장을, 중심 산악지역에는 커피를 심은 것이다. 설탕 생산은 1898년의 스페인-미국 전쟁을 거쳐 미국 통제 이후 최대치에 달하게 된다. 20세기 중반까지 식생 피복률은 단 9%에 그쳤다.

설탕과 커피 수출시장이 줄어들고 농장들은 버려지게 되었다. 오퍼레이션 부트스트랩(Operation Bootstrap)으로 알려진 섬을 값싼 노동력의 작업장으로 변모시키기 위한 한 US 프로그램이 소규모 경작인과 가축을 치는 사람들이 땅을 버리고 도시의 공장들로 교외 지역을 떠나도록 성공적으로 설득해 냈다. 그 뒤에 사람들의 미국 이민이 시작되었다. 이러한 인구 감소 추세 속에서 나무들은 고지대 커피 농장에 가장 빨리 돌아오기 시작했으며 나중에는 설탕 농장들과 목초지까지 확산하였다.[287] 세기 말에는 산림 피복률이 약 50%까지 복구되었다. 그 중에 어떤 한 그루도 누가 심은 것이 아니었다. 오퍼레이션 부트스트랩이 푸에르토리코 사람들보다 자연을 위해 더 많은 것을 해낸 것으로 보인다.

적어도 푸에르토리코의 주변에만도 농촌 이탈(rural exodus)과 자연 회복에 대한 많은 사례를 볼 수 있다. 로스앤젤레스 캘리포니아 대학교(University of California)의 수산나 헤크트(Susanna Hecht)의 말에 의하면, 작지만 인구가 과밀한 엘살바도르(El Salvador)는 한때는 '인구와 생태적 재앙의 맬서스 우화(Mathusian parable)'로 여겨졌던 적이 있다.[288] 1980년대 국가의 시민전쟁 동안 갈등으로 인해 버려진 지역들이 숲으로 회복되었다. 1990년대 그 회복 후에 쿠투마요 늪지(Cutumayo basin) 마을 사람들은 숲을 보호하고 계속 복원시키자는 결정을 했다.[289] 그 결과 1978년에는 18%의 산림 피복률이 2004년에는 61%까지 회복되었다. 헤크트(Hecht)는 숲을 되찾기 위한 압박이 미국으로의 많은 탈출로 인해 감소했다고 말한다. 돈을 벌어 고향으로 보내면서 남아 있는 사람들이 더 이상 먹거리를 재배하지 않았다. 국가적으로는 약 40%의 산림 피복률 증가가 있었다.

아마존에서는 여전히 재성장이 산림벌채보다 더디지만, 브라질의 다른 대규모 산림인 동부 브라질의 건조 열대 아틀란트 포레스트(Atlantic Forest)는 일정 부분 회복을 보여준 바 있다. 제일 적을 때는 단지 12%만 남아있었다. 대부분 커피와 소를 위해 벌채되었다. 그다음에는 플랜테이션 기업들이 상파울루와 다른 도시들의 펄프 제지 수요에 공급하기 위해 소나무와 유칼립투스를 심었다. 유칼립투스로 펄프를 만드는 세계에서 가장 큰 기업인 수자노(Suzano)는 10만 헥타르를 소유하고 있다. 좀 더 최근에는 옛 산림의 1/3을 복구하기 위한 정부와 지주들 간의 협력인 아틀란틱 포레스트 복원 협정(Atlantic Forest Restore Pact)의 가이드 아래 자생 수종으로의 전환이 있었다.

리우 데 자네이로 연방 대학교(Federa University of Rio de Janeiro)의 카밀라 레젠데(Camila Rezende)는 모든 투자, 수익과 약속된 일자리에 대한 기대를 뒤로 하고 아틀란트 포레스트(Atlantic Forest)에서의 재녹화(regreening)는 대부분 자연 복원되었으며 앞으로도 자연 복원으로 진행될 것이라고 말한다.[290] 지난 단편적인 파괴는 버려진 땅에 다시 씨앗을 뿌려 점유하게 될 숲의 잔여물과 가까운 버려진 땅의 필지들이 많다는 것을 의미한다. 그녀에 의하면, 1996년 이래로 약 2.7 헥타르의 아틀란틱 포레스트가 자연적으로 갱신되었다고 한다. 대부분이 기존의 숲에서 몇백 미터 이내인 것이다. 이러한 재성장은 산림 필지들을 엮어 더 큰 산림 구역을 만들어 낸다. 이러한 2차 성장이 거의 전체 산림 면적의 1/10에 달한다. 그녀는 그 지역이 2035년까지 두 배가 될 수 있다고 생각한다.

어떤 생태학자들은 이차 성장은 한번 잃어버린 것을 되찾을 수 없을 것이라고 주장하며 황폐화 이후의 이차림이 갖는 장점을 무시한다.[291] 그러나 앞에서 살펴본 바와 같이 이차림은 큰 종 다양성을 지니고 상당한 양의 탄소를 포집할 수 있다.[292] 성장만 할 수 있게 한다면 양쪽 모두 훨씬 더 많이 보유할 것이다. 황폐해지고 버려진 땅으로 보일 수 있는 것이 실제로 최첨단의 글로벌 산림 녹화인 것이다. 자연적(무간섭) 산림복원에 의한 탄소 포집 잠재력을 판단하기 위한 첫 번째 구체적인 시도로서 UN의 IPCC 보고서에서 가정한 재성장률이 1/3 정도 과소평가 되었음을 찾아냈다. 기후변화를 늦추려는 조림 프로젝트를 만들기 위한 급한 움직임들 속에서 인간의 조력없이 재성장시키는 자연의 힘이 심각할 정도로 과소평가되어 온 것이라고 연구의 책임자인 네이처 컨저번시(The Nature Conservancy)의 수잔 쿡 – 패튼(Susan Cook-Patton)이 나에게 말했다.[293]

자연적 산림복원의 강력한 옹호자로서 그 방법론에 대한 바이블인 『이차 생장(Second Growth)』이라는 책을 쓴 코넥티컷 대학(University of Connecticut)의 로빈 채즈던(Robin Chazdon)은 생태학적으로 거의 어떤 상황에서도 조림보다는 자연적 재생장이 더 우수하다고 주장한다.[294] '어떤 우세종을 선택할지를 자연에 맡겨두는 것이 지역 적응과 높은 기능적 다양성을 갖도록 한다'고 그녀는 말한다. 더욱이 산림은 이전 20년 전 종 다양성의 80%수준, 이전 50년 전과는 흔히 100%수준으로까지 '현저한 속도'로 복원한다.[295] 특히 조건이 바뀌면 자연은 과거와는 다른 것을 선택하곤 할 수 있는데 이는 자연의 역동성과 탄력성에 대한 신호로서 방해하기 보다는 유도해야 하는 것이다. 산타 크루즈(Santa Cruz)의 캘리포니아 대학교(University of California)의 카렌 홀(Karen Holl) 역시 '고도로 황폐해진 토지의 경우 조림이 필요하기도 하지만 가장 큰 비용이 들고 보통은 성공적이지 않기 때문에 마지막 수단으로 검토되어야 한다'는 의견에 동의한다.[296]

일반적인 조림은 일단 묘목 비용, 정지 작업, 파종, 간벌 등의 작업을 포함하여 헥타르당 수천 불의 비용이 든다. 자연이 알아서 더 잘 한다면 간섭할 이유가 없다. 이는 전 세계 모든 사례의 100개 프로젝트가 넘는 열대우림 복원 사업에 대한 보고서를 분석한 리우 데 자네이로 연방 대학교(Federal University of Rio de Janeiro) 레나토 크루자일레스(Renato Crouzeilles)의 결론이다. 자연은 더 훌륭한 수관률(canopy cover), 입목밀도(tree density), 종 다양성과 산림 구조를 제공했던 것이다.[297] 부가적인 '강화(enrichment)' 조림은 위기 수종을 보호하기 위해 유용할 수도 있다고 설명한다. 하지만 산림이 영리하다고는 해도 인위적으로 심은 경우는 점유하고 있는 위치에서 자연에 의해 선택된 나무들보다 적합하지 않았다. 아무리 훌륭한 목적인 경우에서도 조림은 실패하곤 한 것이다. 해안을 보호하기 위해 망그로브를 심도록 공동체에 수년간 자금지원을 한 웨트랜드 인터네셔널 비영리기구(NGO Wetlands International)는 그러한 대부분의 프로젝트가 실패하고 해안침식을 감소시키는 것과 같은 자연적인 재생을 위한 환경조건 개선이 가장 좋은 접근법이라는 결론을 낸 바 있다.[298]

자연의 선택은 당연히 예측이 불가능하다. 환경이 변하면 자연도 변한다. 푸에르토리코에서는 버려진 플랜테이션의 통제권을 되찾은 대부분의 나무가 섬의 고유 수종들이 아니었다. 첫 번째 침입 수종은 열대 아프리카의 건조한 산림지역의 고유 수종인 아프리카 튤립나무(African tulip tree)였다. 화려한 오렌지색 꽃 때문에 섬 전역 정원과 뒤뜰에 널리 심어져 왔다. 이후, 버려진 농장으로 옮겨갔고, 발 디딜 곳이 없을 정도로 급속하게 퍼져나갔다.

외래 수종에 관한 책에서 나는 처음에 푸에르토리코 산림 회복의 궤변 같은 스토리에 대해 쓴 바 있다. 그것은 이러한 대량 군락 기술이 자연이 인류의 파괴로부터 회복을 위한 비약적인 시동이 요구되는 경우에 이와 같은 생태학적 교란 수종을 비난해야 하는지에 대한 의문이었다. 그러나 지금 그 섬에서는 상황이 변하고 있다. 외래 수종은 자생 수종들이 다시 돌아올 수 있을 정도로 토양을 개선한 것이다.[299] 궁극적으로 자생 수종들은 허리케인 덕분에 승리할 수 있었다. 1998년 허리케인 조지(George)가 섬을 할퀴고 지나가면서 캐리비언(Caribbean)의 강한 바람에 적응이 되지 않았던 많은 튤립나무가 제거되었다.[300] 그 여파로 자생 수종들이 활착할 수 있게 되었다. 섬 나무 전체의 1/4이 쓰러졌던 2017년의 허리케인 마리아(Maria) 이후에 같은 현상이 더 큰 규모로 나타날 것이다.[301] 자생 수종들 보다 외래 수종들의 피해가 더 컸는지에 대한 조사는 아직 이루어지지 않았다. 우리는 더 긴 안목을 가지고 자연이 결정하는 바를 지켜봐야 한다.

우리가 나무를 위한 공간만 제공하면 거의 어느 곳에서나 나무들은 돌아온다. 심지어 극심한 대기오염이나 방사능도 장애가 되지 않는다. 우크라이나 북쪽의 체르노빌 원전 사고 근처의 30Km의 폭발 지역의 목격담이다. 1986년의 사고 이후 키에프(Kiev) 정부는 원전 주변의 울창한 숲과 습지의 방사능을 완벽하게 제거하는 것은 불가능하다는 결론을 낸 바 있다. 정부는 그러한 이유로 봉쇄 정책을 폈다. 방사능 지역의 오염된 늪지와 숲을 운명에 맡겨버린 것이다. 자연은 도전을 받아들였다.

피해를 당한 원자로에 근접한 모든 생물이 멸종되었다. 울타리 바로 넘어 소나무 숲이 몇 시간 만에 고사하였다. 심지어 지렁이들도 사라졌다. 그런데 수십 년간 인간의 주거가 금지되었던 폭발 지역의 다른 곳에서는 소나무숲이 복원되어 번성했다. 버려진 마을에 침입 수종이 들어가 폭발지역의 2/3를 뒤덮어 버렸다. 소나무 숲은 야생동물의 개체수를 늘려갔다.

우크라이나 정부의 체르노빌 방사 생태학 센터(Chernobyl Radioecology Centre)의 과학 담당 임원인 세르게이 가스사크(Sergey Gaschak)가 숲이 무성한 길을 몰아 사고 후에 대피한 113명의 마을 주민 중 한 명인 부랴코프카(Buryakovka)의 난파된 잔해로 데리고 갔다. 낙진 지도는 그곳이 방사능의 진원지임을 보여주었다. 그래도 두 개의 카메라를 설치해 보니 지나가는 동물들이 셔터에 걸렸고, 카메라 메모리를 꺼내 노트북에 넣었다. 1990년대에 사고 지역으로 방사된 무리 중 일부인 프르제발스키말(Przewalski's horses)의 행렬과 여우, 무스, 야생 돼지, 소나무 담비, 늑대, 미국 너구리, 오소리, 썩어가는 몇 마리의 수컷 붉은 사슴이 나타났다. 그는 지금은 차단지역에 방사능이 없는 인접 보호지역보다 더 많은 곰과 늑대가 있다고 말했다. 동물들은 분명 방사능을 좋아하지는 않지만, 사람들이 없는 곳은 좋아한다. 방사능 숲은 가스사크(Gaschak)가 '유럽 고유의 자연 복원'을 진행하고 있다.

이렇게 살 수 없는 습지는 아직 고맙게도 이례적이다. 그러나 다시 한번 자연의 회복력과 적응력을 보여주는 것이다. 채즈던(Chazdon)이 말했듯이, '숲은 끊임없이 스스로를 새롭게 한다.' 체르노빌과 같은 장소는 이른바 '손상되지 않은' 과거를 다시금 지속적으로 언급함으로써 우리가 자연의 역동성을 단기간에 변화시킬 위험에 처해 있다고 주장하기도 한다. 풍부하고 성숙한 생태계로 발전하는 초기 단계에 있는 산림을 단순히 과거의 상태만을 근거로 하여 훼손된 것으로 치부하는 것은 분명 잘못된 판단이다. 그러나 채즈던(Chazdon)에 의하면, 이러한 접근방법은 많은 보호론자들 중에서는 흔한 일이 되어버렸다. 그녀에 의하면, 갱신 중인 숲은 '건설 중인 산림 생태계를 어린나무들 스스로 구성해 나가고 있다는 것에 대한 제대로 된 연구와 평가 없이 지속적으로 인정받지 못하고 있다'는 것이다.[302]

전 세계의 산림은 과거를 재창조하려는 노력이 아니라 그러한 숲들이 그들 자신의 새로운 숲을 찾기 위한 공간을 제공함으로써 회복될 것이다. 어떤 경우에는 전에는 임야였으나 현재는 비어 있는 곳에서나 '황폐'해져 버려진 곳으로 치부되곤 했던 임야에서도 나타날 수 있는 현상이다. 그리고 또 다른 경우에는 - 자연과 기후 양쪽 모두에 가치 있는 것과 마찬가지로 - 다음 장에서 살펴볼 경작 지대에서도 나타날 수 있다.

17

혼농임업

Agroforests

해결책의 일환으로서의 농사꾼

Farmers as Part of the Solution

40년 전, 아프리카의 사헬*(Sahel)* 지역은 가뭄, 기아 그리고 환경적 재앙의 대명사였다. 하지만 여전히 건조한 오늘날, 가장 건조한 평야 중 일부는 나무로 뒤덮여 있다. 사하라 사막의 남부쪽의 토지 위를 지나는 위성은 노란 지역보다는 녹색 지역을 더 자주 보여준다. 농민들에 의하면 그 아래의 들판에서는 나무들 사이에서 작물이 더 잘 자라고, 토양이 더 비옥할 뿐만 아니라 세계에서 인구 증가율이 빠른 지역 중 한 곳임에도 불구하고 급식이 유지될 수 있다고 한다. 무엇보다도 인상적인 것은, 아무도 나무를 다시 심지 않는다는 것이다. 땅에서 베어낸 몇 년 후, 공동체들이 수확을 중단하고 자랄 수 있게만 한 것이다.

이야기는 니제르*(Niger)* 남쪽의 마라디*(Maradi)* 지역의 가장 가까운 고속도로에서 20Km 떨어진 덩*(Dan)*이라는 한 마을에서 시작된다. 이 마을은 1970년대와 1980년대에 가뭄으로 극심한 고통을 받았다. 작물은 계속 실패했다. 그러다가 1985년, 나이제리아의 경계에 있는 광산에서 돌아온 두 젊은 남자가 아직도 니제르와 인접한 국가들에서 시행되고 있는 변화를 꾀한 것이다. 그들은 짧은 우기가 시작되기 전에 작물을 심기 위해 고향으로 돌아왔다. 하지만 그들이 고향으로 돌아왔을 때는 이미 늦어버려 비가 내리기 시작한 것이다. 마을 사람들은 정부의 권고에 따라 들판에서 잡초, 나무뿌리와 작은 덤불들을 제거해서 땅을 갈기 쉽게 만들었다. 땅에 다음 해

작물을 가꾸기 위한 노력에도, 늙은 두 사람은 제거 작업을 포기하고 그냥 뿌리 사이에 작물을 심고 잘 되기만을 바랄 뿐이었다.

놀랍게도, 그들의 수확은 이웃 사람들보다 더 좋았다. 그들은 호기심에서 다음 해에도 동일한 방법을 선택했고 결과는 같았다. 확실히 나무는 작물에 도움이 되었고, 이웃 사람들도 이들을 주목하게 되었다. 그때부터 덩 싸가(*Dan Saga*)의 농민들은 땅속의 뿌리를 남겨두었고 그루터기로부터 줄기가 자라도록 했다. 쟁기질을 방해했던 나무들이 토질을 개선하고 수분을 함유하고 질소를 고정한 것이다. 오래지 않아 나무들은 그늘을 만들어주고 사막의 바람을 막아줄 뿐만 아니라 땔감으로 이용되고 잎이 많은 동물의 사료가 되었다. 더이상 생각해 볼 것도 없었다. 추후 위성 사진을 분석해 본 결과, 1984년에 사실상 나무가 전혀 없었는데, 덩 싸가는 2005년 헥타르당 평균 60그루, 그 후 2012년에는 111그루, 2016년에는 148그루의 나무를 보여주었다.

거의 스위스 크기만한 마라디(*Maradi*) 전역에 이런 소식들이 알려져 마을 사람들은 식민지시대부터 있었던 정부의 권고를 무시하기 시작했다. 동쪽의 잔데르(*Zinder*) 사람들과 서쪽의 타호우아(*Tahoua*)의 사람들도 동참하게 되었다. 현재 니제르 남쪽과 말리(*Mali*)에 근접한 7백만 헥타르에 걸친 백만이 넘는 가족 농장들에는 약 2백만 그루의 나무들이 발아하였다.

지난 60여 년에 걸쳐 아프리카 서부와 북부 역사를 보면 나무가 전혀 없던 곳에 나무를 심어 사막의 확산을 방지하려던 헛된 노력이 있었을 뿐이었다. 1970년대에 알제리아(*Algeria*)는 의심할 여지 없이 같은 수종의 이스라엘의 노력을 본떴던 1,500Km의 알레포 소나무(*Aleppo pines*) '녹색 댐'을 건설한바 있다.[303] 실패였다. 모리타니아(*Mauritania*)는 1975년에서 1990년 사이에 수도 누악쇼트(*Nouakchott*) 주변에 '그린벨트'를 착수하고 그 후 2010년에 다시 또 한번 시행하였다. 최근의 시도는 프랑스의 아프리카 식민지권 후원자들(*Francophone sponcors*)에게는 라 그란데 무라이유 베르테(*La Grande Muraille Verte*)라고 알려진 아프리카와 맞먹는 중국의 그레이트 그린 월이다. 목표는 대서양 연안의 세네갈(*Senegal*)과 모리타니아(*Mauritania*)로부터 니제르를 지나 홍해상의 지부티(Djibouti)에 이르는 8천Km의 구간에 약 15Km의 수목선(cordon of trees)을 심는 것이다. 2015년 파리에서 아프리카 연합의 출범 보도자료에 의하면 '향후 10년간 5천만 헥타르가 넘는 땅이 복원될 것이고 이는 2조 5천만 톤의 탄소를 격리할 것'이라고 선언한바 있다.[304] 이 프로젝트를 위해 약 80억 불이 이미 배정되어 있다. 사막 전문가들은 프로젝트가 잘될 것이라고 믿지 않는다. 세계자원연구소(World Resources Institute)의 크리스 레이지(Chris Reij)는 아마도 약간의 과장이 있었겠지만 '1980년대 이래로 사하라에 심어진 모든 나무가 살아남았다면 아마존처럼 되었을 것이다. 하지만 80%가 고사하였다'고 언급한바 있다. 하지만 대조적으로 남부 니제르에서 나무의 회복은 분명히 효과적이었다. 나무는 고사하지 않았다. 분명한 것은 농민들이 이미 땅속에 있는 나무 뿌리를 키우고 있다는 사실이었다. 나무들은 자연스럽게 그 지역에 적응하고, 자연스럽게 자라고, 지역 농민들에게 돌봄을 받은 것이다. 그것은 고비용으로 말만 거창하기만 했던 실패가 아닌 성공을 위한 비법이었다.

이 건조지역의 혁명을 외부 세계의 관심으로 불러일으킨 사람은 당시 암스테르담 자유대학(Free University Amsterdam)의 지리학자였던 레이지(Reij)였다. '2004년, 수도 니아메(Niamey)로부터 동쪽으로 800Km를 달려서 "이런 젠장, 나무가 지천이군"이라는 생각이 들었다. 나는 경작지 상의 그런 임목 밀도를 본 적이 없었다. 나무들에 가려 마을을 볼 수가 없었다'고 그가 말했다. 그에 의하면, 20여 년 전의 첫 방문과 비교하면 총체적 변화였다. '그들의 성취에 대해 대단한 자부심을 느낀다는 것은 분명했다. 모든 나무의 수간(stem)을 발달시키기 위해 가지치기(prune) 작업이 되어 있었다'고 했다.[305]

레이지는 US 지질 조사(US Geological Survey)의 그레이 타판(Gray Tappan)이 수집한 원격감지 사진(remote-sensing images)을 이용한 연구를 시작하기로 했다. 그 사진들에는 그 당시 이후의 변화 과정에 대해 면밀한 관찰이 담겨 있었다. 대체로 나무들은 3천만 톤 이상의 탄소를 공기로부터 포집한 것으로 예상된다.[306] 이에 대해 마을 사람들은 그다지 신경 쓰지 않는다. 이들에게는 생계와 관련된 나무인 것이다. 가족들을 먹을 수수와 기장을 더 수확하고 땔감, 사료, 과일, 꼬투리와 나뭇잎을 팔아서 일반적으로 한 해에 천불의 부가 수입을 얻는다. 현금은 젊은 농민들이 일자리를 찾아 이주하지 않도록 설득하는데 긴요하다. 타판(Tappan)에 의하면 인구밀도가 높은 지역에 더 많은 나무가 있다고 한다.

나무들은 공동체의 자산이기도 하다. 현재 덩 싸갸(Dan Saga)에는 임목 밀도를 높이기 위한 채종과 파종을 준비하는 마을위원회가 있다. 그래서 특정한 나무를 베어내지 못하도록 방지하고, 불법 벌채를 방지하기 위한 야간 감시단을 조직하는 규정을 만들었다.[307] 또한 나무의 지속 가능한 이용을 장려하고 있다. 정기 땔감 거래 시장도 있다. 지도자 중 한 명인 알리 네이노(Ali Neino)는 다른 마을들을 위한 연수프로그램을 운영한다.

농민들은 특정 수종을 선호하는 법을 배웠다. 특히 흰 아카시아(white acacia), 겨울 가시나무(winterthorn) 또는 지역의 하우사어(Hausa language)로는 가오나무(gao tree)로 다양하게 알려진 나무를 소중하게 여긴다. 직경은 최대 2미터의 나무줄기와 키 높이만큼이나 깊은 뿌리를 갖는 땅딸막하고 가시가 있는 나무이다. 가뭄을 견딜 수 있고 필요하면 땅속에서 수십 년 동안 휴면하기도 한다. 꽃은 벌을 끌어들이고 뿌리는 흙 속의 질소를 고정하며 수피(나무껍질)는 약으로 쓰인다. 가오나무 그늘아래에서 기장의 평균 수확량은 두 배가 되기도 한다. 가축 사료로 쓰는 나뭇잎과 카누에서 땔감까지 무엇이든 만들 수 있는 목재를 고려하기 전에도 나쁘지 않은 것이다. 오래된 사헬(Sahel)의 창세기 신화에서 가오나무를 '생명의 나무'라고 부르는 것은 당연한 것이다.

여기에서 나무 효용의 재발견에 대한 다른 버전의 이야기가 있다는 것을 언급해야 할 것 같다. 1980년대에 마라디(Maradi)에서 일하던 중 생각해낸 것이라고 말한 토니 리나우도(Tony Rinaudo)라는 호주 선교사이자 농업경제학자가 관련되어 있다. '사막을 막아내자'고 마을 사람들을 나무를 심도록 장려하던 중에 여러 마을의 흙에는 방해받지 않는다면 싹틀 수 있는 뿌리 체계인 '땅속의 숲'이 있다는 것을 발견하게 되었다. 그는 덩 싸갸(Dan Saga) 사례보다 1년 전인 1984년 가뭄 동안에 나무를 키우면 농민들에게 먹을 것을 제공하고 있었다고 한다. 몇 안 되는 사람들이 그렇게 함으로써 더 좋은 작황을 맞게 되었다.

현재 그를 고용하고 있는 호주 세계 비전(World Vision Australia)는 리나우도(Rinaudo)를 '숲을 만드는 사람'이라고 홍보하였다.[308] 그러나 그는 '그것은 농민 주도 현상이었다. 나는 그저 조력했을 뿐'이라고 말했다. 그는 덩 싸갸(Dan Saga)에서 일을 한 적이 전혀 없다고 말했다. 농민들은 그의 의견을 들었을 뿐이고 독립적으로 그 아이디어를 생각해 냈을 것이다.

정확한 역사가 무엇이든 많은 개발 전문가가 이 사업을 채택하고 있다. 농민주도 자연재생 사업(Farmer Managed Natural Regeneration, FMNR)이라는 그럴듯한 타이틀을 가지고 있다. 니제르(Niger) 정부는 이 사업을 가르치고 있고 국립농업연구소(National Institute of Agricultural Research)의 토기아니 아바세(Tougiani Abasse)를 '농민주도 자연재생 사업 대사'로 임명하였다. UN 건조지역 대사 데니스 개러티(Dennis Garrity)는 농업 전문가 중에서 그들은 '자연재생의 아이디어가 실제로 눈덩이처럼 커지기 시작한 티핑 포인트를 넘어섰다'고 말한다.[309] 글쎄, 덩 싸갸의 메시지가 UN 전문가들에게 도달하는 데 35년 밖에 걸리지 않은 것이다!

리나우도는 '어떤 측면에서는 농민주도 자연재생 사업(FMNR)은 전혀 새로운 것이 아니다. 수 세기 동안 전 세계에서 이루어져 오던 고대의 사업방식을 적용한 것일 뿐이다. 동티모르(East Timor)와 부룬디(Burundi)에서 본 적이 있다. 말라위(Malawi)에서는 농민주도 자연재생 사업이 외부의 간섭없이 백만 헥타르에 이르고 있다'고 말했다. 유럽인들은 그루터기에서 싹을 틔우는 변형 방법을 가지고 있다. 저목림작업(coppicing)이라는 것이다. 그러나 니제르(Niger)를 돋보이게 하는 것은 사람들이 나무가 자라도록 배려하는 생각을 채택했던 그 심각한 상황과 당시 정부 전문가들의 지식과는 얼마나 대조적이었던가 하는 점 그리고 엄청난 확장과 확산 속도인 것이다. '중요한 점은 어떤 권력이나 외부의 도움 없이 자원이 극도로 빈약했던 농민들에게 접근할 수 있고 유용했다'고 리나우도는 말했다.

오랫동안 사헬의 이 풀뿌리 혁명은 – 땅 위에서 분명하게 보이도록 존재함에도 불구하고 - 외부인에게 거의 보이지 않는 상태로 남아있다. 단지 몇몇 연구자들이 무언가가 일어나고 있다는 것을 발견했을 뿐이다. 1990년대 초에 영국의 지질학자 마이클 모르티모어(Michael Mortimore)와의 대담이 기억나는데, 그는 니제르 남부 농민들이 빗물을 모아 나무를 키워 빠르게 증가하는 인구들을 먹여 살리고 있다고 했다. 그러나 그의 열정은 동쪽으로 3천 Km 떨어진 나이로비로부터 몇 시간을 달려야 하는 케냐의 한 구역에서의 또 다른 혁명이었다. 그가 공저한 『더 많은 사람들, 더 적은 침식』이라는 책에서 '마차코의 기적(Machakos miracle)'이라고 표현한바 있다.[310] 역시 식민지의 기대를 무시한 현지인의 이야기가 나온다.

1950년대로 돌아가면 영국 정부 관료들은 마차코 산지의 육우 사육 지역을 환경 재앙으로 기술하였다. 인구과잉, 민둥산, 황폐한 사막화. 1990년까지 인구는 6배나 증가하였다. 하지만 종말론자는 틀렸다. 사막화되기는 커녕 마차코는 이전에 비해 보다 많은 나무를 갖게 되었고 황폐화는 줄어들어 활기찬 지역 경제를 맞게 되었다.

로컬 아캄바(Akamba)족은 목축에서 농업으로 전환하고 구릉지에 테라스를 파서 빗물을 모아 가증한 모든 장소에 지역 수종을 심어 스스로를 구해냈다. 내가 방문했을 때, 가족들을 먹여 살릴 뿐 아니라 나이로비(Nairobi)에 야채와 우유를 팔고 영국에는 완두콩, 프랑스에는 아보카도, 중동에는 망고와 오렌지, 네덜란드에는 생화를 팔았다. 근처 국립 건조 농업연구소(National Drylands Farming Research Station)의 벤자민 이콤보(Benjamin Ikombo)가 우리가 마차코(Machakos) 비탈에 있는 자기 소유의 농장에서 망고와 파파야를 점검하고 있을 때 '농부들은 여기서 주식으로는 옥수수를 키우지만, 돈을 위해서는 무엇이든 키운다'고 말했다.

마차코의 기적을 보고했을 때, 개발 전문가들은 과장된 이야기이거나 기껏해야 단발적인 사례라고 말했다. 그러나 더 들여다볼수록 건조한 지역에서 공동체들이 나무로 땅을 치유하는 사례를 더 많이 찾아볼 수 있었다. 서부 케냐의 고지대의 루오(Luo)족은 아캄바(Akamba)족 보다 더 촘촘하게 포장한다. 하지만 들판에는 목재, 꿀, 약재 생산이 가능한 숲을 가꾸어냈다.

이후에 국제산림연구센터(Center for International Forestry Research)의 이사가 된 스웨덴의 젊은 산림 연구자 피터 홈그렌(Peter Holmgren)은 '생각했던 바와 다르게 산림 바이오매스 조성이 빠르게 증가'해 왔다는 사실을 알아냈다. 그에 의하면 조림 사업은 국가의 출산율이 여성 1인당 평균 7명으로 세계에서 가장 높은 출산율을 보였던 1986년에서 1992년 동안에 정점을 찍었다. '인구 밀도는 산림 바이오매스 조성 규모와 정비례 관계를 갖는다'고 기술한 바 있다.[311] 이는 기존의 환경적 사고에 또 한 방을 날리는 것이었다. 인구과잉과 환경 훼손 간의 불가피해 보이는 관계가 일어나지는 않은 것이었다. 타판(Tappan)이 니제르(Niger)에서 공언한바처럼 과밀한 인구 지역에 더 적은 것이 아니라 더 많은 나무가 있는 경향이 있는 것이다.

이는 전 세계적인 트렌드로 보인다. 많은 농민이 토지의 수확량을 높이는 노력의 하나로 나무를 제거하는 것이 아니라 키우고 있다. 이를 전문용어로 혼농임업(agroforestry)라 하고 별도의 국제연구센터도 있다. 나이로비(Nairobi)의 세계 혼농임업센터(World Agroforestry Centre)의 로버트 좀머(Robert Zomer)에 의하면 전 세계 절반을 차지하는 농경지의 최소 10%가 나무로 덮여 있다. 중국 면적에 달하는 10억 헥타르에 이르는 면적인 것이다.[312] 그 수치는 10년마다 3%씩 증가해 왔다. 마차코사례는 지역적인 기적이 아니라 전 세계 트렌드에 가까운 것이다. 인구가 많은 곳에 땅을 더 잘 가꾸는 것이고 결과적으로 더 많은 나무가 있게 되는 것이다. 동남아시아의 경제부흥 속에서 천연림이 계속 줄어들고 있는 만큼 농업지역과 주거지역의 임목 밀도는 빠르게 증가하고 있다.[313]

혼농임업은 다양한 형태를 띌 수 있다. 나무들은 농민의 작물이 지속되도록 도움을 주거나 그들이 권리를 가지고 있다. 핵심 작물이기도 하다. 농민들은 임관(forest canopy)의 그늘을 의존하는 종합적 정원 체계의 일부로서 커피, 카카오(초콜릿 원료) 그리고 바닐라와 같은 나무를 재배한다. 플랜테이션에서 키운다면 이러한 작물은 산림훼손을 일으킨다. 악명높게도 카카오는 생산량이 가장 많은 두 나라, 코트디부아르(Ivory Coast)와 가나에서 광범위한 산림 손실을 초래한바 있다. 하지만 생산량 상위 6위인 카메룬에서는 소규모 자작농들이 카카오를 임관 하부에 심는다.

몇 년 전, 그들 중 한 명을 만났다. 조셉 에시시마(Joseph Essissima)는 꽤 늙은 사람이었다. 그는 60년 전 숲속 나무 아래 가까운 어두운 곳에 심어두었던 나무를 보여주었다. 농장은 어두웠지만 생명으로 가득 차 있었다. 카카오 사이에 다른 나무 작물을 심었고 열매, 수피, 목재, 약재 잎을 위한 자생 나무를 가꾸었다. 오렌지, 망고, 아보카도, 체리가 보였다. 다른 나무에 대해 물었다. '우리가 먹는 애벌레가 좋아하기 때문에 이 나무를 키운다. 정말 맛있다'고 그가 대답했다. 에시시마(Essissima)가 특별한 것은 아니었다. 이웃 사람들도 마찬가지인 것이다. 이 지역 혼농임업에 대한 연구에 의하면 농민들은 카카오 사이에 일반적으로 25가지의 다른 수종을 심는데, 이러한 혼농임업이 그 지역 농지의 60%를 점유한다.[314]

에시시마에 의하면 처음엔 환경주의자들이 그들의 혼농임업이 숲을 침해하고 있다고 비난했었지만, 지금은 숲을 지키고 있다고 추켜세운다고 한다. 무언가 다른 방법으로 바뀐 것이 아니라 보는 시각이 달라진 것이다. 나와 함께 방문한 사람은 열대 농업 국제기관(International Institute for Tropical Agriculture)의 짐 고코브스키(Gockowski)였다. 그는 '이러한 카카오 농장에서는 천연림에서 볼 수 있는 것의 반이 넘는 수종을 찾을 수 있다'고 말했다. '처녀림은 아니지만 농민들이 카카오를 심지 않았다면 옥수수나 팜오일을 심거나 소목장으로 바꾸었을 것'이라고 했다. 그에 의하면 그들은 '아프리카에서 생물학적으로 가장 다양한 토지이용 체계 중 하나를 경영하는 중'인 것이다.

열대지역 국가들의 가난한 영농인들은 숲을 개간하는 데 비판적인 편이다. 하지만 열매, 목재, 약용식물이나 가축들의 사료작물을 제공하고 토양을 기름지게 하며 밭에 그늘을 드리우고 해충을 잡아먹거나 작물을 수분시키는 곤충의 서식처를 제공하는 나무를 그들 농장의 필수적인 부분이라고 여긴다.[315] 그들의 나무는 울타리가 없는 온전한 숲을 대신하는 것이 아닐 수도 있다. 여전히, 그들은 천연림의 생태적 '천이'를 따라 하면서 복잡하게 진화하고 성장할 수 있는 진정한 생태계를 형성한다고 코네티컷 대학교(University of Conneticut)의 로빈 채즈던(Robin Chazdon)은 설명한다.

때로는 인공적으로 심어진 나무는 심지어 기존의 산림지역에서도 종 다양성에 추가되기도 한다. 오악사카(Oaxaca) 농민들이 멕시칸 시티의 일자리를 찾아서 밭과 과수원을 포기했을 때 마니토바 대학교(University of Manitoba)의 제임스 롭슨(James Robson)은 어떤 일이 벌어지는지 조사하면서 숲이 되돌아와 종 다양성의 회복을 기대했다. 그러나 놀랍게도 버려진 농지에서 종의 수가 감소했던 것이다. 그에 의하면 모자이크처럼 고립된 숲과 농민들이 숲 안에 만들어 놓은 소규모 경작지에 농민들이 떠나면서 사라진 초 종 다양성 구역(zone of hyper-biodiversity)이 품어졌으며, 오래된 숲이 되돌아온 것이다.[316]

예외적인 경우일 수도 있지만 온전한 생태계와 보호구역은 자연의 흔적이 남아있는 배후 농장이 필요하다는 것은 명료한 것이었다. 버클리(Berkeley)의 캘리포니아 대학(University of California)의 클레어 크레멘(Claire Kremen)은 광활한 집약적 토지 지용 안에 고립되어 버리면 종 다양성이 상실된다고 이야기한다. '보호구역이 아무리 넓다고 하더라도 주변 지역이 연결성을 제공하도록 유지되지 않는다면 결국 오랜 시간이 지나면서 종을 잃어버리게 된다.'[317] 그러한 위협은 기후변화 시대에 있어서는 증가할 뿐이다. 많은 종은 변화하는 기후대를 따라잡기 위해 이동할 수 있는 생태통로가 필요할 것이다. 특히 혼농임업을 이루는 농장들이 그러한 생태통로를 제공할 수 있는 것이다.

우리가 말하는, 이른바 예비자(sparers)와 공유자(sharers) 간의 광범위한 논쟁이 있을 것이다. 예비자들의 경우는 숲과 다른 완전한 생태계를 구할 수 있는 가장 좋은 길은 이미 개간된 토지에서 집약적인 영농을 하는 것으로 생각한다. 공유자들은 혼농임업을 통하여 숲과 영농을 통합함으로써 자연에 더욱 이롭다고 믿는다. 풀기 어려운 논쟁거리이다. 우리는 예비자들의 사례를 볼 수 있다. 고수확 작물 품종의 녹색혁명으로 유명한 아버지인 노르만 보어라우그(Norman Borlaug)는 반세기 전에 그의 작물이 세계 인구를 먹여 살리고 농촌 빈곤을 감소시킬 뿐 아니라 자연을 구하는 것이라고 주장한바 있다.[318] 그는 농민들이 숲을 침범하기 보다는 기존의 경작지에서 더 많은 작물을 키울 수 있다고 주장하였다. 하지만 우리가 살펴본 사례와 같이 종 다양성은 온전한 천연의 섬 안에서 번성할 수 없었다. 더 큰 규모의 보전림일지라도 번성하려면 더 넓은 영역과 연결되어야 한다.

현실 세계의 현실적 영역에서는 동일한 중요성의 또 다른 요인들이 작용하게 된다. 하나는 집약적이라는 것이 더 생산적이라는 것을 의미하지는 않는다는 것이다. 분명한 것은 농장의 크기가 지침이 될 수 없다는 것이다. 브리티시 콜롬비아 대학교*(University of British Columbia)*의 빈센트 리치아르디*(Vincent Ricciardi)*에 따르면, 2 헥타르 이하의 경작지를 가진 영세농들이 전 세계 농경지의 1/4을 차지하면서 전 세계 식량의 1/3을 생산한다.[319] 이러한 영세농들이 더 많은 생산을 하면서도 적은 환경 발자국을 갖는 것으로 보인다.

경제적으로는 매우 생산성이 높은 하이테크 영농기법일지라도 자연을 위해 더 많은 토지를 할애하는 것과는 거리가 멀다. 세계 식량 체계는 궁극적으로는 하나의 시장이다. 그러므로 집약화는 단지 수익성을 향상해 농민들이 더 많은 숲을 개간하고자 하는 동기를 강화하게 된다. 워크 혼농임업 센터*(Work Agroforestry Centre)*의 디렉터인 토니 사이몬스*(Tony Simons)*는 '보어라우그*(Borlaug)*는 숲 경계의 빈곤을 해결한다면 그들이 숲으로 마체테 칼*(machetes)*을 가져가는 것을 멈출 것으로 생각했다. 사실은 기계톱을 구비할 만한 돈을 얻게 되어 더 큰 손상을 입힐 뿐이었다'고 말했다.[320] 브라질을 보자. 개간된 아마존 열대우림은 브라질 사람들의 생계를 돕고 있지 않다. 소수의 돈벌이를 위해 소고기와 콩작물을 수출하고 있다. 루트거 대학교*(Rutgers University)*의 토마스 루델*(Thomas Rudel)*은 전 세계에 걸쳐서 각 국가는 작물 수확이 증가하는 만큼 경작지를 줄이지 않고 오히려 늘리는 경향이 있다고 기술한바 있다.[321]

실제 세계에서는 아껴두기와 나누어쓰기 사이의 선택은 세미나실에서만큼 엄격하지는 않을 것이다. 하지만 분명한 것은 혼농임업이 영세농민으로부터 농업 과학자, 생태학자, 정부 관계자, 개발은행에 걸친 모든 사람 중에 점점 더 인기를 끌고 있는 아이디어라는 것이다. 사하라 사막 이남의 아프리카 정부들은 특히 환경과 개발의 목적을 결합할 방법이라고 보고 있다. 아프리카 인구의 83%가 살고 토지에 직접적으로 의존하고 있다는 것과 일부 추정에 의한 것으로 2/3의 땅이 나무를 얻기 위해 어떤 식으로든 '황폐화' 되었다는 것을 고려하면 충분히 이해할 만하다. 세계은행의 10억불 지원으로 아프리카 산림 경관복원 이니셔티브(Africa Forest Landscape Restoration Initiative)는 2030년까지 1억 헥타르의 산림 피복 복원을 위해 혼농임업 체계의 도입을 목표로 하고 있다. 열정적인 관심 국가들에는 5백만 헥타르를 약속한 부르키나 파소(Burkina Faso), 유사한 규모의 말라위(Malawi)와 탄자니아, 그리고 8백만 헥타르의 콩고민주공화국이 있다. 니제르(Niger)의 농민들도 농민주도 자연재생(Farmer Managed Natural Regeneration)을 통하여 이미 비슷한 면적을 달성한바 있다.

여러 국가 정부들도 혼농임업이 본 첼린지 재조림 목표와 파리기후서약(Paris climate pledge) 모두를 충족시키는 데 도움을 줄 수 있다고 기대한다. 리즈대학교(University of Leeds)의 사이몬 루이스(Simon Lewis)에 따르면 혼농임업은 천연림에 비하면 1/7 수준밖에는 못 미치지만 단일재배 농장에 비해 헥타르당 거의 여섯 배나 많은 탄소를 잡아둘 수 있다.[322] 구호단체도 마찬가지로 열심이다. 아프리카 재녹화(Regreening Africa)를 위해 세계 혼농임업 센타(World Agroforestry Centre)가 조직하고 EU가 자금 지원을 하는 농장 숲 가꾸기(Retaining trees on farmland)는 또 다른 주요 프로그램의 핵심이다.[323] 문헌에서 끊임없이 반복되는 이 프로젝트의 중심에는 농민주도 자연재생(Farmer Managed Natural Regeneration)의 컨셉이 있다. 니제르(Niger)의 베테랑 리나우도(Rinaudo)가 관여하고 있다.

레이지(Reij)는 수년에 걸쳐 수많은 거창한 프로젝트들의 시도를 보아왔다. 그는 '서약은 쉽다. 실행이 훨씬 어려운 것'이라고 말한다. '그들은 진행하겠다고 주장하겠지만 이러한 일은 대부분 진행되지 않을 것'이라고 했다. 그래서 그가 시간과 열정을 쏟아내고 있는 곳은 에티오피아이다. 1980년대의 가뭄 재해 이후 농업공동체들은 기근의 진원지였던 티그레이(Tgray) 지방에 백만 헥타르의 조림 사업에 노동력을 투입한바 있다. 대부분의 나무들을 공유지에 심어 동물들이 접근하거나 농민들이 갈아엎지 못하도록 울타리를 쳤다.[324] 나무들은 땔감과 건설자재의 우선적인 공급으로 천연림을 압박해 왔다. 그러나 재녹화 사업으로 온도를 완화하고 빗물을 재활용하며 토양을 보호하면서 종 다양성을 유지시켰다.

니제르에서 농민들의 활동과는 다르게 나무들의 반환은 위로부터 애국적 노력으로 시작되었다. 아비 아메드*(Abiy Ahmed)*는 그의 농민들이 2019년 7월 세계기록인 3억 5천만 그루를 단 하루에 심었다고 주장했다. 그는 2020년 추가로 50억 그루, 2024년까지 총 200억 그루를 약속했는데 이는 에티오피아의 파리서약의 절반을 충분히 충족시킬 수 있는 것이다. 이 프로그램이 사회적으로 강압성을 갖는다는 비판도 있다. 약 2천만 명의 마을 사람들이 조림을 하는데 매년 한 달여의 시간을 보내야 하는데 아직 이 노동에 따른 혜택에 대한 개인적 혹은 공동체의 권리가 명확하지 않은 것이다. 외래종인 유칼립투스와 아카시아로 산림 경관이 획일화되고 인공 식재된 나무의 활착률이 낮다는 두 가지 이유로 이러한 조림 사업이 생태학적으로 의문스럽다는 점도 제기되고 있다.[325]

그렇다고 해도, 효과가 있는 곳은 효과적이다. 아브라 위츠바*(Abrha Weatsbha)*의 티그레이*(Tigray)* 마을 사람들이 모래로 변해버린 땅을 포기하려고 했던 것이 바로 한 세대 전이었다. 공동체의 리더였던 아바 하위*(Aba Hawi)*가 나무를 심고, 빗물을 모으기 위해 작은 댐을 건설하고, 과수를 번식시키고 벌집을 보살피는 노력을 했던 생태 회복의 건설자로 선정된 바 있다. 오늘날의 풍경은 확실히 1980년대 기근과는 극명한 대조를 이룬다.[326] 그 당시, BBC는 마을과 매우 가까운 지역의 '엄청난' 대학살을 보도했다. 현재 지하수위는 높아졌고 토양침식이 감소했으며 농장의 생산성은 향상되었는데, 변화의 중심에는 나무가 있다.

나무들 사이의 농사가 잘된다면 산림보호의 가장 논쟁적인 주제 중 하나인 이동재배*(shifting cultivation)*를 새로운 시선으로 바라봐야 할 때라고 할 수 있다. 수천 년 동안 농민들은 작물을 키우기 위해 일시적으로 숲을 개간하면서 숲을 떠돌았다. 농장에 나무를 두는 것이 아니라 농장을 숲속에 둔 것이었다. 오랫동안 환경주의자들은 그러한 농민들을 산림 파괴의 주범이라고 비하해 왔었다. 그들의 기술은 '화전(slash-and-burning)' 농법으로 폄하되어 왔던 것이다. 나 스스로도 그 단어를 써왔던 것을 인정한다. 화전 농민들은 악마, 무지렁뱅이 혹은 기껏해야 환경을 훼손시킬 수밖에 선택의 여지가 없이 내버려진 사람들로 간주하였다. 세계 혼농임업 센터에서 근무하고 현재 캘리포니아대학교에 있는 토마스 토미크(Thomas Tomich)는 그들은 '무지에 갇힌 관습에 얽매여 자원을 적절하게 이용할 능력이 없는 농민들',이라고 비꼰 적이 있다.[327] 오늘날까지도 WWF는 이 농법을 비난한다. 2020년 6월 현재, WWF는 웹사이트를 통해 '화전의 불은 단지 나무를 없애는 것이 아니라 야생동물을 죽이거나 격리하며, 물순환과 토양 비옥도를 바꾸어 놓고, 지역 공동체의 삶과 생계를 위협에 빠뜨린다'고 주장하고 있다.[328]

하지만 이러한 비판은 입장을 바꾸고 있다. 화전농법이 높은 생산성과 생태적 지속가능성을 지닌다고 인정한다. 코네티컷대학교(University of Connecticut)의 로빈 채즈던(Robin Chazdon)의 주장처럼 전통적인 이동경작민들은 골칫덩어리 화전농이 아니라 산림 생태 관리 전문가였다. 그녀의 기술에 따르면, 산림의 생장 단계를 자세하게 기술하는데도 서양 산림 생태학자들의 사전보다 훨씬 풍부한 용어를 구사한다. 뉴욕식물원(New York Botanical Graden)의 찰스 피터스(Charles M. Peters)는 이동경작에 대해서 '적절히 운영된다면 불모지 열대우림 토양을 비옥하게 할 수 있는 정말 놀라운 솔루션이 될 수 있다'고 말한다.[329]

대부분의 이동경작민은 여전히 외부인들에게 멸시를 받는다고 생각해서 자기들의 농법을 보여주기를 꺼린다. 남부 가이아나(Guyana)의 산림고원 지역에서 만난 패트릭 고메즈(Patrick Gomes)는 조금 다르다. 자신의 경작지로 데려가겠다고 제안을 해서 마을 밖에 있는 4륜구동으로 이동하고 고원 지역으로 올라가서 숲에서 풀을 먹이기 위해 소를 타고 활과 화살을 가진 사냥꾼을 맞이하고 있는 두 여인에게 손을 흔들었다. 주차를 하고 고메즈(Gomes)가 얼마 전 아나콘다가 먹이를 소화하는 것을 보았다는 개울을 조심스럽게 건너 숲으로 들어갔다. 우리는 그가 몇 년에 걸쳐 땅에 심은 많은 식물들을 가리키는 곳으로 길을 따라 걸어 들어갔다. 야생 바나나, 약초 그리고 그에 의하면 여전히 사냥용 활을 만드는 데 쓰인다는 원줄기가 곧은 식물이 있었다.

마지막으로 도착한 곳은 1 헥타르쯤 되는 개간지였다. 첫 번째 밭에 심어진 것은 빵가루를 얻을 수 있는 뿌리작물인 카사바(cassava)였는데, 맥주를 만들기 위해 발효시킬 수도 있고 케찹과 같이 잘 알려진 매콤한 소스를 만들기도 한다. 두 번째는 환금성이 좋은 작물인 땅콩밭이었다. 확인할 수 있었던 것은 산림에 대한 무정부적 침해가 아니었다. 고메즈는 체계를 갖추고 있었다. 작물을 가꾸고 나무를 심거나 새로운 땅을 개간하기 위해 마을에서 어떻게 정기적으로 오는지 설명했다. 이 경작지는 토양 비옥도가 떨어질 때까지 작물을 1년이나 2년 동안 키운다. 마지막 수확 후에는 미래를 위해 가치 있는 나무를 심고 이동함으로써 토양의 비옥도 복원을 위해 휴경지로 남겨두는 것이다.

숲은 여기서 빠르게 다시 자라난다. 그가 전년도에 경작을 끝냈던 밭을 보여주었다. 이미 덤불이 많이 자라 어떤 것들은 사람 키를 훌쩍 넘어섰다. 그는 '나는 15년에서 20년에 이르는 휴경지도 가지고 있다, 그 정도면 주변 숲의 키 높이와 구별할 수 없게 된다'고 말했다.

그의 침해가 자연에 어떤 문제를 일으키는 것 같지는 않다. 우리가 걸어 나올 때 마코앵무새(macaw) 두 마리가 하늘로 날아올랐다. 우리를 막아서는 아나콘다는 없었지만, 숲은 소리와 함께 살아 있었다.

IV

산림 공유

Forest Commons

임업인들과 환경주의자들 모두 그들의 사랑받는 숲 역시 거주지 – 주로 그들과 같은 외부인들보다 숲을 훨씬 더 잘 알고 있는 사람들에 의한 – 라는 것을 망각하곤 한다. 이동 경작민들이건 전통 생약학자이건, 원주민 부족이던 일반 사람들이던, 열렬한 환경운동자인 트리 허거이던 기계톱 가진 벌목 장인이던, 이러한 사람들은 최고의 산림 후견인들이자 정교한 관리인들이다. 우리는 그들 세계를 탐험하고 이야기를 들어보고 '공유의 비극'에 대한 미신을 제거한다. 세계는 숲 공유인들과 그들이 돌보는 나무들이 위대한 복원으로의 루트(route) – 그리고 뿌리(roots) – 를 제공하기 때문이다.

18

원주민들의 노력

Indigenous Defenders

원주민들이 보호주의자들보다 더 잘 지켜내는 이유

Why Tribes Do Conservation Better Than Conservations

텔리사 펠릭스*(Tessa Felix)*는 다른 젊은 공무원들과 같았다. 그녀는 기업 로고가 새겨진 티셔츠와 청바지 차림으로 자전거를 타고 회의가 잡힌 아침 시간에 맞추어 나타났다. 그녀는 우리와 잡담을 하면서 느린 인터넷 환경에 대해 투덜댔다. 우리가 그녀의 일에 대해 질문을 던져보니 그녀의 세계는 갑자기 평범한 공무원과는 매우 달라 보였다. 그녀는 우리가 만난 남미 가이아나*(Guyana)*의 깊은 남부 어느 마을의 토샤오*(toshao)*라고 부르는 추장이었던 그녀의 할아버지에 대해 말하기 시작했다. '내가 어렸을 때 할아버지는 나를 숲으로 데려가셨다. 낚시하러 가신 거였다. 할아버지는 마을 사람들의 비밀장소를 보여주시며 이야기를 들려주셨다'고 그녀가 말했다. '할아버지의 유산을 지키는 게 내 일이다. 땅은 나와 마을 사람들의 것이다. 우리가 원하는 모든 것이 여기에 있다. 할아버지는 내가 땅에서 태어났다고 말씀하셨고 나도 그렇게 믿고 있다. 땅은 엄마와 같은 것이다. 지금 나는 우리 땅을 위해 싸우고 싶다.'

우리는 서쪽과 남쪽으로는 브라질과, 동쪽으로는 수리남 국경과 접하고 있는 가이아나*(Guyana)* 숲과 사바나 초원 지역인 루푸누니*(Rupununi)*에 있었다. 펠릭스*(Felix)*는 레템*(Lethem)*의 로데오 마을으로부터 싱크홀투성이인 길을 타고 2시간 드라이브로 도착한 500여 명의 마을 슈리납*(Shulinab)*에 살고 있다. 마을 사람들은 아메리카 인디언 족인 와피찬*(Wapichan)*이다. 그들은 활과 화살을 사용하는 산림 수렵인들이지만 경작과 소목장을 하기도 한다. 그들은 많은 토착 공동체와 마찬가지로 두 가지 세계를 포용한다. 자신들만의 토착 언어를 쓰면서도 능숙한 영어를 구사한다. 고대 산책로를 걷고 개울에서 수영하고 나무를 타며 조상들의 묘지와 신성한 숲을 방문하면서 그들 삶의 영역에서 일주일을 보낸다. 그러나 전통 지식만큼이나 스마트폰의 GPS 애플리케이션 네비게이터를 사용해서 모든 지형의 구동이 가능한 낡아빠진 자동차로, 즐겁게 집으로 돌아가곤 한다.

가이아나는 세계에서 가장 숲이 많은 나라 중의 하나이다. 87%가 나무이다. 정부는 낮은 산림 훼손율로 국제적인 찬사를 받는다. 하지만 대부분의 산림이 토착 공동체 사람들이 살면서 이용하는 지역이다. 당연하지만, 와피찬의 전통 영역이 가장 넓다. 외부인들의 눈에는 그들의 땅이 비어 있는 것처럼 보인다. 마을과 마을 사이를 이동할 때 몇 시간씩 초원을 달리거나 숲을 지나치면서도 가끔 사냥꾼이나 소몰이꾼 만날 뿐이다. 웨일즈(Wales) 크기의 토착 영토(traditional territory)를 점유하고 있는 와피찬은 9,000명뿐이다.[330] 한 명당 3Km에 해당한다. 현대 세계에서는 그들이 왜 그렇게 넓은 면적을 요구하는지 의문이 든다. 와피찬들은 완전한 법적 소유권에 대한 권리를 주장한다.

한때 조숙한 와피찬 카우보이였고 지금은 마을의 리더이면서 토지이용 모니터링 조정자인 니콜라스 프레데릭스(Nicholas Fredericks)가 전날 밤 마을의 태양광 전력을 이용한 TV로 브라질 축구 경기를 보며 맥주를 따면서 '우리가 알지도 못하는 사이 땅을 빼앗기곤 한다'고 말했다. '숲은 우리의 삶과 같지만 계속 빼앗기고 있다. 우리는 우리들의 미래를 위해 숲을 지켜야 한다'는 말도 했다.

그는 공동체의 일꾼으로서 펠릭스(Felix)와 일을 함께하면서 브라질에서 국경을 넘어온 금 채굴업자들, 벌목꾼들, 불법 수렵인들, 소도둑들에게 침범당하는 영토에 대한 조사를 한다. 그녀의 마지막 출장은 새로운 캐나다인 소유 광산이 와피찬이 어업에 의존하는 강물을 얼마나 오염시키고 있는지 기록하기 위해 와피찬 영토 남쪽 마루디 산맥(Marudi Mountains)에 다녀온 것이라고 한다. 깨끗한 물살이 넘실대던 강이 진흙과 수은으로 혼탁한 폭포가 되어버린 동영상을 스마트폰으로 보여주며 그녀가 공포에 질려 '그 강에서 물고기를 잡는 마을 사람들을 안다'고 말했다. 와피찬 스카우트는 브라질과 국경을 이루는 강을 따라 6일 동안의 순찰 한 번으로 국경에 채굴업자들이 정기적으로 이용하는 6개의 통로를 포함한 30개의 불법 통로를 찾아냈다. 순찰대는 억제 효과가 있다. '가축 도둑들은 우리를 <스마트폰 모니터>라고 부르면서 두려워한다. 우리가 근처에 있다고 하면 돌아간다.'

와피찬들은 테크놀로지 도입을 자랑스러워하면서 토지에 대한 니즈와 그들의 자격을 축소할 이유를 알지 못한다. 25살의 IT 천재이면서 정치적 재치를 지니는 숲속 추적자(bush tracker)인 펠릭스(Felix)는 신세대가 현대와 전통 방식 중에 선택해야 한다는 관념에 대한 살아있는 반증이다. 그녀는 자신의 전통 토지 그리고 더 나은 인터넷 환경을 원한다.

와피찬이 루푸누니(Rupununi)지역에 얼마나 오랫동안 정착하고 있었는지는 아무도 모른다. 아마도 18세기 이전에 아마존에서 북쪽으로 이주했을 것이다. 대부분의 아메리카 인디언 공동체와 마찬가지로 노예상들과 유럽 전염병의 습격으로 고통을 겪었다. 19세기에는 예수회 선교사들이 학교와 교회를 세우고 숲속 밖으로 나오라고 설득했다. 20세기초에는 영국 식민당국이 주요 마을에 일련의 '원주민 보호구역(reservations)'을 만들어 남은 와피찬 토지를 이용한 상업적인 육우 목장을 제안했다. 스코틀랜드 기업이 세계에서 가장 외진 목장이라고 불렀던 67만 헥타르를 임대했음에도 제안을 받은 사람들은 많지 않았다.[331] 해안을 따라 조지타운(Georgetown)까지 이르는 소몰이 길이 있기도 했다. 그 길은 오래전에 사라지고, 목장이 아직 있지만 사육 두수는 1/6 정도에 불과하다.

1960년대 들어 영국이 떠나면서 가이아나의 아메리카 인디언들은 독립 정착 지역에서 그들의 전통 영토를 공식적으로 인정받기 위한 캠페인을 벌였다. 펠릭스의 할아버지는 엘리자베스(Elizabeth) 여왕에게 요청을 제기한 원로 중 한 명이었다. 그들은 요구한바의 1/6에도 못 미치는 면적을 할당받았다. 1990년대에 나머지를 요구했을 때 체디 자간(Cheddi Jagan) 대통령은 그들에게 그 땅을 어떻게 사용할 것인지에 대한 문제를 제기했다. 그래서 그들은 현재 사용 중인 상황을 지도와 문서로 미래의 계획을 그렸다.

그 작업은 유럽공동체, UN 개발 프로그램, 영국 정부의 재정적, 기술적 지원으로 거의 십 년이 걸렸다. 와피찬과 함께 일하는 영국기반의 포레스트 피플 프로그램(Forest Peoples Programme)의 톰 그리피스(Tom Griffiths)는 아마도 세계에서 그 어떤 원주민 공동체도 그런 프로젝트에 그렇게 많은 시간과 에너지를 쏟지 못했을 거라고 한다.

'GPS가 없던 초창기였다' 전체 와피찬의 전임 대표인 토니 제임스(Tony James)가 말했다. '정부의 지도를 따라 그저 걸었을 뿐이고 우리의 지식으로 세부 내용을 추가했다. GPS로 좀 더 정교하게 할 수 있었다.' 마을의 전임 대표인 앙겔베르트 조니(Angelbert Johnny)는 회상하기를, '토지조사를 위해 걷고 보트를 타고 자전거와 말을 타는 동안 계곡, 숲, 산악에 대한 원로들과 전문가들이 우리를 가이드했다. 어떤 때는 한 달씩 여행하기도 했다. 매우 고된 일이었다. 뱀에게 물린 사람들도 있었다. 한 사람은 이틀이나 실종되기도 했다. 그래도 우리는 모든 곳을 답사하고 모든 것을 지도에 그려냈다. 우리는 신호를 잡기 위해 GPS 장치를 장대에 매달아서 숲속의 나무 꼭대기들 사이로 올려대곤 했다'고 회상한다.

그들은 4만 개의 디지털 포인트들을 수집 분석하고 캘리포니아 디지털 지도 제작자들의 검증을 받아 완료했다. 그들은 정부의 지도에서 수많은 오류를 발견했다. 17개 중 여러 마을이 잘못 표기되어 있었고 ,서로 다른 계곡들은 계속 혼동을 가져다주었다. 지도 제작을 맡았던 론 제임스(Ron James)에 따르면 정부의 지도 제작자들은 그들의 오류를 받아들이지 않았다고 한다. '위성으로 증거가 명백하고 확증됐는데도 우리의 지도가 잘못된 것이라고 했다'고 말했다.

와피찬은 지도 제작과 함께 그들의 삶, 문화, 전통을 문서화했다. '원로들은 우리가 어떻게 산으로 들어오게 되었는지와 자연 자원을 관장하는 신성한 장소와 할아버지 신들에 대해 알려주었다. 숲속의 어떤 나무들을 베어내면 병들고 죽게 될 것이며 산과 계곡에 살고 있는 정령들에게 어떻게 벌을 받을지에 대해서도'라고 슈리납(Shulinab) 마을의 클라우딘 라로즈(Claudine LaRose)가 회상했다. 그들의 전통적 지식과 방법으로 그들의 땅을 보호할 계획을 마련하기도 했다. 특히, 사냥과 채취, 이동식 경작, 그리고 희망사항이지만 과학과 관광을 위해 경영되는 공동체 산림을 만들고자 했다. 1.4백만 헥타르에 이르는 세계에서 가장 큰 공동체 산림일 것이다. 기존의 관습적인 활용을 문서화하면 정부가 그들의 토지를 인지하게 될 것으로 생각했다. 하지만 간단한 일이 아니었다. 정부가 대화를 시작하기로 동의하는 데만 7년이라는 세월이 걸렸고 내가 글을 쓰고 있는 4년이 더 지난 지금도 전혀 성과가 없는 상태이다.[332]

나는 방문기간동안 와피찬의 리더들과 활동가들이 다음에 무엇을 해야할 지에 대해 논의하는 이틀 동안의 회의에 참석했다. 회의는 앞 장에서 소개한 이동식 경작인인 패트릭 고메즈(Patrick Gomes)가 대표인 마로라 나와(Marora Naawa) 마을의 보육원에서 진행되었다. 대통령과 총리들의 초상화들이 교실 벽에 걸려있었다. 사람들은 하루나 하루 이상이 걸려 그곳에 도착했다. 정부 공무원들이 승인받지 못한 불법적 회의라는 이유로 3개 마을의 대표들을 참석하지 못하게 한 점에 대해 흥분해 있었다. 그들은 리더가 참석하면 마을이 고통을 받게 된다고 말했다. 그런 협박은 사실이다. 활동가들은 다른 데서는 당연한 정부 서비스가 와피찬 마을에는 오직 대통령과 총리의 이목을 끄는 선물과 호의의 형식으로 제공된다. 병원의약품, 전기를 제공하는 태양광 패널, 인터넷 서비스와 같은 것들이 세 개의 마을에는 이러한 후원을 통해서 이용할 수 있게 된다. 대부분의 마을은 이러한 편의시설을 잃게 될까 두려워한다. 와피찬 사람들은 단지 토지에 대한 권리만이 아니라 그 토지에 대한 이해가 그들이 유일한 효율적 관리자라는 것을 의미한다고 주장한다. 그들은 사슴, 멧돼지, 아고티, 아르마딜로스를 사냥하지만, 그들의 가족을 위해 필요한 만큼만 취할 뿐이다. 더 이상의 살생은 미래 세대의 저장고를 긴축시킨다는 것을 알고 있다. 그들은 숲속에서도 이동 경작을 실행한다. 울타리가 없는 광활한 지역에서만 소를 방목시킨다. 그러면서도 어떤 지역은 영적 의미와 함께 야생동물의 서식을 위해 온전히 그대로 내버려두기도 한다. 오늘날에 이르러 과거 한 세기 동안에 비추어 숲속에서의 상업적 활동이 감소했을 것이다. 와피찬 사람들은 자생 바라타(balata) 나무에서 1970년대까지 가이아나의 주요 수출 품목이었던 라텍스인 바라타 고무를 채취했었다. 항공 물류를 위한 활주로들도 있었다. 지금 고무 수출은 더 이상 하지 않고 가끔 비행기로 왕진을 다니는 의사들을 위해 유지되고 있을 뿐이다. 높은 물류비용 때문에 목장도 더 이상 번창하는 사업이 아니다. 많은 가족을 브라질 금 광산의 조지타운(Georgetown)과 국경 바로 너머의 신흥 도시인 보아 비스트(Boa Vista)에서 일하도록 떠나보냈다.

와피찬 사람들이 번영을 누리기 위해서는 토지로부터의 새로운 수입원이 절실히 요구된다. 1990년대에 잠시 그들의 전통 의약품을 새로운 제약회사로 발전시켜 상당한 로열티를 버는 것처럼 보인 적도 있었다. 소목장을 하는 폴란드인과 원주민 엄마 사이에서 태어난 똑똑한 아들 콘래드 고린스키(Conrad Gorinsky)가 그 멤버였는데 숲속의 아이라고 알려진 두 가지 천연 신약 성분을 가진 약초를 가지고 생약에 대한 경력을 위해 영국으로 떠났다.[333]

와피찬 사람들은 말라리아를 예방하기 위해 녹심나무(greenheart tree) 수피를 오랫동안 이용해 왔다. 고린스키(Gorinsky)는 자기 실험실에서 활성 성분을 추출했다. 그는 와피찬 아이들과 함께 스핏볼(spit balls)을 만들어 연못에 던져 방향감각을 잃은 물고기들을 손쉽게 잡곤 했던 그 지역 덤불 식물의 잎에서 찾아낸 독약 성분도 추출하는 데 성공했다. 그는 그 잎의 강력한 신경자극 성분으로 다양한 의약적 활용을 할 수 있다고 여겼다. 그러나 이 묘약으로 돈을 벌어보려던 기대는 사라져 버렸다. 고린스키와 와피찬 사람들은 누가 특허권을 가져야 할지에 대해서 사이가 틀어졌고 어떤 제약회사도 그의 발견을 채택하지 않았다.

현재 와피찬 사람들의 수입을 늘리는 가장 좋은 기회는 자연관광에 있다. 현재, 그들 영토를 방문하는 년간 몇백 명 수준의 사람들은 대부분 과학자, 학생 그리고 생태관광 여행객이다. 큰 상업 목장에서 지낸곤 한다. 어떤 와피찬 마을은 다른 아메리카 인디언 공동체가 운영하는 성공적인 회사를 모델로 삼아 자그마한 게스트 하우스를 짓기도 했다. 먹을거리는 좋다고 하더라도 대부분 서양인의 기대에 미치지는 못한다. 내가 묶었던 곳은 화장실을 찾기 위해 어둠속에서 100미터나 걸어야 했다. 방울뱀이 있다고도 했다.

하지만 그런 단점들은 개선될 수 있고 낮 시간 동안의 체험은 환상적이다. 이 지역에는 부채머리독수리, 펄 카이트*(pearl kite)*, 사바나 매, 고유종에 가까운*(the near-endemic)* 핀슈 에우포니아*(Finsch's euphonia)*, 붉은검정머리방울새라고 불리는 밝은 오렌지색의 작은 방울새가 장관을 이루는 새들의 생태가 있다. 멸종된 것으로 알려졌던 붉은검정머리방울새는 와피찬 레인저가 다시 발견해서 WWF로 하여금 루푸누니*(Rupununi)* 지역의 주요 종 다양성 평가 체계를 수립하도록 한바 있다. 그 레인저들은 조사관들에게 천개가 넘는 생물종들을 안내했다. 와피찬 원주민들은 조류 생태에 대한 국제적인 관심이 조류 연구자들의 방문을 독려하여 토지소유권 주장을 강화할 수 있다고 믿는다. 관광객들이 자주 찾는 목적지는 와피찬 지역 북부의 숲이 우거진 카누쿠*(Kanuku)*산이기도 하다. 그 산은 검정 카이만, 큰 강 수달, 큰 개미핥기, 남미에서 가장 큰 민물고기인 아라파이마와 같은 동물들과 함께 가이아나의 그 어느 곳보다도 다양한 종 다양성을 가지고 있다.[334] 가이아나 정부는 그 산을 통제권 아래에 두기 위한 보호지역으로 간주하고 있으나, 좀 더 논리적인 접근은 그 산을 가장 잘 이해하고 있는 와피찬들의 환경 관리하에서 관광객들에게 개방하는 것이라고 할 수 있다.

우리는 너무 감상적일 필요는 없다. 와피찬 공동체에서는 문화의 충돌이 벌어지고 있다. 자급자족과 산림 중심의 생활은 컴퓨터 게임, 통조림 야채, 현금의 유혹에 맥을 못 추고 있다. 많은 젊은 사람들은 외부 교육과 일자리를 찾고 있다. 그래도 마을 사람들은 여전히 고기를 위해 자신들의 가축을 잡고 와인, 잼, 그리고 마을 가게에서 주로 오래된 보드카 병에 담아 파는 매운 고추 소스와 마찬가지로 지역 식재료를 가지고 카사바와 타피오카 빵을 만들어 먹고 있다. 그들은 직접 가죽옷을 만들어 입기도 하고 모든 마을에는 주로 여성들이 전통 해먹과 아기 포대기를 만드는 재봉 동호회가 있다.

토니 제임스(Tony James)는 중학교에 진학하는 아이들을 위한 야생 체험(bushcraft) 여름 학교를 도입하려는 그의 계획에 대해 말해주었다. '우리는 활과 화살을 만드는 법, 숲속에서 생존하는 법, 사냥법을 가르친다. 그 과정을 마치면 숲속에 들어가 먹을 것을 찾아내는 용맹함을 증명해 낼 것이다. 그리고 사냥한 것들을 들고 와서 마을 잔치를 준비하기 위해 모일 것이다. 젊은 여자들이 사냥꾼들을 맞이할 것이며, 야생 체험 졸업식도 있을 것이다. 관람을 위한 관광객들을 공수할 수도 있다'고 말했다.

공동체 리더들의 목적의식이 매우 인상적이었다. 현대 세계는 위협적이지만 또한 그들과 그들의 숲에 기회를 제공하기도 한다. 다만, 현대 기술과 전 지구적 연계는 디지털 지도화, 환경적 우려, 세계적 관심이 그들의 미래 세대를 위한 토지에 대한 권리 보장, 그리고 숲을 확보하고자 하는 방향으로 이끌어 줄 수도 있는 것이다.

책의 앞부분에서, 나는 마토 그로쏘(Mato Grosso)의 숲이 우거진 싱구(Xingu) 원주민 보호구역과 탕구로(Tanguro) 대두 농장 사이에 서 있었다. 지상의 두 세계가 그토록 극적으로 충돌하는 것을 보는 것은 냉혹한 경험이었다. 집에 돌아와서 컴퓨터 화면으로 수천 Km까지 뻗어있는 경계선 위성사진을 보는 것과 아마존 늪지 모든 지역에 걸쳐 같은 패턴을 보는 것도 거의 비슷한 수준의 충격이었다. 오늘날의 아마존은 농장을 위해 정리된 갈색토지 지역으로 둘러싸인 녹지 숲의 커다란 섬으로 이루어진 거대한 누비옷과 같다. 어떤 지역은 시계열 위성사진을 보면 해마다 갈색 지역이 확장되는 것을 볼 수 있다. 다른 지역은 녹색 지역이 견고하게 유지되고 있다. 어떤 차이일까? 녹색 지역은 적극적인 원주민 공동체에 속해 있기 때문이다. 대부분의 지역은 아마존을 지키려는 사람들인 것이다.

여러 원주민 그룹의 고향인 싱구 보호구역은 2백 6십만 헥타르에 이른다. 85%가 산림지역이지만 대두 농장으로 둘러싸여 있다. 바로 북쪽으로

카야포(Kayapo) 사람들은 천백만 헥타르가 넘는 숲을 관리한다. 물론 그들의 영역 안에서는 산림훼손이 없다. 두 개의 보호구역이 함께 영국보다 오히려 더 넓은 녹색 섬을 이루는데 가축 목장과 대두 농장의 갈색 지역으로 둘러싸여 있다.[335]

겨우 몇천 명의 주민들뿐인 그 공동체들은 가까운 지역을 집어삼킨 외부인들의 침입을 저지했다. 정부 기관의 조치가 실패한 곳에서 공동체들은 벌목업자, 금 채굴업자, 가축 목장업자, 대두 농장업자들을 맹렬하게 격퇴해야만 했다. 한 유명한 사례로는, 카야포 전사들은 금 채굴업자가 그들의 보호구역에서 떨어진 먼 지역으로 이동한 것을 확인한 후에 보트와 도보로 캠프를 습격해서 장비들을 무력화시켰고, 정부를 압박하여 채굴업자들을 제거하기 위해 헬리콥터를 보내게 했다. 채굴업자들은 다시 돌아오지 않았다.

숲을 그 안에 거주하는 사람들로부터 지켜야 한다고 들어왔지만, 사실은 그 반대인 경우가 대부분이다. 1980년 이후 브라질 아마존 지역에 자생한 300여 개의 원주민 지역은 금세기에 산림훼손이 획기적으로 줄어드는 데 중요한 역할을 했다고 인정받고 있다. 보호구역을 만든 법률안은 원주민 공동체들이 외부인을 내쫓고 보호구역내 자연 자원을 통제할 권리를 부여한다. 그들은 그러한 힘을 활용했다. 한 연구에 의하면 원주민 공동체의 '선택적 자산권'으로 묶이게 된 브라질 아마존 일부 지역에 산림훼손이 1982년 이래로 2/3 정도 감소했다고 한다.[336]

또 다른 연구에서는 2000년부터 2014년까지 브라질 아마존 지역 중 공동체 그룹 관리 지역의 산림훼손율은 타지역의 7%와 비교하면 0.6%에 불과한 수치임을 찾아낸 바 있다.[337] 더욱이 이는 다른 산림지역에 비해 그 지역에 더 적은 사람들이 살기 때문만은 아니었다. 반대로 공동체 지역 내부는 외부 지역보다 인구밀도가 높은 경우가 많고, 이스트 앵글리아 대학(University of East Anglia)의 로드리고 베고티(Rodrigo Begott)i는 '너무 적은 인디언들을 위한 너무 많은 토지가 있다는 자주 반복되어 온 논쟁을 떨쳐버려야 한다'고 주장한다.[338] 서쪽으로 페루 아마존 역시 유사한 상황이다. 원주민 공동체들의 땅에 대한 소유권을 가지고 있는 지역의 경우, '벌채는 3/4 이상, 산림 교란(forest disturbance)은 대략 2/3 정도 줄어들었다'고 미래를 위한 워싱턴 싱크탱크 자원의 앨런 블랙맨(Allen Blackman)이 말한바 있다.[339]

미시간 대학(University of Michigan)의 크리스토퍼 놀테(Chrisoper Nolte)에 의하면, 산림 거주자는 현대의 산림 구원자이며 최악의 상황에서도 최선을 다한다고 한다. 그가 브라질 아마존에서 알아낸 바는 '원주민 땅은 개발 압력이 높은 지역의 산림훼손을 회피하는 데 특히 효과적'이라는 것이다.[340] 위성사진을 봐도 알 수 있다. 정부 보호 지역은 개발에 압도될 수 있지만 지역민이 담당하는 곳은 드물다.

원주민 그룹을 순수한 환경주의자들로 간주하지 말자. 자연을 지키고자 하는 만큼 땅과 자원을 지키려고 하는 것이다. 그들에게 그 두 가지는 분리할 수 없는 것이다. 브라질 아마존에서는 7만 명으로 추정되는 사람들이 아직도 야생 고무를 채취하고 브라질 넛, 통카 콩, 그리고 아마존에서 소고기와 목재 다음으로 세 번째로 가치 있는 산림 생산물이라고 여겨지는 열매를 맺는 야자수인 아사이(acai)로 생계를 이어가고 있다. 이와 같은 열대우림에서 수확의 대부분은 지역민들을 위해 따로 마련된 20여 개의 추출 보호구역(extractive reserves) 내에서만 이루어진다.[341] 아마존에서 잉글랜드(England) 크기만 한 정글 지역을 이루고 있다. 첫 번째 보호구역은 1980년대에 서부 환경 그룹이 채택한 이와 같은 보호구역을 만들어 숲을 보호하는 캠페인을 벌인 서부 아마존 치코 멘데스(Amazon Chico Mendes)의 업적을 기념하게 되었다. 그는 지역 목장주에 의해 암살되었다. 그러나 후에 환경부 장관이 된 그의 제자 마리나 실바(Marina Silva)는 숲을 이용할 때 숲을 보호하는 보호구역 네트워크를 설립하여 그의 유산을 이어나갔다.

로스앤젤리스 캘리포니아 대학교(University of California)의 환경 역사학자 수재나 헥트(Susanna Hecht)에 의하면 '아마존은 천연의 모델(model of purity)이라기 보다는 사용하는 사람들이 보호하는 작업 풍경'과도 같다. 가끔 온전한 숲을 사랑하는 사람들을 실망하게 하기는 하지만 '온전한(intact)' 아마존은 대부분 콜럼버스 이전의 산림 정원이 재성장한 것이라는 것을 기억해야 한다. 어떤 상황에서도, 산림 공동체와 그들의 기술 및 관할권이 문제의 시작이 아니라 해결책의 일부분이라고 생각해야 한다.

아마존 역시 예외가 아니다. 세계에 걸쳐 중요한 국경지대에는 두가지 점이 분명해진다. 첫 번째는 산림 공동체가 산림을 보호한다는 것이고, 두 번째는 그들이 산림 보호에 있어서 특히 토지에 대한 소유권을 확보한 경우에는 정부나 외부 환경주의자들보다 더 우수하다는 것이다. 이는 단지 산림 면적에 대해서만이 아니라 산림의 확장이나 심지어 탄소 문제까지도 그렇다는 것이다. 브리티시 컬럼비아 대학교*(University of British Columbia)*의 리차드 슈스터*(Richard Schuster)*가 주도한 브라질에서 호주까지의 만 오천 개가 넘는 지역의 분석에 의하면 원주민 공동체가 관리하는 산림이 국립공원이나 다른 보호구역으로 보호되는 지역보다 더욱 풍부한 종 다양성 생태계를 지닌 것으로 나타났다. 그의 결론은, 의심할 여지 없이 많은 원주민 공동체의 토지관리 방식으로 인하여 높은 종의 수를 유지하게 되었다는 것이다.[342]

열대우림지역에서 종들이 풍부한 곳은 인간 점유의 역사와 함께한 지역이곤 했다.[343] UN 환경 프로그램의 전 총괄 담당이었던 클라우스 퇴퍼*(Klaus Toepfer)*는 '문화적 다양성과 종 다양성 사이의 관련성과 토지와 위치에 대한 숭배와 종종 독특하고 특별한 식물과 동물 사이의 관련성이 깊다는 증거'가 있다고 제시한바 있다.[344] 과테말라 원주민 활동가이면서 1992년 노벨 평화상을 수상한 리고베르타 멘추*(Rigoberta Menchue)*는 '원주민들이 사는 지역에 역시 훌륭한 생물학적 다양성이 존재하는 것은 우연이 아니다'라고 주창한바 있다.

이러한 분석은 수십 년 동안 정부로 하여금 환경보호라는 명분으로 원주민 사람들과 지역 공동체를 숲으로부터 격리해야 한다고 부추겼던 많은 환경주의론자들에게는 여전히 충격적이었다. 수십 년에 걸쳐 4만 명이 넘는 사람들이 여섯 개의 중앙아프리카의 아홉 개의 보호구역에서 내몰렸고 더 많은 사냥과 수렵 채취 장소를 박탈당했다.[345] 맨체스터*(Manchester)* 대학의 인류학자 댄 브로킹톤*(Dan Brockington)*에 의하면 '요새 보존' 전략으로 전 세계적으로 쫓겨난 사람들이 몇백만 명에 달할 것이라고 한바 있다.[346]

지금 지구의 육지 중 약 17%가 자연을 위해 '보호되고' 있다. 원주민이 아닌 농촌 공동체에 점유된 지역에 더 많은 - 아마도 대부분 - 지장을 주고 있는 한편, 이러한 보호지역의 약 절반이 원주민들의 전통적 영역과 겹쳐 있다. UN 환경 프로그램에 따르면 전 세계 대부분의 국립공원이 여전히 공동체 관리의 어떤 형태라도 갖추지 못하고 있다. 이는 불공정하고 어리석은 것이라고 할 수 있다.

인권 활동가의 많은 사례 중 하나에서는 미국의 야생동물 보존회(*Wildlife Conservation Society, WCS*)는 1993년에 콩고공화국 정부가 국토 북서부 지역의 4십만 헥타르의 산림을 누아발레-은도키(*Nouable-Ndoki*) 국립공원에 편입시키도록 설득한바 있다. 그 과정에서 수천 명의 반 유목민 바야카 '피그미'(*Bayaka 'pygmy'*) 사람들이 그들의 조상으로부터 물려받은 공원안의 사냥터로부터 쫓겨나게 되었다. 오래된 이야기지만 역사에만 맡겨둘 수는 없는 일이다. 징의롭지 못한 깃이 남겨져 있는 것이다. 잔인한 것은 그 국립공원은 대규모 벌목 허가 지역에 근접해 있으며 또한 바야카(*Bayaka*) 영토에 속해 있었다는 것이다. 사실상, 벌목업자들과 보호주의자들이 숲을 조각내고 원주민 거주자들을 떼어 놓은 것이다.[347] 상처에 소금을 뿌리듯이 2020년 초까지도 여전히 WCS의 웹사이트에는 그 국립공원이 '사람들과 거의 접촉이 없었던', '논쟁의 여지 없이 콩고 분지에 남아있는 온전한 산림 생태계의 가장 좋은 사례'라고 기술되어 있다는 것이다.[348] 바야카에 대해서는 아무런 언급도 없었다.

WCS만이 이러한 문제의 역사가 있거나, 사과하거나 배상하지 않는 것이 아니다. 2020년에는 유엔개발계획(*UNDP*)은 WWF가 어떻게 수년 간에 걸쳐 콩고의 그린 요새인 메쏙-드자(*Messok-Dja*) 국립공원의 경비원에 대해 자금을 지원했는지에 대한 목록을 작성하였다. 경비원들은 수백명의 바야카인들을 그들의 조상으로부터 물려받은 땅에서 쫓아내고, 구금하고, 작물을 몰수함과 동시에 구타를 하고 위협을 했다. 환경 기구의 수장은 공식적인 부인을 했음에도 불구하고 수년간 그곳은 물론 연접한 카메룬, 중앙아프리카 공화국과 콩고 민주공화국에서도 WWF가 자금을 지원했던 다

른 국립공원들에서도 권력남용을 한 것에 대해 인지하고 있었다.[349]

환경주의자들은 산림공동체에 간여하는 것에 대해 자주 이야기하곤 한다. 그러나 포레스트 피플 프로그램(Forest Peoples Programme)의 존 넬슨(John Nelson)은 '선의를 가진 유럽과 북미 사람들로부터의 자금은 여전히 이러한 원주민 권리 침해를 위해 지급되도록 도움을 주고 있다'고 이야기한다.[350] UNDP를 위해 콩고에서의 남용 사례 기록을 도왔던 서바이벌 인터네셔널(Survival International)의 디렉터인 스티픈 코리(Stephen Corry)는 '보존을 위한 천재지변, 가장 보존을 잘하는 바로 그 사람들을 파멸시키기 때문'이라고 표현하기도 하였다.[351] 그것은 또한 펀딩에 영향을 끼치기 시작한 것이었다. UNDP 리포트의 여파로, 미국 당국은 1,200만 달러 이상의 WWF, WCS 및 그 지역의 또 다른 활동들을 위한 자금 지원을 중단하게 되었다.[352]

여기 '그린'이 어떤 것인지에 대한 문화 전쟁이 있다. 노르웨이 대학 생명과학부의 더글라스 세일(Douglas Sheil)은 보호주의자들은 '자연은 오로지 우리의 정신적 이상을 만족시킬 수 있을 때 보존할 가치가 있다는 시각 : 오염된 자연에 대한 망상(즉, 인간이 배제된 자연)'으로 인해 고통받게 된다고 주장한바 있다.[353] 그러나 좀 더 거친 표현으로, 누가 야생의 땅을 책임질 것인가에 대한 밥그릇 싸움과도 같다. 숲속 그리고 숲에 둘러싸여 살고 있는 지역민들인가? 아니면 생태환경을 평가하기 위해 SUV로 들렀다가 리포트 작성을 위해 다시 떠나가는 외부의 전문가들인가? 아마도 이러한 갈등은 왜 수많은 환경주의자들이 원주민들이 숲을 관리하는 방법을 더 잘 알고 있다는 사실을 깨닫는 데 그렇게 오랜 시간이 걸렸는지 잘 설명해 준다.

그럼에도 불구하고, 관점의 전환이 오고 있다. 나는 뉴욕 보테니컬 가든(New York Botanical Garden)의 수석 산림 식물학자 찰스 M. 피터스(Charles M. Peters)와의 예일 환경 360(Yale Environment 360)에서의 인터뷰에 매료되었다.[354] 그는 2018년 저서인 『야생 관리(Managing the Wild)』를 출간하고 했다. 나는 숲을 이해하고 보존하기 위해 서양 과학이 어떻게 전개되는지에 대한 설명을 기대했다. 대신, 그는 '지역 사람들이 열대우림을 어떻게 관리해야 하는지 우리보다 잘 알고 있으며', 그리고 '놀라운 전통 지식을 가지고 있다'고 주장했다. 다약(Dayak) 사람들을 방문하고는, '이들은 1 헥타르에서 150개 종류의 나무를 관리하고 있다. 우리 서양 임업인들은 하나의 플롯에 4개 종류를 관리하지 못한다. 임업인으로서 한번 가서 보라 : "세상에, 어떻게 이렇게 할 수 있지?" 그러한 토속적 지식을 참신하지만 본질적으로 현대 세계와 무관한 그저 선대의 기발한 유물 정도로 치부하는 것은 더 이상 받아들여지지 않는다. 토착적 지식은 외부로부터의 지식에 비해 다양한 측면에서 우월하다. 우리가 세계의 숲들을 구해내고, 육성시키고, 복원하고자 한다면, 이를 달성하기 위한 최고의 전문성은 지금 그 숲속에서 생존하고 건강하게 살아 있는 것이다. 그들의 영역을 보전시키는 데 있어서 방관자일 수 없는 것이다. 그 과정의 책임을 질 것이고 또 책임져야 하는 것이다.

19

지역공동체 산림
Community Forests

공유의 승리
A Triumph of the Commons

2018년 초 중앙 네팔의 히말라야 푸른 산기슭의 피플-포카라*(Piple-Pokhara)* 지역공동체 산림 가장자리에서 한 무리의 여성들이 햇볕아래 모였다. 그들이 최근 시작한 사업인 나무 공예품을 본격적으로 만드는 오후였다. 그들의 수공업을 존중하는 좋은 명분이 있다. 단지 장난감 등의 목재용품을 만들어 내는 것을 뿐 아니라, 그 목재들이 나오는 숲 역시 그들 사업의 생산품이기 때문이다.[355]

'25년 전만 해도 저 멀리 언덕 위를 걷는 사람들이 보일 정도로 나무들이 듬성듬성 있었지요.' 피플-포카라 숲을 책임지는 위원회의 회장인 람하리 차울라가이*(Ramhari Chaulagai)*가 말했다. 그 지역은 산림훼손으로 메말라 있었다. 나무는 없고 언덕은 메말랐다. '사람들은 물을 가지러 멀리까지 갈 수밖에 없었다.' 그래서 1990년대에 헐벗은 언덕에 지역공동체에서 산림 이용자 그룹*(forest user's group)*을 형성하여 나무를 심고 스스로 재생장*(natural regrowth)*할 수 있도록 육성하기 시작했다. 당시 새 정부 법안 아래에서 그들 스스로의 관리를 주장할 수 있는 공동체 산림을 만들어 낸 집단적인 노력이었다. 전 지구적으로 보면 아마존에서는 아직도 숲을 베어냄으로써 토지에 대한 권리를 주장할 수 있지만, 네팔에서는 나무를 심고 가꾸어서 권리를 주장한다.

한 세대가 지난 현재에는 마카완푸르*(Makawanpur)* 지역 카트만두*(Kathmandu)*

서남쪽의 숲을 둘러싼 공동체의 주민들은 땔감과 목공예품을 위한 목재를 구하고, 나무 그늘 아래에서 가축을 풀 먹이고 울창한 숲 아래를 산보할 수 있다. 홈나스 가우탐*(Homnath Gautam)*은 숲속에 많은 오리나무, 소나무, 전나무를 심었다고 한다. 지금은 은퇴해서 매일 집 뒤의 언덕을 오르며 표범, 고슴도치, 천산갑, 사슴과 같은 야생동물들이 보금자리를 잡는 것을 보고 천연갱신*(natural regeneration)*에 감탄한다고 한다.[356]

지난 4반세기 동안 네팔은 나라에서 인구밀도가 가장 높은 지역인 히말라야 산기슭에서 산림의 공동체 관리를 위한 성공적인 체계를 발전시켰다.[357]

그것은 놀라운 반전이었다. 1990년대까지만 해도 나무는 정부 소유였으며 부패 공무원들은 네팔을 급속한 산림훼손의 전형으로 만들었다. 지금은 약 22,000여 자치 공동체 산림 이용자 그룹이 국가 전체 산림의 약1/3인 2백만 헥타르에 달하는 산림의 관리와 통제를 위한 법적인 권리를 가지고 있다.[358] 수백만의 사람들이 산림을 이용하고 수익을 창출하고 있으며 단순히 즐기고 있다. 국유림은 1/5수준에서 45%로 증가하여 세계에서 제일 빠른 복원 속도를 보이는 나라가 되었는데 대부분 공동체 산림의 증가로 인한 것이다.[359] 공동체 사람들의 산림은 산불이나 불법 벌채에 덜 노출된다. 토양은 개선된다. 강 유역의 산사태는 줄어들고 지하 샘물이 살아난다. 스위스 개발 에이전시 헬베타스*(Helvetas)*의 분석에 따르면 풀뿌리 민주주의가 번성하는 것처럼 새로운 공동체 리더가 나오고 빈곤이 감소하였다.[360]

공동체 산림은 지역에 필요한 가축이 먹을 나무의 순, 땔감을 위한 나무 또는 과일과 약초 등을 공급해 주는 비즈니스와 같이 운영된다. 확실한 소유권을 가진 공동체는 산림을 장기적인 자산으로 여기게 되어 약탈하기보다는 육성시키게 된다. 맨체스터 대학교*(University of Manchester)* 대학의 요한 올데콥*(Johan Oldekop)*이 2019년 연구 결론을 낸 바와 같이, '네팔은 토지에 대한 확실한 권리는 지역 공동체가 자원을 지키고 환경 훼손을 방지하는 것을 증명한다.'[361]

*

네팔의 공동체 산림 사례는 많은 사람들이 선호하며, 산림이든 수원지이든, 목초지이든 수렵지이든 '공유의 비극(the tragedy of the commons)'이라는 문장으로 요약되는 공동체의 지구적 공유지 관리에 대한 보편적인 시각에 이의를 제기한다. 1968년에 출간한 영향력 높은 논문에서 자연 자원에 대한 집단 소유권은 재앙을 초래하는 비결이라고 주장한 미국 생태학자 개릿 하딘(Garrett Hardin)이 만들어 낸 문장이다.[362] 그의 논쟁은, 책임이 없다면 어떤 사람이든 그들이 할 수 있는 한 많은 것을 탈취하려고 한다는 것이다. 개인은 모두 '이성적으로' 행동할 것이다. 자원은 다른 사람들에 의해 낭비될 것으로 추정하고 그들이 할 수 있는 한 동참하려 할 것이다. 결과는 집단적 재앙이다. 나무들은 제한 없이 벌채될 것이며 지하수는 고갈될 것이다. 목초지는 사막이 될 때까지 방목될 것이다.

일반적으로 이끌어낸 교훈은 자연은 집단 통제에서 벗어나야 한다는 것 - 하딘(Hardin)은 전혀 통제가 안 되는 것으로 간주한다 - 이며 장기적 생존에 이권이 있고 지켜낼 수 있는 능력이 있는 국영기업이나 민간기업의 손에 맡겨야 한다는 것이다.[363]

실제로 현실 세계에서 대부분의 사례는 하딘의 가설이 틀렸음을 증명한다. 그의 천적은 인디애나 블루밍턴 대학교(Indiana University Bloomington)의 엘리너 오스트롬(Elinor Ostrom)으로 판명되었다. 그녀는 하딘(Hardin)의 논문을 읽고 반론하기를, 전 세계적으로 주정부나 민간 소유자가 개입하지 않더라도 지역 동의를 통하여 공동체가 자연 자원을 성공적으로 관리할 수 있다고 주장했다.[364] 그녀는 네팔의 공동체 산림에서 처음으로 목격한바 있다. 후속 연구를 통하여 스페인 농민, 일본 초원의 목동, 인도네시아 어부가 부족한 수자원을 공유하는 가운데 같은 사례를 찾아내 분석했다. 심지어 스위스(Swiss)의 육우 목장에서 수 세기 동안 치즈 생산자들이 개방 목장을 운영하여 울타리를 친 개인 목장보다 더 효율적으로 양들을 방목하고 있다. 오스트롬(Ostrom)에 의하면 공동체는 대체로 상식을 보여주는데 가장 나쁜 것은 '외부로부터 규칙을 부여하는 것'이다.

오스트롬(Ostrom)의 생각이 누구에게나 좋은 평가를 받은 것은 아니다. 경제학자인 어느 비평가는 오스트롬이 하딘의 논지에 대해 평가절하한 고선 공유의 비극을 너어(Governing the Commons)를 '문명 질서의 핵심인 사유재산권에 대한 형편없는 악의적인 공격을 담고 있기 때문에 사악한 책'이라고 평한바 있다.[365] 그러나 2009년, '이 활기차고 어수선한 인물' - 3년 후 이코노미스트지가 그녀를 추켜세우는 부고에서의 또 다른 묘사 - 은 경제 과학 분야에서 노벨상을 수상한 첫 번째 여성이 되었다. 그녀의 사망 이후, 그녀의 사례를 뒷받침하는 증거는 계속 쌓여가고 있다. 지역 자원의 관리에 대한 심도 있는 지식을 가진 많은 연구자들이 유사한 이야기를 하고 있다.[366]

플로리다 국제 대학교(Florida International University)의 데이비드 브레이(David Bray)는 2,300개가 넘는 지역 공동체들이 국가 산림의 약 60%에 대해 장기적인 소유권을 가진 멕시코 연구에 평생을 보냈다. 그에 따르면, 효과적이다. 그들은 신중하고 선택적인 벌목을 한다. 멕시코 공동체들은 '동식물의 다양성에 거의 영향을 끼치지 않으면서 수백만의 산림면적을 보호하고 있다.' 공동체 소유 산림의 산림 훼손율은 정부 보호 지역보다 낮다.[367]

예를 들어, 오악사카(Oaxaca) 시에라 노르테 산(Sierra Norte Mountains)의 자포텍(Zapotec) 지역 공동체는 수십 년간 소나무 숲과 참나무 숲을 벌목해 왔다. 이들은 제재소와 가구 목공소를 가지고 있지만 양묘장도 운영한다. 이들 통제하에 있는 20만 헥타르의 토지 중에서 거의 80%가 산림지역이다. 그중에서 2/3가 벌목되고 1/3은 공동체가 보전을 위해 구역을 설정해 놓았다. 운영은 지역 주민, 교회 및 학교와의 강력한 지역 사회 유대와 공동 작업에 연간 최대 20일의 노동을 제공해야 하는 의무로 뒷받침되고 있다. 이 역시 효과적이다.[368]

브레이(Bray)는 이러한 시스템을 '공동체 자본주의'라고 부른다. 그는 이러한 것이 '액면으로는 초등학교 이상의 교육 수준을 받지 못했지만, 공동체 회원들이 서로 논의하고 운영 단체를 만들고 규칙을 세우며 구역을 지키고 규칙을 어긴 사람들을 제재하며, 적절한 환경하에서 공유지를 지속적으로 운영할 수 있는 지역 공동체가 이루어 냈다'고 말한다. '공동체에게 운영할 가치 있는 자원과 같은 협력의 인센티브를 제공한다면 공동 활동은 강력한 원동력이 되는 것이다.' 그는 이런 것이 '세상이 따라 하고 싶어 할 만한 무언가'라고 재미있게 말한다.

멕시코와 네팔은 국가적으로 지역 공동체가 산림을 통제하도록 하는 것이 흔치 않다. 대부분의 정부 기관이 산림을 관리하려고 한다. 워싱턴에 있는 권리와 자원 이니셔티브(Rights and Resources Initiative, RRI)에 따르면 원주민들을 포함한 산림 공동체들은 단지 전 세계 산림 중 15%에 대해 법적으로 인정된 권리를 가지고 있다.[369] 라틴 아메리카가 제일 많지만, 사하라 이남 아프리카는 단 7%의 수치를 보여준다.[370] 하지만, 실제로 법이야 어쨌든 전 세계 산림의 아마 절반 정도가 다양한 수준까지의 수렵, 채취, 이동경작을 하는 전통 부족민들에게 효과적으로 점유되고 있다. 이들은 자신들의 산림 자원을 독점적이고 현명하게 사용하고 있다. 국제산림연구센터(Centre for International Forestry Research, CIFOR)의 연구로 자연 자원 수확이 열대림이나 그 주변에 살아가는 사람들의 가장 큰 소득의 구성요소로서 작물 재배, 임금 혹은 가축 들보다도 많다는 사실을 알려졌다. 그 당시 CIFOR의 디렉터였던 프랜시스 시모어(Frances Seymour)는, 하지만 이러한 산림의 생산력이 '그 생산품이 가정에서 소비되거나 국가 데이터 수집망에 잡히지 않는 지역 시장에서 판매되기 때문에 국가 통계에 대부분 나타나지 않는다'고 말한다.

산림은 또한 산림보호의 중요한 일부분인 문화의 중요한 일부를 형성한다. 예를 들면, 거의 모든 사회가 신성한 나무숲을 가지고 있는 것으로 보인다. 나 스스로 찾아다닌 적은 절대 없지만, 마을마다 신성한 숲이 있고 사람들이 조상들을 위해 숲속에 수확 선물을 매년 남겨놓는 기독교 이전의 보편적 전통이 살아있는 캄보디아와 남아프리카, 가나와 인도, 가이아나와 심지어 에스토니아에서 간혹 우연히 만나게 되는 것이다. 이 외에도 유럽의 켈트족과 드루이드(Celts and Druids), 갈리아인(Gauls)과 리투아니아인(Lithuanians), 핀란드인과 웨일스인(Welsh)도 모두 신성한 숲을 돌보는 역사가 있다. 아프리카에서는 케냐의 키쿠유인(Kykuyu)은 기원과 동물 제물을 위한 무구무 나무(mugumu tree)숲을 보호하며, 시에라리온(Sierra Leone)에서는 항구 약용 식물 숲을, 코트디부아르(Ivory Coast)에서는 입회식에 사용된다. 아시아(Asia)에서는 서시베리아 만시(Mansi) 사람들은 한대림(boreal forest)에 신성한 숲을 유지하고, 일본 사람은 숲속에 신사(Shinto shrines)를 두며, 중국인은 신성한 나무가 우거진 산을 가지고 있다. 한 연구에 의하면 인도에서만 14,000개 이상의 신성한 숲이 있다고 한다. 호주의 애버리지니인(Aborigines)은 '소원(dreaming)'의 숲을 가지고 있으며, 마야인(Mayans)은 '신들의 음식(food of the gods)'인 카카오를 재배한다.

현대에 이르러서도 우리는 여전히 고인을 추모하기 위해 나무를 심는다. 영국의 군대 등 많은 다른 것들을 위한 주요 추모관이 25,000그루가 있는 국립 수목원에 있다. 캘리포니아에서는 샌프란시스코에 에이즈 국립추모 숲(AIDS National Memorial Grove)이 있다. 수백 년에 걸쳐 지역 사람들이 키우고 가꾸어 온 세계에서 가장 높으며 크고 오래된 주의 세쿼이어 숲은 현재 역대 대통령들에게 헌정되어 있다. 밀접하게 관련된 것은 '녹색' 장묘를 위해 사용되는 숲이라고 할 수 있다. 독일에서는 매년 사망자 45,000명이 '수목장(tree burials)'을 한다. 나의 아들도 서레이(Surrey)의 브룩우드 묘지(Brookwood cemetery)에 있는 녹색 장묘지(green-burial plot)의 나무 아래에 묻혔다.

진정한 통제권을 가진다면 지구상 산림의 공동체 경영은 엄청나게 잘 작동한다. 멕시코 시티 생태연구소(Institute of Ecology)의 루시아나 포터-볼랜드(Luciana Porter-Bolland)는 국가 지정 보전구역(state-protected areas)이 지역 공동체 산림보다 평균 네 배 빠르게 황폐해진다는 것을 알아냈다.[371] 세계자원연구소(World Resources Institute, WRI), 워싱턴 싱크탱크, RRI가 수행한 14개국의 130개 지역에 대한 고찰에서 공동체 소유 산림들이 다른 산림들에 비해서 더 많은 탄소를 저장하는 한편, 더 적은 황폐화와 적은 산불로 고통받는다고 밝혔다.[372] RRI의 앤디 화이트(Andy White)는 '생계와 문화를 위해 숲에 의존해야 하는 공동체들보다 숲의 건강에 대해 강한 관심을 가질 수는 없는 것'이라고 말했다. WRI 디렉터 앤드류 스티어(Andrew Steer)가 언젠가 내게 '황폐화를 막으려면 공동체에 법적인 권리를 부여해야 한다'고 했다. 또한 일리노이 대학교(University of Illinois)의 아슈위니 차터(Ashwini Chhatre)에 따르면 기후변화의 중단을 생각한다면 '단순히 산림의 수요권을 정부로부터 지역공동체에 이전시킴으로서 탄소격리를 증가시킬 수 있다.' 열대지역의 80개 '공동(common)' 산림에 시험해 본 결과 차터(Chhatre)는 '토지소유권이 안전하다면 그들은 그러한 산림에 바이오매스와 탄소를 지켜낸다'고 결론지었다. 하지만 그는 또한 '지역민들의 권리가 확보되지 않았다고 인식하면 (중앙 정부가 임야를 소유하기 때문에) 그들은 높은 수준의 생계 혜택을 착취하게 된다'는 것을 알아냈다. 그의 논리는 '매우 단순하다. 정책적 함의는 지대하다. 진정으로 우리의 보고서가 공유물의 비극에 대한 생각을 바꾸어 놓기를 바란다'고 말했다.[373]

실제로 그런 일이 일어났다. 2006년 인도는 14억 전 국민 중 1/4에 해당하는 산림지역 거주민들에게 공동체 산림의 일부를 사용할 권리와 함께 산림 경영을 위한 정부 자금을 사용할 수 있도록 하는 산림 권리법(Forest Rights Act)을 통과시켰다. 실행은 더디었지만 2013년, 국가 대법원은 해당 법률에 대해 '인도 역사상 최대 규모의 토지 개혁이자 세계에서도 가장 큰 규모의 개혁 중 하나로써 불멸의 자산(imperishable endowment)'이라고 명명했다.[374]

지역 공동체 산림이 어떻게 오늘날의 북부 과테말라 마야 산림(Maya Forest)의 상태보다 정부 소유 산림에 대한 '보호'를 더 우월하게 할 수 있었던 더욱 분명한 사례는 거의 없다. 과테말라 정부는 중앙아메리카 최대의 열대우림을 보호하기 위해 1990년 마야생물권 보전지역을 만들었다. 당시 정부에 자문을 하던 미국 보호주의자들은 보전지역에 있는 일련의 보호 공원을 따라 지역 공동체들에 벌목을 위한 막대한 자금이 부여된 사실에 대하여 배신감을 가지게 되었다. 그들이 지구상에서 세 번째로 중요한 종 다양성 핫스팟이자 1,400개 식물종과 재규어, 퓨마, 맥, 거미원숭이, 악어, 하피 독수리, 마코 앵무새를 포함한 450개 동물종 이상의 서식지라고 규정한 지역의 중심부를 지켜낼 기회를 상실했다고 간주했다.[375]

그 이후, 불법 가축 목장이 보호지역 서쪽의 산림이 포함된 국립공원을 훼손시켰다. 세계에서 가장 빠른 속도의 산림황폐화 지역 중 일부이다. 2000년 이래로 가장 큰 공원인 338,000 헥타르의 라구나 호랑이 국립공원(Laguna del Tigre National Park)의 산림 중 거의 1/3이 상실되었다. 하지만 보호지역의 동쪽에서는 한때 훼손되었던 공동체 숲이 여전히 온전하며, 350,000 헥타르 이상에 달하는 빛나는 등대와도 같다. 산림 황폐화율은 1%의 일부일 뿐이다. 이와 함께 세계에서 가장 크고 성공적인 지역 공동체 산림 실험 중 하나를 구성한다.

위성사진에 대한 상세한 검토를 수행하기 전 해당 지역에서 수년간을 보낸 텍사스 주립 대학교(Texas State University) 제니퍼 디바인(Jeniffer Devine)은 국립공원 내 훼손 산림의 최대 87%가 불법 가축 목장으로 인한 결과라고 산정한바 있다. 그녀는 현장의 공무원들과 활동가들과의 인터뷰로 거대 규모의 농장을 위한 상당한 개간을 포함하여 보존지역의 산림훼손 중 최소 2/3이 직접적인 마약 밀매 자금으로 이루어졌다는 거의 만장일치에 가까운 의견을 듣게 되었다. 그녀의 연구는 공동체 산림이 주정부가 보호하는 공원들에 비해 토지 점유에 대해 훨씬 더 탄력적이었다.[376]

북부 과데말리 페텐(Petén) 주의 마야 포레스트(Maya Forest)는 라틴 아메리카의 위대한 생태 보물 중 하나이다. 한때 고대 마야 문명의 통제권 아래에 있었으며 유명한 정글 피라미드를 포함하여 많은 고고학적 유산을 가지고 있다. 마야인들이 신속하게 나무를 베어낸 지역은 다시 자라났으며 오랫동안 아마도 5천 명의 거주민들뿐인 인구가 희박했던 지역이었기 때문에 대부분 마야인의 후손들이었다. 1954년 미국을 등에 업은 쿠데타로 토지가 없는 농민을 이주시키기 시작한 정부가 권력을 잡은 후 변화가 찾아왔다. 이어진 시민전쟁이 새로운 정부가 모두 옐로우스톤(Yellowstone)보다 두 배가 넘는 크기의 보호지역을 설치하여 지역에 새로운 미래를 추구했던 1980년대 말까지 지속되었다.

미정부 구호 기관(US government's aid agency, USAID)이 컨저베이션 인터네셔널(Conseravation International)과 네이처 컨저번시(Nature Conservancy)와 같은 미국 기반의 계열 기관들의 도움으로 구상했던 본래의 계획은 지역의 엄격한 보호를 부과하는 것이었다.[377] 하지만, 그때만 해도 경계구역 내에 9만 명으로 추정되는 인구로는 불가능하다고 판단되었다. 대규모 시위가 일어났다. 그런 와중에 지역 산림 이용자들을 대표하는 풀뿌리 조직들이 목재와 다른 임산물을 계속 수확할 수 있는 공동체 산림 설립 권리를 요구했다.

결국, 엄격한 보호조치는 대부분 보호구역 서부의 국립공원에 한정되었다. 보호구역의 약 1/5에 해당하는 11개의 산림 이용 권리가 동부에 부여되었다. USAID의 존 니틀러*(John Nittler)*의 회고를 통한 분석에 의하면 타협을 위한 거래는 '간여된 많은 보호론자들에게는 혐오스러운 것'이었다.[378] 데이비스*(Davis)*의 캘리포니아 대학교*(University of California)* 리자 그란디아*(Liza Grandia)*는 어떤 보호론자들은 지역 공동체들을 '불법 거주자*(squatters)*'로 간주하고 '과테말라의 보호구역이 대부분 이들의 영역에서 추출되었음'에도 불구하고 거래를 노골적으로 거부했다.[379] 하지만 불법 거주자들이 숲의 가장 훌륭한 보호자로 판명되었다.

10년 전, 보호구역을 거쳐 칼멜리따 마을*(Carlmelita village)*로 가는 45Km는 가는 길 내내 숲으로 둘러싸여 있었다. 지금은 이 마을 소유 산림에 도달할 때까지 불법과 나무가 없는 지대를 지나쳐야 한다. 칼멜리따는 원래 임산물을 채취하기 위한 정주지로 설립된 100년이나 된 공동체이다. 오늘날의 거주민들은 다양한 인종들로 구성되어 있다. 어떤 사람들은 마야인들의 후손이고 다른 사람들은 20세기 중반에 이주 프로그램으로 정착한 사람들이다. 400명의 거주민은 54,000 헥타르에 이르는 최초의 그리고 가장 넓은 공동체 산림을 관리한다. 이들은 목공으로 목재의 가치를 높여 자신들 소유의 지역 매장에서 지역 원자재로 만들어진 가구를 생산하는 데 특화되어 있다.[380]

산림훼손과 불법이 만연한 때에 숲을 성공적으로 보호할 수 있었던 배경에는 무엇이 있었을까? 산림 이용 권리를 규정할 때 정부가 설정했던 원칙 중 하나는 공동체가 산림을 지속 가능하게 이용해야 한다는 것이었다. 정부 보호구역에서는 모든 종류의 법규가 일상적으로 무시되었지만, 칼멜리따 사람들 등 다른 공동체 산람들은 대체로 원칙을 지켰다. 이들은 WWF를 기반으로 한 국제 산림관리협의회*(Forest Stewardship Council, FSC)*로 부터 수확 방법의 지속가능성 인증을 신청해서 승인받은 바 있다. 과테말라에서 거의 유일한 사례이다.

공동체들은 제품들의 시장 개척을 도와주는 미국 비정부기관 열대우림 연합(Rainforest Alliance)으로부터 장기적 조언을 받는 혜택도 받고 있다. 여기에는 마호가니(mahogany)나 그 이름과는 달리 새로운 세계적 수종(New World tree)인 스페인 시다(Spanish cedar)와 같은 가치 있는 목재들과 일부는 마야문명 시대로부터 이 지역에서 재배되어 오기도 한 비목재 임산물(non-timber products from trees)들도 포함되어 있다. 그중에는 사포딜라(sapodilla) 나무에서 채취되는 고무인 치클(chicle)도 있다. 치클은 리글리(Wrigley)가 껌의 합성 대체물을 발견하기 전인 20세기 초까지 이 지역에서 대규모로 개발되었다. 현재는 '천연' 껌을 판매하는 유기농 및 공정무역(Fairtrade) 시장의 틈새시장을 가지고 있으며 역시 FSC 인증을 가지고 있다. 다른 제품으로는 마야 포레스트(Maya Forest)에서 널리 발견되는 나무 열매 올스파이스(allspice), 미국과 캐나다로 백만 단위로 수출되어 팜 선데이(Palm Sunday)에서 꽃다발로 사용되는 샤떼 팜잎(xate palm leaves), 마야너츠(Mayan nuts)가 있다.[381]

멀베리(mulberry)와 같은 계통인 마야넛 나무는 45미터까지 자라는 이 지역 산림에서 가장 큰 수종이다. 고대 마야 문명에 의해 숲에서 독점적으로 재배되었으므로 현재는 개체수가 많이 나타나고 있다. 마야인 식단에 중요한 일부였던 마야너츠는 최근 다시 주목을 받고 있다. 중앙아메리카에 걸쳐 여성기업이 수확, 가공, 판매를 하며 가공되지 않은 상태로 먹을 수 있으며 가루 형태로 분쇄하거나 너트쿠키나 아이스크림과 같은 판매 가능한 제품으로 가공된다.

공동체 산림 사람들은 점차로 상업적인 전문성을 갖게 되었다. 공동체가 이용하는 각 산림은 산림을 지속 가능하게 수확하기 위한 사업계획을 가지고 있다. 8만 헥타르로 가장 넓은 와샥툰은 미국 기타 제조사에 마호가니를 직접 판매한다. 마야 유적지 근처를 방문하는 관광객들로부터의 수익도 있다. 열대우림 연합(Rainforest Alliance)은 이러하 산림들(concessions)은 총 6백만 불 이상의 연 매출을 창출하는 것으로 추정한다.[382]

공동체 산림들(concessions)의 중심에는 구 치클채취 연맹에서 유래된 강력한 집단 기구인 페텐 산림 공동체 연합(Association of Forest Communities of Petén, ACO-

*FOP)*가 있다. ACOFOP의 책임 디렉터*(deputy director)* 후안 기론*(Juan Giron)*은 '산림은 이 사람들에게 경제적인 자산'이라고 말한다. '한 명의 사람이 자연 자원으로부터 혜택을 갖게 되면 자산으로 여기게 되죠. 토지 권리는 산림에 접근하도록 보증하며 페텐*(Petén)* 산림*(forest concessions)*의 사례에서는 우리들의 접근이 이러한 자원을 더욱 잘 돌볼 수 있도록 하는 것이다.'

디바인*(Devine)*의 위성사진은 이를 잘 보여준다. 보호구역에서 발생한 수많은 산불 중에서 공동체 산림 내에서는 연평균 단 1%만이 발생했다.[383] 그녀에 의하면, 이는 공동체가 방화벽을 건설하고 산불과 외부인들로부터의 경계를 보호하기 위해 드론과 GPS 추적기로 증강된 지속적인 순찰을 수행했기 때문이다. '공동체 임업인들이 자신들이 운영하는 산림이 침해받지 않도록 방어하는 것'이라고 디바인이 말한다. 그들 산림의 소유권이 '2세기에 걸친 노력으로 힘겹게 얻어 낸 상품'이기 때문에 그렇게 하는 것이다.

그러한 노력은 계속되고 있다. 11개의 산림 중 두 개의 경우는 목장업자들이 그들의 토지를 침범한 협박으로 결국 무너졌지만 나머지들은 번창했다. 큰 산림 중 하나인 크루스 라 콜로라도*(Cruce la Colorado)*는 산림 내에서 벌목하는 목장업자들과 맞서다 자기 사무실 앞에서 저격을 당해 사망한 지도자 데이비드 살구에로*(David Salguero)*의 암살에도 살아남았다. 현재의 추세라면 이번 세기 중반까지 마야생물권보전지역에서 생존하는 거의 모든 나무는 공동체가 운영하는 지역 내 뿐일 수도 있다.[384]

산림훼손으로 비난받곤 하는 사람들은 공원 지역의 15,000명으로 추산되는 '불법' 거주민들이다. 그들은 매우 취약한 환경에서 살고 있으며 작물을 재배하고 가축을 키우기 위해 여러 곳을 개간한다고 디바인은 말한다. 세간의 이목을 이끄는 정기적인 퇴거가 진행되지만, 약 4,500장의 산림훼손 지역의 위성사진 분석에 의하면 그들이 실제로는 환경적인 악당이 아니라는 것을 보여준다. '사진 속에서 보이는 사실은 거주지와 작물 재배지와는 매우 떨어져 있는 텅 비어 있곤 하는 매우 넓은 가축 목장이다.' 그 크기와 위치는 거주민들과 연결될 수 없다는 것을 의미한다. 사진들은 '가축 목장과 자급 자족을 위한 재배가 아닌 농업이 산림 손실의 주원인임을 확

인시켜 준다.'

그래서 목장업자들이 산림훼손을 한다면 목장업자는 누구일까? 디바인의 거의 만장일치에 가까운 의견을 주는 자세한 지역 정보를 가진 사람들과의 인터뷰를 통해 대부분의 목장 사업은 지역에서 나르코-가나데로(narco-ganadero), 즉 마약 - 목장업자로 알려진 자들로부터 직접적으로 자금을 받는다고 밝혀졌다. 그들은 멕시코의 카라크물(Carakmul) 생물권보전지역의 경계 일대에서 대규모로 열대우림을 가축 목장으로 전환시키고 있기도 한두 개의 라이벌 멕시코 카르텔의 과테말라 연합이다. 그들은 무법지대로 어떤 이들이 '뇌물 아니면 총알(bribe or bullet)' 폭정이라고 부르는 것을 일삼고 있다. 공원 가드들은 이와 같은 선택의 기로에 직면하면 뇌물을 택한다.

오하이오 주립 대학교(Ohio State University) 켄드라 맥스위니(Kendra McSweekey)는 마약 밀매자들이 수익 세탁의 간편한 방법으로 목장을 사서 벌목 비용을 내는데 이는 생물권보전지역이 코카인 밀매자들이 북미(North America) 시장을 뚫기 위한 주요 루트로 만든 과테말라의 멕시코와의 긴 경계의 절반을 점유하고 있기 때문이기도 하다고 말한다.[385]

디바인의 사진은 국경으로 향하는 은밀한 도로와 당국의 감시와 라이벌 조직의 손아귀에서 벗어난 백여 개의 작은 활주로가 있는 목장들도 보여준다. 대부분의 목장이 놀랍게도 비어 있는 것도 보여준다. 그녀에 의하면 이들도 모두 마약 목장업자들의 표시인 것이다. 그들은 수백 헥타르에 이르는 거대한 목장을 비축하는 데는 거의 신경 쓰지 않는다. 그들은 산림을 파괴하지만, 땅을 거의 이용하지는 않는다. 생물권보전지역 내에 다른 세계와 이보다 더 극명한 대비는 있을 수 없는 것이다.

보전지역 산림 보호에 있어서 성공적인 공동체 산림을 인식한 과테말라 정부는 2019년 말 칼멜리따 공동체에 주어진 최초 25년 산림이용권 연장을 부여하였다. 더 많은 개선이 뒤따르겠지만 위협은 여전히 남아있다. 그 중 하나는 미국으로 기인한다. 기술한바와 같이 미국 관광객들이 방문하기 좋아하는 마야 유적이 남아있는 것으로 알려진 보호구역의 일부분인 미라도 습지(Mirado basin)의 보안을 강화하기 위해 미국 상원은 과테말라 정부에 6천만 불 지원에 대한 제안을 논의하고 있다. 환경보호주의 단체들과 과테말라 의회 및 대통령의 지지를 요구하는 초당적인 미라도-카라크물 습지 마야 시큐리티(Mirado-Calakmul Basin Maya Security)와 보존 파트너십 법안(Conservation Partnership Act)이 우익 공화당 상원의원 짐 인호페(Jim Inhofe)에 의해 제안되었다.

이에 직면하여 '보안 및 보호 협력(security and conservation partnership)'은 좋은 소식처럼 들린다. 하지만 생물권보전지역 전체를 위한 절대 보호를 제공한 1990년 계획을 기억해야 한다. 그 역시 듣기 좋은 일이었다. 해당 계획도 마찬가지로 비생산적일 위험이 있다. 와샤툰 산림의 절반 이상과 칼멜리따 산림의 최대 1/5까지를 흡수할 수도 있다는 평가가 있다. 그러한 제안에 대해 컨설팅을 받지 못 해왔던 공동체들은 산림에 대한 통제관을 상실할 수 있다. 지속 가능하더라도 목재 수확은 더 이상 금지될 수 있는 것이다. 이러한 의외의 프로젝트가 더 진행될 경우 마약 - 농장업자(narco-ranchers)를 대적했던 경력이 있는 유일한 사람들이 배제될 것이다. 사실은 이러한 프로젝트는 보호를 위해 요새를 짓자고 했던 순진한 생각을 가지고 현지인들이 적이었던 시대로 역행하는 것 같다. 정부들이 따라오는데 시간이 걸릴지라도 우리는 지금 더 잘 알고 있다.

20

아프리카의 전망

African Landscapes

권리 회복

Taking Back Control

지구상 가장 흥미로운 숲으로 가는 데에는 시간이 좀 걸린다. 인도양 서해안의 탄자니아 최대 도시 다르에스살람(*Dar es Salaam*)으로부터 긴 여정이었다. 육로로 하루를 이동한 후 아프리카 동부 최대의 맹그로브 습지를 세 시간 동안 보트를 타고 루피지 강(*River Rufiji*)강 삼각주를 덮고 있는 맹그로브 안에 가려져 있는 작은 마을 음피시니(*Mfisini*)에 도착했다. 음피시니는 질서 정연했다. 마을에는 오두막들 사이 마른 지대의 작은 지역에서 키운 수십 그루의 키 큰 코코넛 나무들은 모두 각 가정들의 소유였다. 어떤 지붕들에는 태양광 패널이 있었다. 우리는 오두막들 밖에 있는 몇 개의 우물을 지나쳤다. 마을 한가운데 있는 사무실이자 마을의 회의실로 쓰이는 목재 오두막으로 우리를 안내한 마을위원회 위원장 유수프 살레리(*Yusuph Salelie*)를 만났다.

그는 다른 마을 사람들이 도착하자 우리와 대화하기 위해 나무 벤치에 앉으면서 '맹그로브는 우리의 삶'이라고 말했다. '모든 것을 맹그로브에 의존한다. 집도 맹그로브로 만들고 우리가 잡는 물고기들도 맹그로브 뿌리에서 서식하고, 맹그로브가 공기를 정화시켜주고 소금도 맹그로브 지역에서 얻지만 그는 정부가 환경보호를 위해 맹그로브를 수확하지 못하게 했다'고 심각하게 말했다. 쌀농사를 위한 개간도 금지되었다. 맹그로브 숲에서의 어획 금지도 논의되고 있다. 그는 어처구니없는 일이라고 말했다. 이를 준수하려면 굶어야 하는 것이다. 회의실에는 탄식이 흘러나왔다.

루피지 삼각주*(Rufiji delta)*는 사람들에게 잘 알려지지 않았다. 세계 1차 대전 중, 인도양에서 가장 강력했던 독일 함대, SMS 쾨니히스베르크*(SMS Kőnigsberg)*가 영국 함선에 의해 궁지에 몰려 침몰당하면서 잠시 유명해진 적이 있었다. 그러나 조용히 - 그리고 탄자니아 정부만 알고 있다면 - 망그로브 숲으로 덮인 늪지 53,000 헥타르는 환경 측면으로 성공한 사례이다. 수세기 동안 와루피지*(Warufiji)*라고 알려진 원주민들은 삼각주의 자원을 큰 손상을 입히지 않는 수준에서 이용해 왔다. 그들은 삼각주 후미에서 물고기를 잡고 망그로브 숲을 베어내고 쌀을 경작했다. 그들은 코코넛, 새우, 망그로브, 망그로브로 만든 기둥, 캐슈넛을 소말리아인, 페르시아인, 오만인, 포르투갈인, 인도인 그리고 잠깐이지만 영국인들과도 교역해 왔다. 아랍 도우*(dhows)*의 함대는 한때 델타 삼각주의 수로에서 흔히 볼 수 있었다.

그러나 1970년대에 들어와서 새로 독립한 탄자니아 정부는 외국 무역상들을 달가워하지 않았다. 탄자니아 정부는 국가 자급자족을 촉진하고자 했으나 한편 삼각주의 생태계의 남용을 방지한다고 선언했다. 그로부터, 탄자니아 산림청은 원주민들에 의한 삼각주 자원의 착취에 대해 단편적인 금지 조치를 했다. 와루피지인들은 이러한 조치가 그들의 권익을 약화시켜 망그로브 숲을 감시하는 능력을 약화한다고 했다. 이는 그들 자신의 세계에서 그들을 무법자로 만들게 되었다. 그들의 오래된 체계는 마을 장로들의 지도하에서 올바르게 운영되었다고 한다. 외부인들이 들어와서 그 공간을 파괴하기 전에 그들의 권익이 회복되어야 하는 것이다.

삼각주에 대한 이해도가 높은 외국 과학자들은 이에 대해 동의하는 경향이 있었다. 그들은 삼각주는 천연림이 아니라고 한다. 삼각주의 명백한 생태적 건전성을 들여다보면 이미 환경 보호론자들이 생각하는 것보다 좀 더 활용되고 있다. 켄터키 대학*(University of Kentucky)*의 벳시 베이메르-패리스*(Betsy Beymer-Farris)*는 이는 좀 더 탄력성을 가지고 있음을 의미한다고 말한다. 생태적인 쇠퇴로 롤러 코스터를 타는 것과는 거리가 달리, 좋은 위치에 있는 것이다.

오늘날 루피지 삼각주는 생태적으로뿐 아니라 경제적, 사회적으로 오지에 있다. 베이메르-패리스(Beymer-Farris)에 의하면, 현재 토지이용은 18~19세기와 같이 폭넓지는 않다.[386] 건축물은 대부분 진흙이나 목재로 지어졌으며 초가지붕이나 양철지붕이며 창에는 유리가 없다. 마을들은 개방우물(open wells)로부터 생활용수를 조달한다. 대부분 지붕에 설치된 몇몇 태양전지 이외에는 전기가 없다. 도로가 거의 없으며 우기에는 비포장도로의 통행이 어렵게 된다. 이동은 주로 보트로 이루어진다. 어떤 마을은 작은 진료소나 기본적인 초등학교가 있지만, 많은 사람들은 몇 시간씩 이동해야한다. 당연히 문맹률과 기대수명이 낮으며, 탄자니아 기준에도 못미친다. 어느 마을의 이장이 내게 '매우 적은 사람들만이 고등교육을 받는다. 그리고 그들이 돌아오는 일은 드물다'고 말했다.

삼각주에 경제적인 발전을 가져오고자 하는 정부의 단편적인 노력은 성공적이지 못했다. 여러 마을에 오래전 잊혀진 전반적으로 잘못 계획된 사업들 뒤로 아픈 흔적이 남아있다. 세계 최대 새우 농장 건설계획은 삼각주의 1/3을 민영화했으나 지역민들에 의한 분노의 시위 이후 폐지되어 버렸다.[387]

그런데도, 정부는 삼각주에서의 활동을 통제하려 한다. 탄자니아 정부는 나의 첫 번째 방문지인 삼각주 지역 밖 도로에 위치한 곳에 사무실을 둔 산림청을 통해서 이와 같은 통제를 했다. 산림청의 지역 매니저인 매튜 은틸리챠(Mathew Ntilicha)는 자신을 주로 환경 경찰이라고 생각한다. 그의 임무는 맨하탄(Manhattan) 열 배의 크기인 망그로브 지역 전체의 망그로브 벌목 등 자연 자원의 이용에 대한 정부의 금지령을 시행하는 것이었다. 그러나 그에게는 겨우 그를 도와주는 다섯 명의 직원과 유리섬유로 만들어진 조그만 보트 한 대가 지원되고 있을 뿐이었다. '우리는 지역공동체와 협력하고자 노력하지만 때로는 싸우기도 한다'고 그가 말했다. 그의 사무실밖에는 압수된 원목을 싣고 있는 트럭 한 대가 서 있었다. '마을 사람들은 많은 불법을 저지른다. 그들은 망그로브가 자기들의 것으로 생각한다'고 그의 현장 직원이 말했다. '그들은 망그로브를 베어내고 그 자리에 쌀농사를 짓

는다. 우리를 보면 도망간다.'

마을 주민들은 그들 나름의 갈등의 원인을 이야기한다. 무장 경찰들이 삼각주 북쪽 지역의 쌀 경작지를 관리하기 위해 오두막 3,000채를 방화한 것과 같은 일이다.[388] 좋은 소식은 은틸리챠(Ntilicha)가 관계를 변화시키고자 하고 있으며, 단편적인 금지 조치를 종료하고 삼각주 지역에 토지이용 구역제도(land-use zoning system)를 도입하려 한다는 것이다. 그는 '우리가 원하는 것은, 환경보호를 위한 구역, 나무를 벨 수 있는 구역, 수렵을 위한 구역 그리고 경작을 위한 구역을 정해주는 것'이라고 한다. 그는 '마을 주민들을 교육해서 책임감을 부여하려 한다. 나무를 베고 파는 일은 있을 수 있지만 적절한 방식으로 이루어지기'를 원한다. 마을 주민들은 생계 수단을 잃지 않을까 걱정했다. 이들에게 많은 '협력'이 제안되었다. 마을에 속해있는 환경에 대해, 비록 법적인 권한은 없지만 그들의 관행적 방식으로의 권한 행사를 다시금 주장하고자 했다.

나와 은틸리챠(Ntilicha)는 전문적 의견을 제공하면서 임업인들(foresters)과 삼각주 마을간의 위탁계약체결을 지원하는 국제 습지 비영리단체(the NGO Wetlands International) 소속 줄리아 물롱가(Julia Mulonga)를 동행하여 여행하고 있었다. 우리는 보트를 타고 강둑을 따라 늘어선 망그로브숲 광활한 지역을 질러 삼각주의 섬들과 반도를 가로질러 갔다. 루피지(Rufiji)강을 따라 내려온 퇴적층은 진흙으로 둑을 이루었고 이곳을 새로운 망그로브 어린나무들이 서식하고 있었다. 숲속 어딘가에는 야생돼지, 원숭이, 개코원숭이, 멧돼지 그리고 맘바뱀들이 숨어있었다.[389] 다른 곳은 나대지였는데, 와루피지(Warufiji)인들이 논을 만들기 위해 망그로브를 모두 베어버린 곳이다. 논 옆에는 까맣게 그을린 초가 오두막이 무너져 물속으로 가라앉고 있었는데, 몇 년 전 정부의 공습에 의한 피해였다.

19개의 삼각주 마을 중 하나인 음피시니(Mfisini)에서 그들의 망그로브 숲 관리가 정부에 의해 어떻게 방해받았는지 설명했다. 마을위원회 위원장 살레리(Salelie)는 '마을은 사람들이 망그로브를 벨 수 있는 자격을 부여해 왔다'고 말한다. '우리는 어디에서 얼마나 많은 나무들이 수확될 것인지를 정해 주었다'. 신성한 보전 숲과 작물 수확에 대한 관습과 금기가 있었다고 한다. '모두 마을에서 이루어졌고 잘 되어 왔다.'

그 옆에서 정부가 제공한 깔끔한 유니폼을 입고 앉아 있던 은티리챠(Ntilicha)는 냉소적으로 보였다. 정부가 망그로브 수확을 금지한 것은 '마을 주민들이 너무 멀리 가져갔기 때문'이라고 한다. '질서가 없었다.' 그렇다고 해도 금지는 일시적인 것이었다고 한다. '경영계획이 있다면 수확이 재개될 수 있다. 그러나 계획에 동의하지 않는다면 정부는 계속 벌목금지를 할 것이다.' 살레리는 환경보호에는 동의하지만, 마을이 법적 권한을 되돌려받기를 원했다. 공통점은 분명했다.

산림청의 보트로 돌아와서, 삼각주 남쪽의 작지만, 정돈이 잘 된 또 하나의 마을 루마(Ruma)로 향했다. 환경위원회가 있어 선출된 마을 주민들이 망그로브 조림, 어업 그리고 양봉과 같은 활동을 관리했다. 모든 그룹들은 그들의 권익이 정부가 부과한 법률에 따라 훼손되었다고 했다. 마을의 환경 책임자인 모하메드 하미스(Mohamed Hamis)는 '우리가 자격 부여를 담당했다면 좋았을 텐데... 망그로브는 우리의 자원이며 나무가 사라지면 그 영향은 우리가 받는다'고 말했다. 그들의 망그로브를 외부 장사꾼들에게 팔기 위해 나무를 베는 사람들이 훼손시킨다고 말한다. '정부는 그들을 막을 수가 없다'고 한다. 그러나 그의 위원회가 권한을 갖는다면 감시활동이 가능할 수 있는데, 마을 주민들이 누가 가해자인지 알기 때문이다.

우리의 마지막 도착 지역은 자자(Jaja)였다. 우리와 같이 삼각주 육지로부터 온 외부인들에게는 이러한바닷가 마을은 지리적으로 가장 멀리 떨어져 있지만 그와 동시에 외부 세계와 더 연결되어 있다고 느껴지기 마련이다. 제티(Jetty)에는 오래된 아랍 도우배(dhows)가 있었는데 이는 아마도 인도양을 통한 아랍 상인들과 오래된 관계가 비밀리에 유지되고 있었다는 증거일 것이다. 덤불 속에는 활주로도 가려져 있었다. 마을에는 축구장과 TV 안테나 접시도 있었다. 전자음악이 둔탁하게 쿵쿵거려 숲의 소리를 방해했다.

삼각주의 다른 마을들과는 달리 이곳은 여자들이 주도적인 역할을 하고 있었다. 마을 회의에서의 주도적인 인물이 여성이었다. 다이아 키용가

(Dia Kiyonga)가 늦게 도착하여 모든 방문자와 힘차게 악수를 했다. 그녀는 6가지의 지역 수종을 열거하고 집짓기, 불피우기, 벌집과 울타리 만들기, 절구 용재 등 그들의 경제적, 생태적 가치에 대한 장황한 설명을 시작하면서 스스로를 망그로브 여왕(queen of the mangroves) 이라고 소개했다. 좀 더 전문적인 활용으로는 수액을 발효시킨 알코올은 말할 것도 없이 약, 염료 및 낚시찌와 같은 것도 있다. 망그로브의 뿌리는 물고기에게 서식처를 제공하고 먹이가 된다고도 설명했다.

산림청 직원들이 이 먼 곳까지 자주 올 수 없었기 때문에 마을 주민들은 스스로 환경을 관리하는 것이 용이했고 간섭을 덜 받아왔다. 키용가(Kiyonga)는 자자(Jaja)는 망그로브를 잃기보다는 그 어느 때보다 더 많이 가지고 있다고 말했다. '우리가 망그로브를 더 세심하게 돌볼 수 있기 때문이다. 우리는 망그로브를 심은 지역과 모래가 아닌 갯벌 지역을 가지고 있다.' 그녀는 망그로브에 대한 정부의 계획을 어떻게 평가할까? 망그로브 여왕은 그 아이디어에 대해 손을 휘휘 내저었다. '우리는 정부의 계획이 필요 없다. 우리 나름의 계획이 있다. 내가 그 책임자이다. 내가 사람들에게 망그로브를 어디에서 언제 수확할지 말지를 알려준다.'

가나에서 서쪽으로 4천 킬로 떨어진 곳에서 땀과 톱밥으로 뒤범벅이 된 죠지 아이시(George Ayisi)는 열심히 기계톱 톱날을 정비하면서 동료들의 안전을 살펴본 후, 긴 한숨을 쉬더니 막 베어낸 활엽수 거목의 몸통을 또다시 조제하기 시작했다. 화창한 토요일 오전, 뜨겁고 따가운 햇볕 아래에서는 꽤 거친 작업이었다. 나무는 30미터에 달했고 직경은 그의 키만큼이나 되었다. 이 나무를 쓰러뜨리는 데는 한 시간이나 걸렸다. 이제, 톱질 갱(saw pit) 위에 나무를 걸쳐 놓고, 5미터 길이로 절단하기 위해 나무 위에 올라선다. 그리고 나서 첫 번째 것을 4등분 하기 위해 길이 방향으로 톱질을 한다. 마을에서 온 그의 동료들이 아래 계곡으로 내려가 4등분 한 나무들을 굴려서 판자로 자르기 위해 차례로 가져갔다.

그것은 정밀한 작업이었다. 그들이 작업 도구들을 내려놓은 뒤에는 거의 아무것도 남아있지 않았다. 머리에 널빤지의 균형을 잡고 산비탈을 내려와 코코아 농장을 가로질러 길에 다다랐다. '정부는 이것을 불법이라고 한다'라고 아이시(Ayisi)가 톱밥을 뱉어내면서 말했다. '그런데 그들이 어떻게 우리한테 하지 말라고 할 수 있나? 여기는 우리 땅이고 우리 나무들이다.' 그는 나무를 베기 위해 농장 주인들에게 50불을 냈다고 했다.

수도인 아크라(Accra)에서 대략 80Km 떨어진 브라쿠만스(Brakumans) 마을과 가까운 곳에서의 이러한 장면은 나라 전역은 물론 열대 아프리카 대부분의 지역에서 일어나는 흔한 일이다. 그다음에 아이시의 널빤지는 길가에서 트럭으로 실려 근처 아킴 오다(Akim Oda)의 언덕마을에 있는 대형 목재 시장으로 옮겨진다. 그곳은 일하는 사람들이 600명이나 되는 이 나라에서 불가능한 것이 없고 법의 제한이 없는 수십 개 중 하나의 목재시장일 뿐이다. 나라 전체에 대략 10만 개의 기계톱 제재소(chainsaw millers)가 있을 것으로 추정되고 있다. 아마도 백만 명의 사람들이 원목과 제품을 팔아 생기는 수입으로 살아가고 있을 것이다.

나중에, 나는 원목 거래상이자 가나 목재 유통협회(Ghana's Domestic Lumber Tradiers' Association, DOLTA)의 지역 담당자인 크와메 아타푸아(Kwame Attafuah)와 함께 아킴 오다(Akim Oda) 목재 시장을 둘러보게 되었다. 수십 개의 창고가 원목으로 가득 차 있었다. 일부분은 이미 가구나 문짝으로 만들어지고 있었다. 아타푸아(Attafuah)는 '정부는 우리가 숲을 파괴하고 사막화시키고 있다고 말하지만, 그것은 장관들과 공직자들을 포섭한 대형 제재소 회사들이 만들어 낸 거짓말'이라고 항변한다. '우리는 가나에서 쓰이는 목재 대부분을 공급하고 있다. 모든 공무원들과 장관들이 우리한테서 산다. 그런데 아직도 우리를 범법자로 만들고 있다.'

가나에서는 1998년도부터 기계톱을 이용한 판재를 만드는 데 들어간 목재에 대한 모든 제품, 운송, 거래는 불법행위가 되었다. 오직 제재소에서 생산된 목재만 합법인 것이다. 나는 이러한 구분에서 어떠한 명백한 기술적 장점도 찾을 수 없었다. 아이시와 동료들, 그리고 목재산업에 종사하는 가난한 자영업 마을 장인들을 위법자로 만들기 위해 고안된 것처럼 보였다. 그렇다고 그들을 멈추게 할 수는 없었다. 아타푸아(Attafuah)에 의하면 기계톱 목재 생산자(chainsaw men)들은 여전히 나라에서 사용되는 거의 모든 목재를 공급하고 있다.

우리가 지나쳐 온 길가의 수십 개 목공소들 중 하나인 아사망케즈(Asamankese)의 세투목공소(Sethoo Wood Works)에서는 기계톱 판재로 옷장과 의자를 만들고 있었다. 그건 가족 사업의 형태였다. 사장은 그의 아들을 훈련시켰다. 그는 사용하는 목재들이 불법 벌채목이며, 그의 아이들이 법적 테두리를 벗어날 수도 있다는 의견에 대해 살며시 웃었다.

기계톱 판매에 대한 금지령으로 인해 제재소 투자와 벌목권 구매를 위한 현금이 있는 대형 회사들만이 합법적인 벌목 사업자가 될 수 있다. 합법적 사업은 대부분 유럽과 미국, 그리고 아시아로 수출하기 위해 목재를 판매하는 소수의 대규모 기업이 점유하게 된다. 상업적이고 수출을 위한 합법적 영역과 지역적이고 내국 수요를 위한 불법적 영역이라는 두 개의 평행한 산업은 전 국가적으로 비슷한 규모의 목재를 소비한다. 가나의 천연림이 사라지는 상황에서, 남는 질문은 가나와 가나의 산림을 위해서 어느 것이 최선이냐는 것이다.

영세사업자들에 대한 불법화에 대한 공식적인 논쟁은 대형 벌목 사업자들이 생산과 보호를 모두 극대화함으로써 단속이 용이하고 지속가능성에 대한 엄격한 규칙에 따라 운영할 수 있기 때문이라는 점이었다. 어떨 때는 그 논리가 맞을 수도 있다. 하지만 그날 아침 아이시와 함께 본 바에 따르면 기계톱 벌목꾼, 혹은 톱쟁이(sawyers)들은 고도의 선택적, 효율적 그리고 친환경적인 벌목을 한다. 그들은 숲속에 중장비를 끌고 들어가지도 않고 도로가 필요하지 않으며 단목을 선택한다는 점에서 산림 관리 컨설턴트인 마리에케 위트(Marieke Wit)도 동의했다.[390] 잔재물들은 제재소 바닥이 아니라 숲속에 남겨져 생태계에 영양분을 공급하게 된다. 대형 사업자들은 중장비로 숲속을 해짚으며 폐기물 발생이나 훼손에 대해 무관심할 뿐이다.

이는 대부분의 환경주의자가 정부에게 불법 벌채를 단속하도록 요구하는 것이 현명한 것인지 의문스럽게 한다. 그들은 아프리카 전역의 산림훼손을 줄이기 위해서는 가장 빠르고 가장 논란이 적은 방법이라고 보고 있다. 우리는 분명 불법성에 대해 반대하고 있는가? 분명, 대형 사업자들이 불법적으로 숲을 파괴하고 있는 것은 문제이다. 우리가 본 것처럼 가장 큰 문제이기는 하다. 그렇다고 하더라도, 내가 이야기한 많은 산림 연구자들은 합법성에 대한 생각 없는 접근은 잘못된 것이라고 주장한다. 그것은 법은 공정하며 환경 측면으로 옳다고 가정하지만, 종종 둘 다 사실이 아니다. 연구자들은 가나의 불법 톱쟁이들은 합법적 벌목 회사들보다 환경적으로 더 지속 가능하고 사회적 생태적으로도 더 유용하다고 말한다. 그들이 창출하는 경제적 혜택은 '관행적인 벌목이 제공할 수 있는 것보다 공동체 안에 더 균등하게 분배된다'고 위트*(Wit)*는 말한다.

'벌목 장인*(artisanal loggers)*들은 산림훼손의 주요 원인으로 비치곤한다'고 네덜란드를 기반으로 하는 산림관리 개선 전문 NGO인 트로펜보스*(Tropenbos)*의 알퐁스 마이누*(Alphonse Maindo)*가 말했다. '그들의 사회적 혜택은 높으나, 환경적 영향은 적다.' 환경주의자들이 그들에 반대하는 캠페인을 하는 것이 무슨 의미가 있을까? 확실히, 톱쟁이들은 해답의 일부이지 문제의 일부가 아니다. 경작민들을 이주시키는 것처럼 홍보를 위한 것일 뿐이다. 네이처 컨저번시*(The Nature Conservancy)*의 브론슨 그리스콤*(Bronson Griscom)*은 기후변화에 있어서 '자연 기반 솔루션*(nature-based solutions)*'의 저력에 대한 사례를 찾고 있는데, 2013년에는 '벌목업자들 자체는 열대림에서 우리가 종 다양성을 유지하고 기후변화를 경감시킬 수 있도록 도와주는 중요한 동맹이 될 수 있다'고 한바 있다.[391]

가나에서 국가 경제의 근간을 불법화하는 악명성과 부패 효과*(corrupting effect)*는 의심의 여지가 없다. 벌목 장인들을 불법화하면 하급 공무원과 경찰이 눈감아 주는 대가로 뇌물을 갈취할 수 있다. DOLTA의 지역 사무국장 패트릭 아그예이*(Patrick Agyei)*는 아사망케즈*(Asamankese)* 지방 마을의 사무실에 앉아 톱쟁이들의 목재를 관할 지역에서 아크라*(Accra)*로 정기적으로 운반하는 트럭 20대의 일일 통과를 위해 경찰에게 상납해야 하는 뇌물을 계산해 주었다. 적재 트럭마다 750불로 치면 한 주에 10만 불이 넘는다는 계산이 나온다.

가나뿐만이 아니다. 카메룬, 코트 디부아르(Ivory Coast), 라이베리아(Liberia) 등이 있는 중앙 및 서부 아프리카 전역에 지역의 소규모 벌목이 대규모 기업보다 지역 경제와 고용에 훨씬 더 크게 기여를 하고 있다. 그러나 큰 기업들이 산림을 확보하는 동안, 지역 톱쟁이들은 몇 년 전부터 불법화 되어 고통을 받으며 소외되고 있다. 이는 대체로 지역 커뮤니티가 지역 산림을 관리하지 못하도록 막는 더욱 광범위한 정책의 일부가 되었다.

그러나 변화가 있다. 정부가 공동체 산림에 대한 지역 관리가 숲의 지속가능한 이용의 경로라는 것을 알게 된 것과 같이, 지역의 톱쟁이들이 지역 통제의 대리인 역할을 할 수 있다는 사실을 깨닫고 있다.

콩고 민주공화국은 울창한 숲을 가진 나라로 환경 건전성보다 내전으로 더 유명하다. 그러나 2016년 이래로 산림 공동체가 해당 지역 근처의 산림 5만 헥타르의 면적까지 관리하는 신청을 받아 주고 있는데, 경영계획이 승인되면 그들이 이용할 수 있는 것이다. 2020년 초까지 65개의 공동체 산림이 설립되었고 백이십만 헥타르의 면적을 담당하고 있다. 국가 소속의 마이누(Maindo)에 따르면 해당 사업은 효과가 있었다 : '공동체가 지역 산림의 이용권(concession)을 받으면, 각 이용권은 경영계획을 가지고 있기 때문에 벌목 장인의 관리가 향상되는 것이다.'

가나 역시 벌목 장인들이 기계톱이 아닌 이동식 제재기를 사용하여 제재하는 기술을 습득하는 데 동의한다면 법적 테두리 안으로 끌어 들일 계획이 있다. 그들이 합법적으로 운영을 허가할 산림에 대한 규정이 아직 결정되지 않았다. 정부는 산림 이용권을 상업적 수출업자들로부터 공동체로 재분배하는 지난한 과정을 겪어서 지역 톱쟁이들이 수확을 책임지도록 해야 한다. 과테말라에서 네팔, 그리고 아마존에서 콩고까지 공동체와 산림 양쪽 모두에 이로운 효과가 있었다는 증거가 있다.

죠지 아이시는 그 토요일 아침에 브라쿠만스(Brakumans) 밖에서 기계톱 톱날을 닦을 때 그렇게 보이지 않았지만, 실제로 숲을 구원할 사람이었다.

아프리카에서 산림이 어떻게 부정하게 관리되는지와 숲에 대한 커뮤니티 권리 침해에 대해 나쁜 뉴스를 말하는 것은 쉽다. 그러나 최근년도에 산림 보호에 대한 공정성과 계몽화된 접근 모두에 대해 진전이 있었다. 가끔은 변덕스러웠지만, 아프리카는 어떤 일이라도 제대로 굴러가게 하는 것이 쉬운 곳은 아니다. 그래도 특히 지역 통제에 뿌리를 두고 있는 경우에 진전이 있었다.

케냐(Kenya)의 예를 보자. 이 동부 아프리카 국가는 그린벨트 운동(Green Belt Movement)으로 케냐의 가난한 수백 명의 시골 여성들이 나무를 심게 한 2004년 노벨 평화상 수상자인 왕가리 마타이(Wangari Maathai)의 고향이다. 수상하기 4년 전에 그녀의 본부인 나이로비(Nairobi)에서 인터뷰를 진행한 적이 있다.[392] 그때까지 6,000개의 공동체 묘목장을 만들고 전국에 농장, 정원, 도로가, 학교와 공공건물 주변, 심지어 숲속에 이르기까지 3천만 그루의 나무를 심었다. 또한 그녀는 국유림의 공동체 관리를 추진해 왔으며 1978~2002년에 걸쳐 나라를 통치했던 대니얼 아랍 모이(Daniel arab Moi) 정부하에서 많은 천연림과 공용토지 손실을 초래한 부패를 공격해 왔다. '사람들이 자기들 지역의 자원을 관리하는 것을 배워야 한다고 알려주고 있다'고 그녀가 말했다.

모이는 그녀를 몰아내려 했다. 그녀는 구타를 당하기도 하고, 끊임없는 생명의 위협에 고통받았으며 한동안은 숨어지내기도 했다. 그러나 결국 그녀가 그를 축출했다. 그가 부정부패 의혹에 휩싸여 사임한 후에 그녀는 차기 정부의 환경부 장관으로 일했다. 그 정부는 민주적으로 선출하여 지역의 산림을 주민들이 통제하고 '국가의 워터타워(nation's water towers)'로 간주되는 5개의 산림지역인 애버데어 산맥(Aberdare Mountains), 마우 포레스트(Mau Forest), 케냐 산(Mount Kenya), 엘곤 산(Mount Elgon), 체랑가니 힐즈(Cherangani Hills)를 보호하도록 하는 공동체 산림 협회(Community Forest Associations)를 제정하는 산림법을 통과시켜 판도를 뒤집었다.

워터타워는 국가 면적의 2%에 불과하지만, 인도양에서 서쪽으로 부는 바람으로부터 수분을 포집한다. 수분의 많은 양이 이후에 증산(transpire)해서 내륙 쪽의 강우를 조절하는데 강으로 방출되기도 한다. 워터타워는 케냐의 표면수 공급의 3/4 이상을 제공한다.[393]

워터타워의 산림은 산림훼손으로 감소해 왔는데 이는 부패한 정치인들이 동맹 세력들과 구성원들에게 농장을 제공하려는 목적 때문이다. '모이(Moi)와 그 패밀리들이 조작한 정치게임이다'라고 새로 임용된 케냐 산림청 임원 에밀리오 무고(Emilio Mugo)가 2015년에 나에게 말했다. '악몽이다. 숲이 파괴되고 있다.' 그에 의하면 스캔들은 2009년 공식적인 보고서에서 나라에서 가장 넓은 마우 포레스트(Mau Forest)가 15년 동안 1/4이 사라졌다고 밝히면서 극에 달했다. 산림훼손은 숲에서 시작된 몇 개의 주요 강물을 줄어들게 했다. 강과 연결된 지역사회와 산업이 물 부족을 겪었다.

무고(Mugo)는 '마우 포레스트(Mau Forest) 파괴에 있어서의 상원의원들과 조사 태스크 포스 구성원 자체를 포함한 범죄자들'이라는 출간되지 않은 보고서의 부록을 보여주었다. 그의 단체는 이 많은 일과 연루되어 있다고 동의했다. 그 단체는 수년동안 준군사조직이었으며 여전히 유니폼 복장의 전역 군인들을 고용해 왔다. 그 단체는 지역 커뮤니티를 적으로 간주하고 고향이 마우 포레스트였던 오지엑(Ogiek) 사람들과 같은 원주민 커뮤니티를 소탕하기 위해 극단적인 공권력을 휘둘러 왔다. 이러한 일들은 대부분 산림보호라는 명분으로 이루어졌다. 오지엑 사람들은 편리한 희생양일 뿐이었다.

그러나 무고(Mugo) 재임 시 산림청은 목적을 변경시켰다. 오지엑을 포함한 워터타워 주변에 거주하는 지역공동체와 좋은 관계를 유지하려는 것이다. 300여 개의 공동체 산림협회를 숲을 돌보는 연합체로 간주하고 있다. 협회원들은 숲속에 집을 짓거나 경작하지 않는 한 가축에게 풀을 먹이고, 땔감을 구하고, 양봉을 하기 위해 숲을 이용하게 되었다. 나는 현장에서 이러한 몇 개의 사업을 목격할 수 있었다. 캐냐 산(Mount Kenya) 근처 키무니에(Kymunye) 마을에서 사라 카룽가리(Sarah Karungari)는 깔끔하게 정리된 숲 가장자리에 협회의 여남은 개의 벌통을 보여주었다. 소박한 수준의 사업이었지만 예전같았다면 산림 관리원들이 벌통을 태우고 마을 사람들을 기소했을 것이다.

지역공동체와 전 산림 관리원들 간 새롭게 형성된 협력관계가 양쪽 방식으로 작용했다. '밀렵꾼과 불법 벌목꾼이었던 사람들이 지금은 숲을 지키고 있다'고 케냐 산(Mount Kenya)의 수석 소장인 시몬 기토(Simon Gitau)가 말했다. '요즘 나는 여기 사는 사람들과 좋은 관계를 유지하는 데 초점을 맞추고 있다. 그들은 내 눈과 귀가 되어주고 있다.'

국립공원과 코끼리, 기린 그리고 다른 대형 동물군의 개체수를 관리하는 케냐 야생동물청(Kenya Wildlife Service)과 같은 다른 정부 기관들도 같은 지역공동체 중심의 접근을 도입하고 있다. 또 다른 워터타워인 애버데어 국립공원(Aberdare National Park)의 관광객 산장에서 아침 식사를 하며 산악 보호 부감독(assistant director) 아그레이 나우모(Aggrey Naumo)를 만나게 되었다. 오렌지 주스를 한 모금 마시고 사이, 창밖 몇 십미터 거리에서 코끼리들이 풀을 뜯고 있었다. 그에 의하면 이러한 동물들 대부분이 국립공원 밖의 풍요롭고 숲이 우거진 농경지를 거쳐 이동하는데 대부분의 시간을 보내게 된다고 한다. 나라의 많은, 아마도 거의 모든 나무가 숲보다는 농장에 존재한다. 그 나무들을 유지관리하는 것은 야생동물을 유지관리하는 데 필수적인 일이다. 따라서 지역공동체와의 협업이 그의 게임명(name of his game)이라고 할 수 있다.

'농장공동체는 그들의 생태계에 대해서 외부인들보다 훨씬 더 잘 알고 있다'고 나우모(Naumo)가 설명했다. '매니저보다 더 잘 안다. 숲과 더불어 생태계를 보호하려면 지역 농장공동체와 함께 일해야 한다.' 자연은 관심을 가진 만큼 보답하고 있었다. 케냐의 7대 강 중 4개 강의 원천이 되는 애버데어 산맥(Aberdare Mountains)의 숲 면적은 2005년 이래로 1/5이나 늘어났다. 대부분 천연 갱신(natural regeneration)에 의한 것이었다.

나는 케냐에서 벌어진 일들에 대해 별다른 주장을 하지 않았다. 이후에 장관은 무고(Mugo)의 월권행위로 경질했다. 곧이어 후임이 마우 포레스트(Mau Forest) 안의 오지엑 300 가구와 체랑가니 힐즈(Cherangani Hills) 내 또 다른 그룹인 셍워(Sengwer) 소유의 주거지를 철거시키는 승인을 받았는데 둘 다 지역공동체가 외부인으로부터 그들의 산림을 지켜내는 최고의 수호자라는 강력한 증거에도 불구하고 산림을 보호한다는 명분이었다.[394] COVID19에 따른 국가의 봉쇄 조치로 인하여 더더욱 극심하게 느껴졌던 이와 같은 인권 유린에 직면하여, EU는 2020년 말을 기해 상황이 개선되면 다시 정상화한다는 약속과 함께 워터타워 보호를 위한 금융지원을 취소하게 된다.[395]

하지만 이와 같은 지연에도 불구하고 근간의 케냐는 나무, 숲, 그리고 숲 공동체를 위한 미래의 가능성을 제시하고 있다. 지역공동체의 요구와 열망에 부합하고 권리를 지속시키고 숲의 미래를 보장하는 방식으로 작동하는 미래.

2021년 미국은 생태복원 세기(a decade of Ecological Restoration)를 개시한바 있다. 이는 자연을 되돌리는 공동의 노력을 위한 요구가 점점 강해지는 가운데 지구는 물론 인류의 혜택을 위한 가장 최근의 것이었다. 그 중심에는 우리의 숲을 복원하고 나무를 포함한 더 넓은 전망(wider landscape)이 있어야 한다. 나무는 여전히 지구 육지의 1/3에 해당하는 면적을 덮고 있으며 우리 숲의 90% 이상은 자생종이 우세하다. 그래서 구축해야 할 것이 많다. 내가 믿는 바와 같이, 자연적인 재성장이 전 세계 나무의 르네상스를 위한 기반이 되어야 한다면 그 과정의 수호자는 그 안에서, 그 가운데에서, 그로부터 살아가고 있는 인류일 것이다. 원주민과 함께 지역 산림공동체들은 위협받는 산림을 보호하고 새로운 산림을 가꾸는 데 가장 적합할 것이다. 그들은 그들을 가장 잘 알고 가장 필요로 한다.

집으로

Back Home

나는 2019년에 자칭 세계 최초의 국립공원 도시(National Park City)라고 천명한 9백만 인구의 도시 런던에 살고 있다.[396] 이 넓은 도시지역의 1/3 이상이 공공녹지 공간이며 대부분 수목으로 덮여 있다. 어떤 자치구들은 레이크 디스트릭트나 요크셔 데일스와 같은 유명한 영국 자연경관보다 나은 수목 피복률을 가지고 있기도 한다.[397] 런던은 대략 인구 1인당 나무 한 그루를 보유하고 있으나, 런던 사람들은 이를 위해 싸워야 했다.

런던 남쪽에 있는 우리 집은 원스원스 커먼(Wandsworth Common)과 가깝다. 천 년 전에는 가옥들보다는 들판으로 둘러싸여 있었고 아침 운동을 하는 사람들보다는 소 떼들의 고향이나 관목숲에 가까웠다. 소유권은 대부분 영국의 위대한 귀족 가문 중 하나인 스펜서가(the Spencers)에 있었다. 그들은 19세기 중반 런던이 확장될 때 원스원스 커먼을 주택 건설을 위한 투기꾼들에게 매각하고자 했다. 지역 사람들은 아무것도 가지지 못했다. 1869년, 그리고 다음 해에도 다시 대규모 시위가 벌어졌다. '원스원스(Wandsworth)와 배터시(Battersea)의 주민들과 노동자'들을 선동하는 한 포스터는 '당신들은 파산한 투기 건축업자, 부동산 업자, 호프집 주인, 철도회사, 양복 재단사, 신사, 귀족 영주(Noble lords)들이 당신과 당신 자녀들로부터 공공의 권리와 보도, 신의 지구(God's earth)를 걸을 자유를 투쟁 없이 빼앗아 가도록 할 것인가?'라고 묻고 있었다. 더 많은 공유지를 격리하기 위해 설치한 울타리 철거 요구가 나왔다. 울타리는 무너졌다. 스펜서가는 곧 분쟁을 포기했다.[398] 원스워스 커먼 사람들은 토지와 나무들을 영구적인 공유물로 지켜내고 말았다. 이는 모두를 위해 개방된 상태이다.

위대한 원스워스(Wandsworth)의 반란은 완전히 잊혀지지 않았다. 2021년 불로소득을 차단시킨 원스워스 커먼 법률(Wandsworth Common Act) 제정 150주년에 원스워스 커먼 주변 백만 파운드짜리 주택 소유자들은 말썽꾼(chief trouble-maker) 존 벅마스터(John Buckmaster)를 기리는 명패를 걸었다. 대부분 공공

녹지이지만 3,500그루 이상의 나무를 가지고 있다. 19세기 중반 세계에서 가장 큰 망원경이 있던 지역이 지금은 나무들의 천연 갱신을 위해 별도로 보전되고 있다.[399] 이곳에는 약 50개 수종의 나무가 있다. 많은 지역 주민은 아이들 동화 속 이야기처럼 어두운 나무 그늘 속에 누군가 숨어있을 수 있다고 생각하면서 이 '정글'을 두려워 한다. 내 경험상 실제로 그곳에는 아무도 없다. 동화 속 늑대는 사라졌지만 스펜서 집안이 여전히 그들의 이름이 붙여진 가게, 거리, 학교를 가지고 있다.

원스워스 커먼을 걷다 보면 안전함을 느낀다. 그리고 시원하다. 나는 매일 아침 이곳이 주변의 거리보다 얼마나 더 시원한지 느낄 수 있다. 기공들의 증산이 어떤 에어컨보다 훨씬 낫다. 나뭇잎들이 소음과 대기오염을 걸러주기도 하면서 공기를 정화해준다. 나는 우리 집 현관의 이 시원한 녹색의 나무길 공간이 이 책의 많은 주제들의 좋은 예라는 생각을 한다. 또한 도시의 우리들 대부분이 일상의 삶에서 나무들을 얼마나 고마워해야 하는지도 알려주고 있다. 우리는 그러한 혜택을 느끼기 위해 싱구의 부족, 네팔의 여자 목공인, 와루피지 혹은 와피찬이 될 필요가 없다.

우리는 특히 여름과 밤에 콘크리트와 아스팔트가 어떻게 우리를 뜨겁게 달구는지 도시 열섬현상(*urban-heat island effect*)에 대해 들은 바가 있다. 세계에서 가장 빽빽한 도시들 중 하나인 홍콩에 대한 연구에서 수목 밀폐도가 30%인 지역의 온도가 1℃ 감소한다고 밝힌 바 있다.[400] 보도를 따라 심은 조경수도 한 블록이나 그 이상 뻗어 있는 도심지역과 다른 차이를 보여준다. 뉴욕시티 평균기온은 주변 교외 지역보다 1~3℃ 따뜻하며 어떤 저녁에는 12℃ 까지 차이가 난다. 하지만 나무들이 열섬현상을 뒤바꾼다. 센트럴파크는 여름에 시원한 안식처이다.

우리는 나무들이 건강에 좋고 마음을 정화해 준다는 사실을 깨닫기 위해 웰빙 철학에 물들 필요가 없다. 데이터가 명확하기 때문이다. 공용공간의 나무는 사람들이 걷고 뛰고 운동하기에 적당하다고 느끼는 조용하고 안전한 공간을 창출한다. 결과로써 캘리포니아의 연구원들은 근린공간의 수관율(*canopy cover*)이 10% 높은 경우 비만율을 19% 감소시키고 2형 당뇨,

천식, 고혈압 환자들에게 적잖은 영향을 끼친다는 사실을 알아냈다.[401]

영국 국가 통계청(UK government's Office for National Statistics)은 도시의 조경수가 도시 거리의 먼지와 질소산화물과 같은 대기오염물질을 줄임으로써 전국에 걸쳐 1,900명의 생명을 살려내고 심장 및 폐질환에 따른 의료비용을 연간 10억 파운드 절감시킨다고 추정하였다.[402] 나무의 수피 역시 도시생활의 크나큰 골칫거리 중 하나인 소음을 감소시키기도 한다. 유니버시티 칼리지 런던(University College London)의 연구에 의하면 13개의 도시 조경수종 중 낙엽송(larch)이 소음 흡수를 가장 많이 하는 것으로 나타났다.

오염과 소음을 흡수하고 대기를 식혀주는 것 외에도 우리는 나무로 인해 자연과 교감할 수 있다. 나무와 함께 새소리와 작은 동물들과도 어울리는 것이다. 다람쥐들이 거리의 나무를 오르락내리락 한다. 자연과의 만남이 우리를 좀 더 건강하게 하는 것 같다. 다년간 개인들에 대한 정기적인 추적 조사로 녹색이 조기사망률을 감소시킨다는 것이 밝혀졌다. 북미, 유럽, 호주, 중국의 8백만 인구를 대상으로 한 세계보건기구(World Health Organizaion)의 연구에 의하면, 사람들이 거주하는 지역 500미터 내에 녹지(greenery)를 10% 늘릴 때마다 조기 사망률이 4% 감소했다고 밝혀낸 바 있다.[403] 이러한 자료를 이용해서 미국 산림청(US government's Forest Service)는 필라델피아(Philadelphia)와 같은 도시가 수목 피복률을 2025년까지의 목표인 20~30% 정도 증가시키는 경우 매년 400건의 조기 사망을 방지할 수 있을 것이다.[404] 일본인들은 나무와의 교감을 산림욕(shinrin-yoku)라고 부르는데 '산림목욕(forest bathing)'이라는 뜻이다. 냉소주의자들은 그 용어를 정부 산림 관련 공직자들이 지어냈다고 지적할지도 모르겠다. 그들은 본래의 취지와는 다르게 캘리포니아에서 캠던(Camden)까지 값비싼 산림욕 테라피를 제공하는 사기꾼들을 비웃을 수도 있겠다. 하지만 일본 과학자들은 동료평가(peer-reviewed)가 우수한 연구에 의하면 브랜드화되지 않은 비상업적 산림욕 본질 그 자체는 근심, 우울, 분노를 감소시키고 혈압을 낮춰주는 30일 동안 인간 면역 체계 기능을 개선할 수 있음을 보여준다고 주장한다.[405] 일본의과대학(Nippon Medical School) 면역학자이자 일본 산림의학회(Society for Forest Medicine) 회장인 칭리(Qing Li)는 그의 지역 리쿠기엔 정원(Rikugi-en Gardens)의 치유력을 믿고 있다.

우리 중의 야생종과 상층의 수목 피복률은 모두 전 세계 수십 개 도시의 웰빙 감정과 연결되어 있다. 도시 정글은 좋다. 우리의 정신을 위해 나무가 필요하다. 혹은, 현대 의학용어로는 정신건강에 좋다. 앞서 기술한 홍콩의 연구에서는 30%의 수목밀도가 정신적 스트레스 위험을 1/3 감소시키면서 우리의 정신을 대기만큼이나 식혀준다고 밝혀냈다.[406] 호주에서는 거의 5만 명의 도시인 중에서 30% 이상의 수관율을 가진 녹지공간 주변에 거주하는 사람들은 10%의 수관율의 경우보다 1/3 더 적은 정신적 스트레스를 받는다고 한다.[407]

즉, 30%의 수목 피복률은 도시들이 추구하는 좋은 목표치가 될 수 있는 것 같다. 전 세계적으로는 대부분 이상의 도시가 외부에 작은 근린 녹지를 운영하지만, 유럽의 도시들로서는 평균적이다. 영국 임업 위원회(UK Forestry Commission) 산하 산림연구소(Forest Research)가 조직한 시민 과학자(Citizen scientists)들은 영국의 180개 도시지역 평균 수목 피복률은 단시 16%라는 사실을 알아냈다.[408]

유럽은 최근년도에 도시에 나무의 증가를 보여주고 있는 유일한 대륙이다.[409] 어떤 건축가들은 이 역시 충분한 것이 아니라고 생각해서 나무를 건물의 필수적인 부분으로 만들어 한계를 극복하려고 노력한다. 1986년에 건설된 비엔나의 훈데르트바서 하우스(Hundertwasser House)에는 발코니와 테라스에 200그루의 나무가 조성되어 있다. 도심지 밀란(Milan)의 보스코 버티칼레(Bosco Verticale) 아파트의 외벽경관(exterior)은 총 800그루에 이르는 많은 나무가 어우러져 외부에서 보면 거의 전체가 녹지인 것처럼 보인다. 이름이 말해주듯이 수직의 숲(vertical forest)인 것이다. 다른 많은 유럽 도시도 옥상조경(green roofs)을 많이 가지고 있다.

도시를 넘어 나무경관(treescape)이 풍부하고 다양해서 찾아볼 곳들이 더 많다. 내가 거주하는 주변의 공원을 좋아하고 산림욕(forest bathing)이 실제로 치유 혜택이 있다고 믿기 때문에 나는 좀 더 어두운 헨젤과 그레텔을 갈망한다. 치체스터(Chichester) 대성당 첨탑에서 북서쪽으로 수 Km 떨어진 사우스 다운스 국립공원(South Downs National Park) 언덕에 자리 잡은 킹글리 바텀(Kungley Bottom)에 숨어있는 우락부락한 약간 음침한 주목을 내게로.

주목(Yews)은 평범한 나무가 아니다. 그 목재는 지구에서 가장 강한 침엽수로 강철만큼 딱딱하다. 방앗간 톱니바퀴와 축으로 이용되었던 주목은 중세 시대(Middle Ages)에는 큰 활(longbows)로 선택하는 목재를 제공하기도 했다. 영국에서 현존하는 가장 오래된 목제품이 13,000년 된 주목으로 만든 창(spear)으로서 에섹스 해변(Essex beach)에서 발견되었다. 주목의 열매 역시 놀랍다. 영국 나무 중에서 가장 맹독으로서 드루이드교 사제들이 종교의식에서 사용하 것으로 알려져 있다. 나중에는 노르만인(the Normans)들이 17세기 점성술사들과 식물학자 로버트 터너(Robert Turner)가 주목이 '부패를 끌어들이고 흡수한다'고 주장했던 교회 마당에 심기 시작했다.

유럽에서는 어디에서보다 킹글리 바텀(Kingley Bottom)에 더 많은 주목이 있었다고 전해져 왔다. 천 년 이상이 된 것도 있다. 둘레가 6미터인 것도 있다. 킹글리 바텀은 영국 최초로 지명된 국립 자연 보전지 중 하나인데 지금은 잊혀진 곳이다. 어둡고 서늘하고 황량한 곳으로 이곳의 나무들은 아마도 당일치기 여행자들이 매력을 느끼기에는 너무 우울할지도 모르겠다. 하지만 나는 가장 뜨거운 날에도 시원한 공기를 즐길 수 있는 이곳을 걷다 보면 나무들의 경이로움과 인내심, 인류와 지구에 대한 가치에 대해 다시금 깨닫게 된다. 그들은 우리 모두보다 더 오래 존재할 것이라고 믿어 의심치 않는다.

감사의 말씀
Acknowledgement

많은 시간 공을 들여 이 책을 완성했다. 지구 생명 유지 체계를 위한 산림의 중요성을 둘러싼 과학만큼이나 긴급한 지구 녹화에 대한 공감대 형성은 꽤 최근의 일이다. 필자는 수십 년간 산림훼손에 대한 불안함과 함께 산림은 그 숲을 제일 잘 이해하고 있는 거주민들에게 맡기는 것에 대한 사례가 중요함을 공론화한 바 있다. 전문성, 타당성, 소개된 각 사례를 위해 도움을 받았던 분들은 실명으로 소개하였다. 저널리스트로서 정보원들을 명명하는 습관이 있다. 하지만 내 목적을 달성하기 위해 도움을 주신 분들에 대해 특별한 감사를 드린다.

브라질에서는, 보스턴부터의 긴 비행과 탕구로(Tanguro) 산림 접경까지 나와 함께하기 위해 이틀간의 야간 버스 투어를 해주신 마이클 코(Michael Coe)와 현지에서 환대를 보여주신 디비노 실베리오(Divino Silvério)에게 감사를 전한다. 또한 시간을 내준 카를루스 노브레(Carlos Nobre), 익살스러운 장난을 보여준 그의 동생, 지식을 나누어 준 호세 마렌고(José Marengo), 상사한테 겁먹지 않아 준 클라우디오 알메이다(Cláudio Almeida), 대통령 보우소나루(Bolsonaro)에게도 감사드린다. 벨루 오리존치(Belo Horisonte)의 브리탈도 소아레스 필호(Britaldo Soares-Filhoand)와 라오니 라하오(Raoni Rajao), 브라질리아(Brasília)의 아마존 환경 연구소(IPAM) 분들도 감사하다. 지칠 줄 모르는 작업을 수년간 보고해 왔던 바, 마나우스(Manaus) 지하사무실의 필립 피언사이드(Philip Fearnside)를 만난 것은 대단한 일이었다. 제라드(Gerard)와 마지 모스(Margi Moss)는 브라질리아(Brasília)와 로잔(Lausanne)에서 아낌없는 도움을 주었다. 이리스 뫼비우스(Iris Moebius)는 현기증 나는 아마존 고탑 관찰대(Amazon Tall Tower Observatory)를 방문하게 해주었다. 늘 감사하게 글을 읽었던 마인라트 안드레애(Meinrat Andreae)를 그 꼭대기에서 만나게 되었다. 포츠담(Potsdam)에서는, 웨이 웽(Wei Weng)과 커스틴 토니케(Kirsten Thonicke)에게 감사를 드리고, 플라잉 리버라는 진보적인 과학에 대해 가르쳐준 스톨홀름(Stockholm)의 란 왕 얼란드슨(Lan Wang Erlandsson)에게 감사함을 전한다. 취리히(Zurich)의 자부리 가줄(Jaboury Ghazoul)과 열정적인 토마스 크라우더(Thomas Crowther)도 고맙다. 몇 번의 시도 끝에 빈(Vienna)에서 아나스타샤 마카리에바(Anastassia Makarieva)와 잡담을 나눌 수 있었다. 네덜란드(Netherlands)에서는 뤼트 반 데어 엔트(Ruud van der Ent)를 만났고 마침내 숲 박사(the forest polymath) 더글라스 쉐일(Douglas Sheil)을 따라잡을 수 있었다. 이스라엘(Israel)에서는 와이즈만 과학연구소(Weizmann Institute of Science) 의 단 야키르(Dan Yark)와 야키르 프라이슬러(Yakir Preisler), 자연을 보호하는 모임(the Society for the Protection of Nature)에게 감사를 전한다.

인도네시아에서는 잭 라일리(Jack Rieley)께서 가디언지(the Guardian)의 빌 오닐(Bill O'neil)의 의뢰로 스방가우(Sebangau) 늪지 숲을 방문하도록 조율해 주었다. WWF의 유미코 우류(Yumiko Uryu)와 APRIL의 닐 프랭클린(Neil Franklin) 모두 리아우(Riau)에서 도와주었다. WWF와 함께 에쿠아도르(Ecuador)를 방문하여 파스타자(Pastaza) 계곡에서의 작업에 대해 쓸 수 있었다. 루 요스트(Lou Jost)는 기대하지 않았던 하이라이트였다. 중국에서는 황하강관리단(Yellow River Conservancy), 특히 황토고원 여정에서 수에 용펭(Xue Yungpeng)에게 신세를 진 바 있다. 제임스 프레이저(James Fraser)는 몬로비아(Monrovia)에서 그의 책임과 역할에 대해 공유해 주었다.

영국에서 콘웰(Cornwall)의 피터 번야드(Peter Bunyard), 리즈(Leeds)의 캣 스콧(Cat Scot)t과 그의 동료들, 에딘버그(Edinburgh)의 에드워드 미차드(Edward Mitchard), 밀턴 케인즈(Milton Keynes)의 서니타 판갈라(Sunitha Pangala)와 엑서터(Exeter)의 나딘 웅거(Nadine Unger)와 인터뷰를 했다. 이 책의 여러 장에서 인용한 연구의 저자들인 사이먼 루이스(Simon Lewis), 크리스 레이지(Chris Reij), 로빈 채즈던(Robin Chazdon), 에를레 엘리스(Erle Ellis), 사이먼 카운셀(Simon Counsell), 멜리사 리치(Melissa Leach), 샘 로손(Sam Lawson), 리즈 알덴 윌리(Liz Alden Wily), 클라크 에릭슨(Clark Erickson), 윌리엄 드네반(William Denevan)과 떠나간 이단자들(the departed heretics)과 외로운 전사들(loner warriors) 마이클 모티모어(Michael Mortimore), 콘래드 고린스키(Conrad Gorinsky), 패트릭 달링(Patrick Darling)도 인터뷰한바 있다.

내가 이사회로 재직하고 있는 산림 비정부기구 펀(the forests NGO Fern)과의 관계가 다양한 방식의 영감을 주었다. 펀(Fern)은 WOLF의 피터 사보(Peter Sabo)가 안내해 주었던 가나(Ghana), 라이베리아(Liberia), 슬로바키아(Slovakia)와 휴 차머스(Hugh Chalmers)와 맨디 하기스(Mandy Haggith)와 함께 재녹화자(reforesters)들을 만났던 스코틀랜드(Scotland) 현장 방문을 조율해 준 바 있다. 특히 펀(Fern)의 사스키아 오징아(Saskia Ozinga)와 한나 모와트(Hannah Mowat)는 물론 많은 통찰력 있는 동료들 역시 감사를 전한다. 네팔의 지역공동체 산림에 대한 부분은 한나 아호(Hanna Aho)가 모아준 자료들을 포함하고 있다. 이사회 구성원 중에서 데이빗 카이모비츠(David Kaimowitz)는 특히 우뚝 솟은 인물이다. 우선 그는 기후에 대한 산림의 비탄소적 측면 '쿨 포레스트(cool forests)'라는 아젠다에 대해 조사하도록 영감을 주었다.

나는 웨트랜드 인터네셔널(Wetland International)을 위한 임무로 탄자니아(Tanzania)의 루피지(Rufiji) 삼각주를 방문해서 워터 랜즈(Water Lands)에 여행기고문을 낸 바 있다. 그곳의 제인 매지윅(Jane Madgwick)과 줄리아 물롱가(Julia Mulonga)에게 감사를 전한다. 드랙스 그룹(Drax Group)은 루이지애나(Louisiana)에 있는 펠릿 공장에 데려가 주었다. 도그우드 얼라이언스(Dogwood Alliance)의 스콧 콰란다(Scot Quaranda)는 대안적인 시각을 보여주었다. 포레스트 피플 프로그램(Forest Peoples Programme)의 '그들이 서 있는 곳(Where They Stand For)'을 쓰기 위해 가이아나에서 와피찬 원주민들과 시간을 보냈는데 주로 톰 그리피스(Tom Griffths)의 회사에서 지냈다. 옥스팜(Oxfam) 및 글로벌 인권 문제를 다루는 기관들을 위한 보고서인 공통점 저술작업을 통해서 일부분 통찰력을 갖게 되었다. 권리와 자원 이니셔티브(Rights and Resources Initiative)의 위원회에서 몇 개의 연간 검토서를 쓰도록 해준 앤디 화이트(Andy White)에게도 감사를 전한다.

특히 빌 카용(Bill Kayong) 살해에 대한 조사를 포함하여 몇 번의 여행과 연구들은 예일 환경 360(Yale Environment 360)의 로저 콘(Roger Cohn)으로부터 출간 위원회가 마련해 주었다. 독자들은 마야(Maya)의 지역 산림공동체, 탕구로(Tanguro), 호주의 산불과 원주민 보호구역의 환경적 혜택에 대하여 예일(Yale)에서 문장 일부를 발췌한 것을 눈치챘을 수도 있다.

여기에 있는 생명의 바람(biotic winds)에 대한 일부 자료는 사이언스지로부터, 플라잉 리버의 일부는 뉴사이언스지로부터 의뢰를 받은 것이다. 초벌 편집을 해준 에릭 핸드(Eric Hand)와 로완 후퍼(Rowan Hooper)에게 감사를 전한다. 월드 랜드 트러스트(World Land Trust)와 가이라 파라과이(Guyra Paraguay)와 함께 파라과이 차코(Paraguyan Chaco)를 여행한 바 있다. 그에 관한 글들은 뉴사이언티스트지와 나의 리아우(Riau)여행 역시 등장하는 나의 졸저 랜드 그래버스(The Land Grabbers)에서 볼 수 있다. 루 호스트(Lou Jost)와의 만남은 TV 프로듀서 브라이언 라이스(Brian Leith)가 위탁한 딥 정글(Deep Jungle)에서 처음 나타난다. 또한 체르노빌 여행은 내 다른 졸저 『새로운 자연과 낙진(The New Wild and Fallout)』에서 볼 수 있다. 중국 황토고원 여행에 대해서는 내 책 강이 메마를 때(When the Rivers Run Dry)에서, 푸레르토 리코(Puerto Rico) 산림의 복원과 아센시온 섬의 그린 마운틴(Ascension Island's Green Mountain)에 대해서는 새로운 자연(The New Wild)에서 처음 썼다. 에코-범죄자의 고백(Confessions of an Eco-sinner)에서 카메룬의 카카오 혼농임업에 관해 기술한바 있는데 국제열대농업연구소(International Institute for Tropical Agriculture)에서 근무하는 앤 무어헤드(Anne Moorehead)의 초대에 감사를 전하는데 그는 나를 성보의 에레도(Sungbo's Eredo)에 데려가기도 했다.

나는 몇 홍보회사에도 신세를 진 바 있다. 버네스(Burness)의 좋은 분들이 몇 개의 정보와 접하게 해주었다. 사이먼 포레스터(Simon Forrester)는 골드만상(Goldman Prize)을 대신해서 특히 렝 아우치(Leng Ouch)를 포함해서 몇 개의 인터뷰를 잡아 주었다. 패트릭 오어(Patrick Orr)는 케냐의 워터 타워 방문기회를 마련해 주었다.

더 읽어야 할 도서

나무, 숲, 그 안의 거주민들에 대해 읽어봐야 할 많은 책이 있다. 집필에 도움을 준 책들을 소개한다.

Ashmole, Myrtle and Philip, The Carrifran Wildwood Story (Jedburgh: Borders Forest Trust, 2009)

Beerling, David, Making Eden: How Plants Transformed a Barren Planet (Oxford: Oxofrd University Press, 2019)

Brum, Eliane, The Collector of Leftover Souls: Dispatches from Brazil (London: Granta, 2019)

Chapman, Peter, Jungle Capitalists: A Story of Globalisation, Greed and Revolution (Edinburgh: Canongate, 2007)

Chazdon, Robbin, Second Growth: The Promise of Tropical Forest Regeneration in an Age of Deforestation (Chicago: Chicago University Press, 2014)

Conrad, Joseph, Heart of Darkness (Harmondsworth: Penguin, 1973)

Caufield, Catherine, In the Rainforest (London: Heinemann, 1985)

Desmond, Ray, Kew: The History of the Royal Botanic Gardens (London: Harvill, 1995)

Diamond, Jared, Collapse: How Societies Choose to Fail or Survive (New York: Allen Lane, 2005)

Dowie, Mark, Conservation Refugees: The Hundred-year Conflict between Global Conservation and Native Peoples (Cambridge, Mass: MIT Press, 2009)

Drayton, Richard, Nature's Government: Science, Imperial Britain and the 'Improvement' of the World (New Haven: Yale University Press, 2000)

Deakin, Roger, Wildwood: A Journey through Trees (London: Hamish Hamilton, 2007) 국내에서는 나무가 숲으로 가는 길 로 출간되었음 (까치, 2011년, 박중서 번역)

Fairhead, James, and Leach, Melissa, Reforming Deforestation: Global Analyses and Local Realities - Studies in West Africa (London: Taylor & Francis, 1998)

Grandin, Greg, Fordlandia: The Rise and Fall of Henry Ford's Forgotten Jungle City (New York: Metropolitan Books, 2009)

Greene, Graham, Journey without Maps (London: Vintage, 2006)

Grove, Richard, Green Imperialism: Global Expansion, Tropical Island Edens and the Origins of Environmentalism 1600-1860 (Cambridge: Cambridge University Press, 1995)

Harrison, Paul, The Greening of Africa: Breaking through in the Battle for Land and Food (London: Paladin, 1987)

Hecht, Susanna, and Cockburn, Alexander, The Fate of the Forest: Developers, Destroyers and Defenders of the Amazon (London: Verso, 1989)

Hochschild, Adam, King Leopold's Ghost: A Story of Greed, Terror and Heroism in Colonial Africa (London: Macmillan, 1999) 국내에서는 레오폴드왕의 유령 으로 출간되었음 (무우수, 2003년, 이종인 번역)

Jones, Lucy, Losing Eden: Why Our Minds Need the Wild (London: Allen Lane, 2020)

Juniper, Tony, Rainforest: Dispatches from the Earth's Most Vital

Frontlines (London: Profile, 2018)

Li, Qing, Shinrin-Yoku: The Art and Science of Forest Bathing (London: Viking, 2018)

Lovelock, James, The Ages of Gaia: A Biography of Our Living Earth (Oxford: Oxford University Press, 1988) 국내에서는 가이아, 살아 있는 생명체로서의 지구 로 출간되었음 (갈라파고스, 2023년, 홍욱희 번역)

Mabey, Richard, The Cabaret of Plants: Botany and the Imagination (London: Profile, 2015) 국내에서는 춤추는 식물 로 출간되었음 (글항아리, 2018년, 김윤경 번역)

Marris, Emma, Rambunctious Garden: Saving Nature in a Post-wild World (London: Bloomsbury, 2011)

Martin, Claude, On the Edge: The State and Fate of the Worlds Tropical Rainforests (Vancouver: Greystone, 2015)

McNeill, John, Something New under the Sun: An Environmental History of the Twentieth Century (London: Allen Lane, 2000)

Mendes, Chico, Fight for the Forest (London: Latin America Bureau, 1989)

Monbiot, George, Amazon Watershed: The New Environmental Investigation (London: Abacus, 1991)

------ Feral: Searching for Enchantment on the Frontiers of Rewilding (London: Allen Lane, 2013)

Mortimore, Michael, Tiffen, Mary, and Gichuki, Francis, More People, Less Erosion: Environmental Recovny in Kenya (Chichester: Wiley. 1993)

O'Hanlon, Redmond, Congo Journey (London: Penguin, 1996)

Ostrom, Elinor, Governing the Commons: The Evolution of Institutions for Collective Action (Cambridge: Cambridge University Press,

1990)
Payne, Robert, The White Rajahs of Sarawak (Oxford: Oxford University Press, i960)
Rackham, Oliver, The History of the Countryside (London: J. M. Dent, 1986)
Shanahan, Mike, Ladders to Heaven: How Fig Trees Shaped Our History, Fed Our Imaginations and Can Enrich Our Future (London: Unbound, 2016)
Thomas, Chris, Inheritors of the Earth: How Nature is Thriving in an Age of Extinction (London: Allen Lane, 2017)
Tree, Isabella, Wilding: The Return of Nature to a British Farm (London: Picador, 2018)
Tudge, Colin, The Secret Life of Trees: How They Live and Why They Matter (London: Allen Lane, 2005)
Vince, Gaia, Adventures in the Anthropocene: A Journey to the Heart of the Planet We Made (London: Chatto & Windus, 2014)
Wcbcr, Thomas, Hugging the Trees: The Story of the Chipko Movement (New Delhi: Penguin, 1988)
Wilson, Edward, Half-Earth: Our Planet's Fight for Life (New York: Liveright, 2015) 국내에서는 지구의 절반, 생명의 터전을 지키기 위한 제안 으로 출간되었음 (사이언스북스, 2017년, 이한음 번역)
또한 나의 다른 세권의 관련된 책을 찾아볼 것도 권한다.
Deep Jungle (London: Eden Project, 2005)
The Landgrabbers: The New Fight over Who Owns the Earth (London: Eden Project, 2012)
The New Wild: Why Invasive Species will be Nature's Salvation (London: Icon, 2015)

미 주

서문

1 http://www.loujost.com.

2 Richard Mabey, The Cabaret of Plants : Botany and the Imagination (London: Profile, 2015), p. 42. (국내 번역서 '춤추는 식물')

3 Sir Walter Raleigh, The Discovery of Guiana: https://www.bartleby.com/33/74.html.

4 Cited in Susanna Hecht and Alexander Cockburn, The Fate of the Forest: Developers, Destroyers and the Defender of the Amazon (London: Verso, 1980), p. 11.

5 Henry M. Stanley, Through the Dark Continent, Vol. 2 (New York: Harper & Brothers, 1878), pp. 272 and 212

6 Richard Spruce, Notes of a Botanist on the Amazon and Andes, Vol. 2 (London: Macmillan, 1908),p. 424.

7 Cited in Hecht and Cockburn, The Fate of the Forest, p. 1.

8 Mike Dash, 'For 40 Years, This Russian Family was Cut off from All Human Contact, Unaware of World War II', Smithsonian Magazine (2013): https://www.smithsonianmag.com/history/for-40-years-this-russian-family-was-cut-off-from-all-human-contact-unaware-of-world-war-ii-7354256/.

9 Edward Wilson, The Diversity of Life (Cambridge, Mass: Havard University Press, 1992), p. 15.

10 https://www.snopes.com/fact-check/trees-stars-milky-way/.

1. 쿨한 나무

11 Tia Ghose, 'The World's Largest Organism is Dying', Live Science (2017): https://www.livescience.com/61116-mule-deer-are-eating-pando.html; Richard Mabey, The Cabaret of Plants: Botany and the Imagination (London: Profile, 2015), p. 62. (국내 번역서 '춤추는 식물')

12 David Beering, Making Eden: How Plants Transformed a Barren Planet (Oxford: Oxford University Press, 2019).

13 Fred Sack and Jin-Gui Chen, 'Pores in Place', Science (2009): doi.org/10.1126/science.1169553.

14 Dominick Spracken et al., 'Observations of Increased Tropical Rainfall Preceded by Air Passage over Forests', Nature (2012): doi.org/10.1038/nature11390.

15 David Wilkinson, 'The Parable of Green Mountain', Journal of Biogeography (2003): doi.org/10.1046/j.0305-0270.2003.01010.x.

16 Ibid.

17 David Catling and Stedson Stround, 'The Greening of Green Mountain, Ascension Island', University of Washington (2012): http//faculty.washington.edu/dcatling/Catling2012_GreenMountainSubmitted.pdf.

18 Daniel Kevles, 'A Fistful of Wishful Thanking', Nature (1990): doi.org/10.1038/45683.

19 Mark Andrich and Jörg Imberger, 'The Effect of Land Clearing on Rainfall and Fresh Water Resources in Western Australia: A Multi-functional Sustainability Anylysis', International Journal of Sustainable Development and World Ecology (2013): doi.org/10.1080/13504500.2013.850752

20 John Boland, 'Rainfall Enhances Vegetartion Growth but Does the Reserve Hold?', Water (2014): doi.org/10.3390/w6072127

21 David Ellison et al., 'Trees, Forests and Water: Cool Insights for a Hot World', Global Environmental Change (2017): doi.ort/10.1016/j.gloenvcha.2017.01.002.

22 Clifton Sabajoet al.,Expansion of Oil Palm and Other Cash Crops Causes an Increase of the Land Surface Temperature in the Jambi Province in Indonesia', Biogeosciences (2017): doi.org/10.5194/bg-14-4619-2017.

23 Ibid.

24 Avery Cohn et al., 'Forest Loss in Brazil Increases Maximum Temperatures within 50 Km', Environmental Research Letters (2019): https://iopscience.iop.org/article/10.1088/1748-9326/ab31fb.

25 Kirsten Findell et al., 'The Impact of Anthropogenic Land Use and Land Cover Change on Regional Climate Extremes', Nature Communications (2017): doi.org/10.1038/s41467-017-01038-w.

26 Kimberly Novick and Gabriel Katul, 'The Durability of Reforestation Impacts on Surface and Air Temperature', Journal of Geophysical Research Biosciences (2020): doi.org/10.1029/2010JG005543.

27 Yinon Bar-On et al., 'The Biomass Distribution on Earth', Proceeding of the National Academy of Sciences (2018): doi.org/10.1073/pnas.1711842115.

28 Lan Qie et al., 'Long-Term Carbon Sink in Borneo's Forests Halted by Drought and Vulnerable to Edge Effects', Nature Communications (2017): doi.org/10.1038/s41467-017-01997-0.

29 Simon Lewis et. Al., 'Increasing Carbon Storage in Intact African Tropical Forests', Nature (2009): doi.org/10.1038/nature07771.

30 Shilong Piao et al., 'Characteristics, Drivers and Feedbacks of Global Greening', Nature Reviews Earth and Environment (2019): doi.org/10.1038/s43017-019-0001-x.

31 Roel Brienen and Emanuel Gloor, 'Across the World, Trees are Growing Faster, Dying Younger - and will Soon Store Less Carbon', The Conversation (2020): https://theconversation.com/across-the-world-trees-are-growing-faster-younger-and-will-soon-store-less-carbon-145785.

32 Yan Li et al., 'Local Cooling and Warming Effects of Forests Based on Satellite Observations', Nature Communications (2015): doi.org/10.1038/ncomms7603.

2. 플라잉 리버

33 Eneas Salati and Peter Vose, 'Amazon Basin: A System in Equilibrium', Science (1984): doi.org/10.1126/science.225.4658.129.

34 Ricardo Zorzetto, 'Um Rio Que Flui Pelo Ar', Pesquisa (2009): https://revistapesquisa.fapesp.br/en/2009/04/01/a-river-that-flows-through-the-air/.

35 Partha Dasgupta, 'Interim Report', Dasgupta Review: Independent Review on the Economics of Biodiversity, HM Treasury (2020): https://www.gov.uk/goverment/publications/interim-report-the-dasgupta-review-independent-review-ob-the-economics-of-biodiversity.

36 Hubert Savenije, 'New Definitions for Moisture Recyling and the Relationship with Land-use Changes in the Sahel', Journal of Hydrology (1995): doi.org/10.1016/0022-1694(94)02632-L.

37 Rund van der Ent, 'A New View on the Hydrological Cycle over Continents', Delft University of Technology *(2014)*: https://repository.tudelft.nl/islandora/object/uuid:oab824ee-6956-4cc3-b530-3245ab4f32be?collection=research.

38 Patrick Keys, 'Analyzing Precipitationsheds to Understand the Vulnerability of Rainfall Dependent Regions', Biogeosciences *(2012)*: doi.org/10.5194/bg-9-733-2012: Patrick Keys et. al., 'Revealing Invisible Water: Moisture Recycling as an Ecosystem Service', PLOS One *(2016)*: doi.org/10.1371/journal.pone.0151993.

39 Patrick Keys, 'Megacity Precipitationsheds Reveal Tele-connected Water Security Challenges', *(2018)*: doi.org/10.1371/journal.pone.0194311..

40 Amrit Dhillon, 'Chennai in Crisis as Authorities Blamed for Dire Water Shortage', Guadian, 19 June 2019: https://www.theguardian.com/world/2019/jun/19/chennai-in-crisis-water-shortage-with-authorities-blamed-india.

41 Supantha Paul et. al., 'Weakening of Indian Summer Monsoon Rainfall Due to Changes in Land Use Land Cover', Scientific Reports *(2016)*: doi.org/10.1038/srep32177.

42 Tomo'omi Kumagai et. al., 'Deforestation-induced Reduction in Rainfall', Hydrological Processes *(2013)*: doi.org/10.1002/hyp.10060.

43 Clive McAlpine et. al., 'Forest Loss and Borneo's Climate', Environmental Research Letters *(2018)*: doi.org/10.1088/1748-9326/aaa4ff.

44 Wei Weng et. al., 'Aerial River Management by Smart Cross-border Reforestation', Land Use Policy *(2019)*: doi.org/10.1016/j.landusepol.2019.03.010.

45 Gil Yosef et. al., 'Large-scale Semi-arid Afforestation Can Enhance Precipitation and Carbon Sequestration Potential', Scientific Reports *(2018)*: doi.org/10.1038/s41598-018-19265-6.

46 Martin Claussen et. al., 'Simulation of an Abrupt Changes in Saharan Vegetation in the Mid-Holocene', Geophysical Research Letters *(1999)*: doi.org/10.1029/1999GL900494.

47 Roni Avissar and David Werth, 'Global Hydroclimatological Teleconnections Resulting from Tropical Deforestation', Journal of Hydrometerology *(2005)*: doi.org/10.1175/JHM406.1.

48 Solomon Gebrehiwot et. al., 'The Nile Basin Waters and the West African Rainforest: Rethinking the Boundaries', WiresWater *(2018)*: doi.org/10.1002/wat2.1317.

3. 숲의 숨결

49 https://www.attoproject.org/.

50 Meinrat Andreae et. al., 'The Amazon Tall Tower Observatory (ATTO): Overview of Pilot Measurements on Ecosystem Ecology, Meteorology, Trace Gases, and Aerosols', Atmospheric Chemistry and Physics (2015): https://www.atmos-chem-phys.net/15/10723/2015/acp-15-10723-2015-discussion.html.

51 Laura Naranjo, 'Volatile Trees', NASA Earthdata (2011): https://earthdata.nasa.gov/learn/sensing-our-planet/volatile-trees.

52 Nadine Unger, 'To Save the Planet, Don't Plant Trees', New York Times, 19 September 2014: https://www.nytimes.com/2014/09/20/opinion/to-save-the-plant-dont-plant-trees.html.

53 Nadine Unger, 'Human Land-use-driven Reduction of Forest Volatiles Cools Global Climate', Nature (2014): doi.org/10.1038/nclimate2347.

54 Gabriel Popkin, 'How Much Can Forests Fight Climate Change?', Nature (2019): doi.org/10.1038/d41586-019-99122-z.

55 Cat Scott et al., 'Impact on Short-lived Climate Forcers Increases Projected Warming Due to Deforestation', Nature Communications (2018): doi.org/10.1038/s41467-017-02412-4.

56 Sunitha Pangala, 'Large Emissions from Floodplain Trees Close the Amazon Methane Budget', Nature (2017): doi.org/10.1038/nature24639.

57 Francis Bushong, 'Composition of Gas from Cottonwood Trees', Transaction of the Kansas Academy of Science (1907): https://archive.org/details/jstor-3624516.

58 Mariza Costa-Cabral and Silvana Susko Marcelini, 'The Role of Forests in the Maintenance of Stream Flow Regimes and Ground Water Reserves', Agroicone (2015): https://www.inputbrasil.org/wp-content/uploads/2015/05/ The_role_of_forests_in_the_maintenance_of_stream_flow_regimes_and_ground _water_reserves_summaray_Agroicone.pdf.

59 Fred Pearce, 'A Controversial Russian Theory Claims Forests Don't Just Make Rain - They Make Wind', Science (2020): doi.org/10.1126/science.abd3856.

60 Anastassia Makarieva and Victor Gorshkov, 'Biotic Pump of Atmospheric Moisture as Driver of the Hydrological Cycle on Land', Hydrology and Earth System Sciences (2007): doi.org/10.5194/hess-11-1013-2007.

61 Anastassia Makarieva et. al., 'Where Do Winds Come From? A New Theory on How Water Vapor Condensation Influences Atmospheric Pressure and Dynamics', Atmospheric Chemistry and Physics (2013): doi.org/10.5194/acp-13-1039-2013.

62 Bjorn Stevens and Sandrive Bony, 'What are Climate Models Missing?', Science (2013): doi.org/10.1126/science.1237554.

63 Douglas Sheil, 'Forests, Atmospheric Water and an Uncertain Future: The New Biology of the Global Water Cycle', Forest Ecosystems (2018): doi.org/10.1186/s40663-018-0138-y.

64 Peter Bunyard et al., 'Futher Experimental Evidence that Condensation is a Major Cause of Airflow', Dyna (2019): doi.org/10.15446/dyna.v86n209.73288.

4. 탕구로에서

65 Mateo Mier y Terán Giménez Cacho, 'The Political Ecology of Soybean Farming Systems in Mato Grosso', Brazil, University of Sussex (2013): http://sro.sussex.ac.uk/id/eprint/48263/1/Mier_y_Ter%Ain_Gim%C3%A9nez_Cacho%2C_Mateo.pdf.

66 https://ipam.org.br/bibliotecas/tanguro-project-report/.

67 Michael Coe et. al, 'Feedbacks Between Land Cover and Climate Changes in the Brazilian Amazon and Cerrado Biomes', American Geophysical Union (2016): https://ui.adsabs.havard.edu/abs/2016AGUFMGC23I..08C/abstract.

68 Michael Coe et. al, 'The Forests of the Amazon and Cerrado Moderate Regional Climate and Are the Key to the Future', Tropical Conseravation Science (2017): doi.org/10.1177/1940082917720671.

69 Divino Silvério et. al., 'Testing the Amazon Savannization Hypothesis: Fire Effects on Invasion of a Neotropical Forest by Native Cerrado and Exotic Pasture Grasses', Philosophical Transactions of the Royal Society B: Biological Sciences (2013): doi.org/10.1098/rstb.2012.0427.

70 Thomas Lovejoy and Carlos Nobre, 'Amazon Tipping Point: Last Chance for Action', Science (2019): doi.org/10.1126/science.1237554.

71 Martin Sullivan et al., 'Long-term Thermal Sensitivity of Earth's Tropical Forests', Science (2020): doi.org/10.1126/science.aaw7578.

72 Raoni Rajao et al., 'The Rotten Apples of Brazil's Agribusiness', Science (2020): doi.org/10.1126/science.aba6646.

73 '100 Days of Bolsonaro - Ending the EU's Role in the Assault on the Amazon', Fern (2019): https://www.fern.org/news-resources/100-days-of-bolsonaro-ending-the-eus-role-in-the-assault-on-the-amazon-945/.

74 Stephen Eisenhammer. "Day of Fire": Blazes Ignite Suspicion in Amazon Town', Reuters (2019): https://uk.reuters.com/article/uk-brazil-environment-wildfire-investiga/day-of-fire-blazes-ingnite-suspicion--in-amazon-town-idUKKCN1VW1N9.

75 Britaldo Siveira Soares-Filho and Raoni Rajao, 'Traditional Conservation Strategies Still the Best Option', Nature Sustainability (2018): doi.org/10.1038/s41893-018-0179-9.

76 'Brazil's Agribusiness Joins the Campaign to Stop Rainforest Fires in the Amazon', MercoPress (2019): https//en.mercopress.com/2019/09/07/brazil-s- agribusinessjoins-the-campaign-to-stop-rainforest-fires-in-the-amazon.

5. 산불

77 Lisa Cox, 'More Than a Third of NSW Rainforests Found to Have been Hit by Australian Bushfires', Guardian, 6 June 2020: http://www/theguardian.com/australia-news/2020/jun/07/more-than-a-third-of-nsw-rainforests-found-to-have-been-hit-by-australian-bushfires.

78 'Estimating Greenhouse Gas Emissions from Bushfires in Australia's Temperate Forests: Focus on 2019-20, Technical Update', Australian Government (2020): http://www.industry.gov.au/data-and-publications/estimating-greenhouse-gas-emissions-from-bushfires-in-australias-temperate-forests-focus-on-2019-20.

79 Chris Lucas et al., 'Bushfire Water in Southeast Australia: Recent Trends and Projected Climate Change Impacts', Climate Institute of Australia (2007): doi.org/10.25919/5e31c82eeoa4c.

80 Matt Holden, 'I'd Like a Raving Inner-city Lunatic T0shirt for Christmas, Please', Sydney Morning Herald, 12 November 2019: https://www.smh.com.au/politics/federal/i-d-like-a-raving-inner-city-lunatic-t-shirt-for-christmas-please-20191112-p539tg.html.

81 'Fires Take a Toll on Australian Forests', NASA Earth Observatory (2019): https://earthobservatory.nasa.gov/omages/145999/fires-take-a-toll-on-australian-forests.

82 John Pickrell, 'As Fires Rage across Australia, Fears Grow for Rare Species'. Science (2019): doi.org/10.1126/science.aba6144.

83 Dale Nimmo, 'Animal Response to a Bushfire is Astounding', The Conversation (2020): https://theconversation.com/animal-response-to-a-bushfire-is-astounding-these-are-the-tricks-they-use-to-survive-129327.

84 Matthias Boer et al., 'Unprecedented Burn Area of Australian Mega-Forest Fires', Nature Climate Change (2020): doi.org/10.1038/s41558-020-0716-1.

85 John Pichrell, 'Massive Australian Blazes will "Reframe Our Understanding of Bushfire"', Science (2019): doi.org/10.1126/science.aba6144.

86 'Climate Change Increases the Risk of Wildfires', Science Brief Review (2020): https://sciencebrief.org/uploads/reviews/ScienceBrief_Review_WILDFIRES_Sep2020.pdf.

87 'Climate Change Increases the Risk of Wildfires Confirms-new-review', University of East Anglia (2020): https://www.uea.ac.uk/about/-/climate-change-increase-the-risk-of-wildfires-confirms-new-review.

88 Anthony Westerling et al., 'Briefing: Climate and Wildfire in Western US Forests', US Forest Service (2014): https://www.fs.usda.gov/treesearch/pubs/46580.

89 Matt Jolly et al., 'Climate-induced Variations in Global Wildfire Danger from 1979 to 2013', Nature Communications (2015): doi.org/10.1038/ncomms8537; Neils Andela et al., 'A Human-driven Decline in Global Burned Area', Science (2017): doi.org/10.1126/science.aal4108.

90 Partha Dasgupta, 'Interim Report', Dasgupta Review: Independent Review on the Economics of Biodiversity, HM Treasury (2020): https://www.gov.uk/government/publications/interim-report-the-dasgupta-review-independent-review-on-the-economics-of-biodiversity.

91 Gifford Miller, 'Disentangling the Impacts of Climate and Human Colonization on the Florida and Fauna of the Australian Arid Zone over the Past 100 Ka Using Stable Isotopes in Avian Eggshell', Quaternary Science Reviews (2016): doi.org/10.1016/j.quascirev.2016.08.009.

6. 잃어버린 세계

92 . Gaspar de Carvajal, in The Discovery of the Amazon According to the Account of Friar Gaspar de Carvajal and Other Documents, edited by Harry Heaton (New York: American Geographical Society,1934): https://siris-libraries.si.edu/ipac20/ipac.jsp?&profile=liball&source=~!silibraries&uri=full=3100001~!17524~!0#focus.

93 Charles Clement et al., 'The Domestication of Amazonia before European Conquest', Proceedings of Royal Society B: Biological Sciences (2015): doi. Org/10.1098/rspb.2015.0813.

94 Ann Gibbons, 'New View of Early Amazonia', Science (1990): doi.org/10.1126/science.248.4962.1488.

95 Michael Heckenberger et al., 'Amazoniz 1492: Pristine Forest or Cultural Parkland?', Science (2003): doi.org/10.1126/science.1086112.

96 Clark Erickson, 'Raised Fields as a Sustainable Agricultural System from Amazon', University of Pennsylvania (1994): http://repository.upenn.edu/anthro_papers/14/.

97 Umberto Lobardo et al., 'Early Holocene Crop Cultivation and Landscape Modification in Amazonia', Nature (2020): doi.org/10.1038/s41586-020-2162-7.

98 Clark Erickson, 'Amazon: The Historical Ecology of a Demesticated Landscape', in Helaine Silverman and William Isbell (eds.), Handbook of South American Archaeology (New York: Springer, 2008): https://citeseerx.ist.psu.edu/viewdoc/download?doi=10.1.1.545.8945&rep=repi&type=pdf.

99 Hans ter Steege et al., 'Hyperdominance in the Amazonian Tree Flora', Science (2013): doi.org/10.1126/science.1243092.

100 Clement et al., 'The Domestication of Amazonia before European Conquest': doi.org/10.1098/rspb.2015.0813.

101 William Denevan, 'The Pristine Myth: The Lanscape of the Americas in 1492', Annals of the Association of American Geographers (1992): doi.org/10.1111/j.1467-8306.1992.tb01965.x.

102 Patrick Roberts et al., 'The Deep Human Prehistory of Global Tropical Forests and Its Relevance for Modern Conservation', Nature Plants (2017): doi.org/10.1038/nplants.2017.93.

103 Damian Evans et al., 'A Comprehensive Archaeological Map of the World's Largest Preindustrial Settlement Complex at Angkor, Cambodia', Proceedings of the National Academy of Sciences (2007): doi.org/10.1073/pnas.0702525104.

104 Chris Hunt, 'Holocene Landscape Intervention and Plant Food Production Strategies in Island and Mainland Southeast Asia', Journal of Archaeological Science (2014): doi.org/10.1016/j.jas.2013.12.011.

105 Orenwalaju Asisi and David Aremu, 'New Lights on the Archaeology of Sungbo Eredo, South-Western Nigeria', Dig It: Journal of Flinders Archaeological Society (2016): https://www.academia.edu/25255530/New_Lights_on_the_Archaeology_of_Sungbo_Eredo_South_Western_Nigeria.

106 Patrick Darling, 'Sungbo's Eredo - Africa's Largest Single Monument', Bournemouth University: https://csweb.bournemouth.ac.uk/africanlegacy/sungbo_eredo.htm.

107 Germain Bayon et al., 'Intensifying Weathering and Land Use in Iron Age Central Africa', Science (2012): doi.org/10.1126/science.1215400.

108 Richard Oslisly et al., 'Climatic and Cultural Changes in the West Congo Basin Forests Over the Past 5000 Years', Philosophical Transactions of the Royal Society B: Biological Sciences (2013): doi.org/10.1098/rstb.2012.0304.

109 Charles Mann, 'The Real Dirt on Rainforest Fertility', Science (2002): doi.org/10.1126/science.297.5583.920.

110 Andre Junqueira et al., 'The Role of Amazonian Anthropogenic Soil in Shifting Cultivation: Learning from Farmers' Rationales', Ecology and Society (2016): doi.org/10.5751/ES-08140-210112.

111 James Fraser et al., 'An Intergenerational Transmission of Sustainability? Ancestral Habitus and Food Production in a Traditional Agro-ecosystem of the Upper Guinea Forest, West Africa', Global Environmental Change (2015): doi.org/10.1016/j.gloenvcha.2015.01.013.

112 Victoria Frausin et a., '"God Made the Soil, but We Made It Fertile": Gender Knowledge, and Practice in the Formation and Use of African Dark Earths in Liberia and Sierra Leone', Human Ecology (2014): doi.org/10.1007/s10745-014-9686-0.

113 'Anthropogenic Dark Earths in Africa?, STEPS Centre, University of Sussex: https://steps-centre.org/wp-content/uploads/ADEcase.pdf.

114 Douglas Sheil et al., 'Do Anthropogenic Dark Earths Occur in the Interior of Borneo: Some Initial Observations from East Kalimantan', Forests (2012): doi.org/10.3390/f3020207.

115 Erle Ellis et al., 'Used Planet: A Global History', Proceeding of the National Academy of Sciences (2015): doi.ort/10.1073/pnas.1217241110.

116 Roberts et al., 'The Deep Human Prehistory of Global Tropical Forests and Its Relevance for Modern Conservation', Nature Plants (2017): doi.org/10.1038/nplants.2017.93.

7. 벌목 전성시대

117 William Hickling Prescott, History of the Conquest of Mexico (1843): https://thehomelesschefs.wordpress.com/tag/arztec-emperor-montezuma/#:~:text=American%20historian%20William%20Hickling'sHistory,dissolved%20in%20the%20mouth%20and.

118 Stephanie Pain, 'A Toast to Tonic', New Scientist (2019): doi.org/10.1016/S0262-4079(19)32439-X.

119 Mark Twain, The Turning Point in My Life (1906): https://www.online-literature.com/twain/1324/.

120 Adam Hochschild, King Leopold's Ghost: A Story of Greed, Terror and Heroism in Colonial Africa (London: Macmillan, 1999), p. 64.

121 Greg Grandin, Fordlandia: The Rise and Fall of Henry Ford's Forgotten Jungle City (New York: Metropolitan Books, 2009).

122 Tarnue Johnson, A Critical Examination of Firestone's Operations in Liberia (Bloomington: Authorhouse, 2010): https://www.authorhouse.com/en/bookstore/bookdetails/291852-A-Critical-Examination-of-Firestone-s-Operations-in-Liberia.

123 Vivien Gornits, 'A Survey of Anthropogenic Vegetation Changes in West Africa during the Last Century: Climate Implications', Climatic Change (1985): doi.org/10.1007/BF00144172.

124 Peter Chapman, Jungle Capitalists: A Story of Globalizaion, Gree and Revolution (Edinburgh: Canongate, 2007)

125 Fred Pearce, 'Brazil's Resettlement of Farmers Has Driven Amazon Deforestation', New Scientist (2015): https://www.newscientist.com/article/dn27993.

126 Ashwin Ravikumar et al., 'Are Smallholders Really to Blame?', Forests News (2016): https://forestnews.cifor.org/44155/are-smallholers-really-to-blame-2?fnl=.

127 William Laurance, 'Roads to Ruin', New York Times, 13 April 2015: https://www.nytimes.com/2015/04/13/opinion/roads-to-ruin.html.

128 William Laurance, 'If You Can't Build Well, Then Build Nothing at All', Nature (2018): doi.org/10.1038/d41586-018-07348-3.

129 Lucas Ferrante and Philip Fearnside, 'The Amazon's Road to Deforestation', Science (2020): doi.org/10.1126/science.abd6977.

130 Thais Vilela et al., 'A Better Amazon Road Network for People and the Environment', Proceedings of the National Academy of Science (2020): doi.org/10.1073/pnas.1910853117.

131 Neil Carter et al., 'Road Development in Asia: Assessing the Range-wide Risks to Tigers', Science Advances (2020): doi.org/10.1126/sciadv.aaz9619.

132 'Planned Roads Would be "Dagger in the Heart" for Borneo's Forests and Wildlife', James Cook University (2019): https://www.sciencedaily.com/releases/2019/09/190918142027.htm.

133 Andy Goghlan, 'Africa's Road-building Frenzy will Transform Continent', New Scientist (2014): https://www.newscientist.com/article/mg22129512-800.

134 Fritz Kleinschroth et al., 'Road Expansion and Persistence in Forests of the Congo Basin', Nature Sustainability (2019); doi.org/10.1038/s41893-019-0310-6.

8. 벌목완료

135 http://www.borneonaturefoundation.org/en/where-we-work/sebangau-forest/.

136 Fred Pearce, 'Bog Barone: Indonesia's Carbon Catastrophe', New Scientist (2007): https://www.newscientist.com/article/mg19626321-600.

137 Sam Lawson, 'Consumer Goods and Deforestation', Forest Trends (2014): https://www.forest-trends.org/wp-content/uploads/imported/for168-consumer-goods-and-deforestation-letter-14-0916-hr-no-crops_web-pdf.

138 Mikaela Weisse and Liz Goldman, 'The World Lost a Belgium-sized Area of Primary Rainforests Last Year', Global Forest Watch (2019): https://blog.globalforestwatch.org/data-and-research/world-lost-belgium-sized-area-of-primary-rainforest-management-sarawak.

139 Charles Baber, '25 Years of So-Called "Sustainable Forest Management" in Sarawak', World Resources Institute (2015): https://www.wri.org/blog/2015/11/25-years-so-called-sustainable-forest-management-sarawak.

140 'Inside Malaysia's Shadow State', Global Witness (2013): https://cdn.globalwitness.org/archive/files/library/inside-malaysias-shadow-state-briefing.pdf.

141 Fred Pearce, 'A Tale of Two Longhouses: More Air Conditioning Than Wild Men in the Heart of Borneo', New Scientist (1994): https://www.newscientist.com/article/mg14419525-700.

142 Fred Pearce, 'Are Sarawak's Forests Sustainable?', New Scientist (1994): https://www.newscientist.com/article/mg14419534-000.

143 'We Release the Land Grab Data', Sarawak Report (2011): http://www.warawakreport.org/2011/03/we-release-the-land-grab-data/.

144 'Main Suspect behind Bill Kayoung Murder Caught', Borneo Post, 11 December 2016: https://222.theborneopost.com/2016/12/13/mail-suspect-behind-bill-kayong-murder-caught/.

145 'Death Sentence Stuns Murderer', Borneo Post, 11 August 2018: https://www.theborneopost.com/2018/08/11/death-sentence-stuns-murderer/.

9. 산림의 소비

146 Peter Beaumont, 'How a Tyrant's "Logs of War" Bring Terror to West Africa', Observer, 27 May 2001: https://www.theguardian.com/world/2001/may/27/theobserver.

147 'Taylor-made: The Pivotal Role of Liberia's Forests and Flag of Convenience in Regional Conflict', Global Witness (2001): https://cdn.globalwitness.org/archive.files/pdfs/taylormade2.pdf.

148 'The Kouwenhoven Trial (2005-2017) and the Saga of His Extradition 2017-Present': https://www.liberiapastandpresent.org/TaylorCharles/KouwenhovenGus.htm.

149 'Report Reveals Dramatic Decline in Illegal Logging in Tropical Forest Nations', Burness (2010): https://www.eurekalert.org/pub_releases/2010-07/bc-rrd070810.php.

150 'Fight against Illegal Logging: The European Union and Liberia Sign Accord to Ensure Legal Origin of Imported Wood Products to the EU', Delegation of the European Union to Liberia (2011): https://www.eeas.europa.eu/archives/delegations/liberia/press_corner/all_news/news/2011/20110728_en.htm.

151 https://www.goldmanprize.org/recipient/leng-ouch/.

152 'Treasury Sanctions Corruption and Material Support Networks', US Treasury (2019): http://home.treasury.gov/news/press-release/sm849.

153 Natalie Sauer, 'The Fight for the World's Largest Forest', Climate Change News (2019): https://www.climatechangenews.com/2019/10/08/siberia-illegal-logging-feeds-chinas-factories-one-woman-fights-back/.

154 Huang Wenbin and Sun Xiufang, 'Tropical Hardwood Flows in China: Case Studies of Rosewood and Okoumé', Forest Trends (2013): https://www.forest-trends.org/wp-content/uploads/imported/tropical-hardwood-flows-in-china-v12_12_3_2013-pdf.pdf.

155 'EIA Accused Indonesia and China of World's Biggest Smuggling Racket', Edie Newsroom (2005): https://www.edie.net/news/o/EIA-accuses-Indonesia-and-China-of-worlds-biggest-smuggling-racket/9581/.

156 Indra van Gisbergen, 'Forest Crimes in Antwerp', Fern (2019): https://www.fern.org/story-articles/forest-crimes-in-antwerp/.

157 '"One Cannot Survive Going by the Rules": How Colossal Overharvesting and Money Laundering Became the Standard in the Forests of Gabon', EIA (2019): https://eia-global.org/blog-posts/20190522-raw-intelligence-wcts-blog.

158 'The Croatian Connection Exposed', EIA (2020): https://eia-international.org/wp-content/uploads/EIA-report-The-Croatian-Connection-Exposed-spreads.pdf.

159 Sam Lawson, 'Stolen Goods: The EU's Complicity in Illegal Tropical Deforestation', Fern (2015): https://www.fern.org/fileadmin/uploads/fern/Documents/Stolen%20Goods_EN_o.pdf.

160 'For 20 Years We've Campaigned to Get China to Ban the Use of Illegal Timber - Now It's Happening', EIA (2020): https://eia-international.org/press-release/for-20-years-weve-campaigned-to-get-china-to-ban-the-use-of-illegal-timber-now-its-happening/,

161 'Corrupt Indonesian Timber Company Boss Jailed for Five Years', EIA (2020): https://eia-international.org/news/corrupt-indonesian-timber-company-boss-jailed-for-five-years-and-fined-more-than-180000/

162 'Scientific Basis of EU Climate Policy of Forests: Open Letter', 25 September 2017: https://drive.google.com/file/d/oB9HP_Rf4_eHtQUpyLVIzZE8zQWc/view.

163 Anna Stephenson and David MacKay, 'Life Cycle Impacts of Biomass Electricity in 2020', Department of Energy and Climate Change (2014): https://assets.publiching.service.gov.uk/government/uploads/system/uploads/attachment_data/file/349024/BEAC_Report_290814.pdf.

164 William Moomaw et al., 'Focus on the Role of Forests and Soils in Meeting Climate Change Mitigation Goals', Environmental Research Letters (2020): doi.org/10.1088/1748-9326/ab6b38.

165 Adam Colette, 'Uncovering the Truth: Investigating the Destruction of Precious Wetland Forests', Dogwood Alliance (2015): http://www.dogwoodalliance.org/tag/urahaw-swamp/.

166 'Playing with Fire: An Assessment of Company Plans to Burn Biomass in EU Coal Power Stations', Ember (2019): https://sandbag.org.uk/project/playing-with-fire/.

167 Susanna Twidale, 'Britain's Drax to Pilot Carbon Capture with Mitsubishi Heavy Industries', Reuters (2020): uk.reuters.com/article/us-drax-carboncapture/britains-drax-to-piolt-carbon-capture-with-mitsubishi-heavy-indutries-idUKKBN23U3GT.

10. 무인지대

168 Aldo Benitez, 'Investigation Reveals Illegal Logging in Paraguay's Vanishing Chaco', Mongabay (2018): https://news.mongabay.com/2018/12/investigation-reveals-illegal-cattle-ranching-in-paraguays-vanishing-chaco/.

169 Carlos Barros, 'Brazilian Meat Industry Encroaches on Paraguayan Chacos', Reporter Brasil (2018): https://reporterbrasil.org.br/2018/07/brazilian-meat-industry-encroaches-on-paraguayan-chaco/.

170 'The Impact of EU Consumption on Deforestation: Comprehensive Anaysis of the Impact of EU Consumption on Deforestation', European Commission (2013): https://ec.europa.eu/environment/forests/pdf/1.%20Report%20analysis%20of%20impact.pdf.

171 'Deforestation in the Chaco Spikes in the Wakes of "Illegal" Presidential Decree Stripping Back Environmental Safeguards', Earthsight (2018): https://www.earthsight.org.uk/news/idm/deforestation-chaco-spikes-wake-illegal-presidential-decree.

172 'Promised Land', The Economist, 11 August 2011: https://www.economist.com/the-americas/2005/08/11/promised-land.

173 'Survival Intl. Says Carlos Casado (part of Grupo San José) is Destroying Indigenous Group's Lands & Calls on Investors to Take Action', Business and Human Rights Resources Centre (2013): https://www.business-humanrights.org/en/paraguay-survival-intl-says-carlos-casado-part-of-grupo-sanjos%C3%A9-is-destroying-indigenous-groups-lands-calls-on-investors-to-take-action-o.

174 John Vidal, 'Natural History Museum Expedition "Poses Genocide Threat" to Paraguay Tribes', Guardian, 8 November 2010: https://www.theguardian.com/world/2010/nov/08/natural-history-museum-paraguay-tribes.

175 'Five Companies Dominate Global Trade in Deforestation-causing Goods', Spain's News (2020): http://spainsnews.com/five-companies-dominate-gloabl-trade-in-deforestation-causing-goods/.

176 Fred Pearce, 'Unilever Plans to Double Its Turnover While Halving Its Environmental Impact', Daily Telegraph, 22July 2013: https://www.telegraph.co.uk/news/earth/environment/10188164/Unilever-plans-to-double-its-turnover-whie-halving-its-environmental-impact.html.

177 'Not on Target: Companies Must Do More to. Eliver the New York Declaration on Forests', Global Canopy (2019): https://www.globalcanopy.org/sites/default/files/documents/resources/NYDFsignatoriesfinal.pdf.

178 'Largest US Investors Undermine Efforts to Halt Rainforest Destruction, New Reports Finds', Friends of the Earth (2020): https://www.banktrack.org/article/largest_us_investors_undermine_efforts_to_halt_rainforest_destruction_new_report_finds#.

179 Andre Vasconcelos et al., 'Illegal Deforestation and Brazilian Soy Exports: The Case of Mato Grosso', TRASE (2020): http://resources.trase.earth/documents/issuebriefs/TraseIssueBrief4_EN.pdf.

11. 산림 측정

180 James Fairhead and Melissa Leach, 'False Forest History, Complicit Social Anaysis: Rethinking Some West African Environmental Narratives', World Development (1995): doi.org/10.1016/0305-750X(95)00026-9; Kate de Selincourt, 'Demon Faramers and Other Myths', New Scientist (1996): https://www.newscientist.com/article/mg15020274-300.

181 Fred Pearce, 'Counting Africa's Trees for the Wood', New Scientist (1994): https://www.newscientist.com/article/mg1429291-000.

182 Alexandra Tyukavina et al., 'Congo Basin Forest Loss Domenated by Increasing Smallholder Clearing', Science Advances (2018): doi.org/10.1126/sciadv.aat2993.

183 Edward Mitchard and Clara Fintrop, 'Woody Encroachment and Forest Degradation in Sub-Saharan Africa's Woodlands and Savannas 1982-2006', Philosophical Transactions of the Royal Society B: Biological Sciences (2013): doi.org/10.1098/rstb.2012.0406.

184 https://www.globalforestwatch.org

185 http://www.fao.org/3/a-i4793e.pdf.

186 Peter Holmgren, 'Can We Trust Country-level Data from Global Forest Assessments?', Forests News (2015): https://forestsnews.cifor.org/34669/cn-we-trust-country-lever-data-from-global-forest-assessments?fnl=en.

187 Praveen Noojipady et al., 'Forest Carbon Emissions from Cropland Expansion in the Brazilian Cerrado Biome', Environmental Research Letters (2017): doi.org/10.1088/1748-9326/aa5986.

188 Robin Chazdon et al., 'When is a Forest a Forest? Forest Concepts and Definitions in the Era of Forest and Landscape Restoration', Ambio (2016): doi.org/10.1007/s13280-016-0772-y

189 'Porous Definition of Forest Leaves Experts in Dilemma', Nation (2009): https://nation.africa/news/1056-823196-ikmyi1z/index.html.

190 Jean-Francois Bastin et al., 'The Extent of Forest in Dryland Biomes', Science (2017): doi.org/10.1126/science.aam6527.

191 'Artificial Intelligence Reveals Hundred of Millions of Trees in the Sahara', University of Copenhagen (2020): https://news.ku.dk/all_news/2020/10/artificial-intelligence-reveals-hundreds-of-millions-of-trees-in-the-sahara/.

192 Chazsdon et al., 'When is a Forest a Forest': doi.org/10.1007/s13280-016-0772-y.

193 Philip Curtis et al., 'Global Land Change from 1982 to 2016', Nature (2018): doi.org/10.1038/s41586-018-0411-9.

194 Xiao Peng-Song et al., 'Classifying Drivers of Global Forest Loss', Science (2018): doi.org/10.1126/science.aau3445.

195 Peter Potapov et al, 'The Last Frontiers of Wilderness: Tracking Loss of Intact Forest Landscapes from 2000 to 2013', Science Advances (2017): doi.org/10.1126/sciadv.1600821.

196 John Fa et al., 'Importance of Indigenous People' Lands for the Conservation of Intact Forest Landscapes', Frontiers in Ecology and the Environment (2020): doi.org/10.1002/fee.2148

197 Cloud Martin, On the Edge: The State and Fate of the World's Tropical Rainforests (Vancouver: Greystone, 2015), p. 142.

198 Serge Wich, 'Distribution and Conservation Status of the Orang-utan (Pongo spp.) on Borneo and Sumatra: How Many Remain.', Oryx (2008): doi.org/10.1073/pnas.1918373117.

199 David Morgan et al., 'African Apes Coexisting with Logging: Comparing Chimpanzee (Pan Troglodytes Troglodytes) and Gorilla (Gorilla Gorilla Gorilla) Resource Needs and Responses to Forestry Activities', Biological Conservation (2018): doi.org/10.1016/j.biocon.2017.10.026.

200 Karel Mokany et al., 'Reconciling Global Priorities for Conserving Biodiversity Habitat', Proceedings of the National Academy of Sciences (2020): doi.org/10.1073/pnas.1918373117.

201 Jeremy Hance, 'Scientists Point to Research Flaw That has Likely Exaggerated the Impact of Logging in Tropical Forests', Mongabay (2013): https://news.monabay.com/2013/01/scientists-point-to-research-flaw-that-has-likely-mongabay.com/2013/01/scientists-point-to-research-flaw-that-has-likely-exaggerated-the-impact-of-logging-in-tropical-forests/.

202 David Edwards, 'Degraded Lands Worth Protecting: The Biological Importance of Southeast Asia's Repeatedly Logged Forests', Proceedings of Royal Society B Biological Science (2010): doi.org/10.1098/rspb.2010.1062.

12. 녹색의 선물

203 Kevin Mckenna, 'Scotland has the Most Inequitable Land Ownership in the West. Why?, Guardian, 10 August 2013: https://www.theguardian.com/uk-news/2013/aug/10/scotland-land-rights.

204 https://www.reforestingscotland.org/.

205 https://www.carrifran.org.uk/about/.

206 'Liverpool's Allerton Oak Crowned England's Tree of the Year', BBC News, 23 October 2019: https://www.bbc.co.uk/news/uk-england-merseyside-5014031.

207 Over Rackham, The History of the Countryside (London: J. M. Dent, 1986), p. 64.

208 'Major Shift in UK Land Use Needed to Deliver Net-zero Emission', Committee on Climate Change *(2020)*: https://www.theccc.org.uk/2020/01/23/major-shift-in-uk-land-use-needed-to-deliver-net-zero-emission/.

209 Guy Shrubsole, 'General Election: Party Pledges on Tree Planting', Friends of the Earth *(2019)*: https://friendsoftheearth.uk/general-election/general-election-party-pledges-tree-planting.

210 John Evelyn, Sylva, Or a Discoure of Forest-Trees and the Propagation of Timber in His Majesty's Dominions *(1664)*: http://www.gutenberg.org/files/20778/20778-h/20778-h.htm.

211 Fred Pearce, 'Greening the Heart of England', New Scientist *(1994)*: http://www.newscientist.com/article/mg14319444-300/.

212 Isabella Tree, Writing: The Return of Nature to a British Farm (London: Picador, 2018)

213 Emine Saner, 'Grow Your Own Forest: How to. Plant Trees to Help Save the Planet', Guardian, 4 September 2019: https://www.theguardian.com/environment/2019/sep/04/grow-your-own-forest-how-to-plant-trees-to-help-save-the-planet.

13. 유럽의 수상한 녹색사업

214 Fred Pearce, 'The Strange Death of Europe's Trees', New Scientist, 4 December 1986, p. 41.

215 Lucie Kupkova et al., 'Forest Cover and Disturbance Changes, and Their Driving Forces: A Case Study in the Pre Mountains, Czechia, Heavily Affected by Anthropogenic Acidic Polution in the Second Half of the 20th Century', Environmental Research Letters *(2018)*: doi.org/10.1088/1748-9326/aadd2c.

216 'Flatpacked Forests: Ikea's Illegal Timber Problem', Earthsight *(2020)*: https://www.earthsight.org.uk/flatpackedforests-en.

217 'Stealing the Last Forest', EIA *(2015)*: https://eia-global.org/reports/st; Saving Europe's Last Virgin Forests, EIA *(2015)* https://eia-global.org/subintitiatives/romania.

218 Guido Ceccherini et al., 'Abrupt Increase in Harvested Forest Area over Europe after 2015', Nature *(2020)*: doi.org/10.1038/s41586-020-2438-y.

219 Tobias Kuemmerle et al., 'Cross-border Comparison of Post-socialist Farmland Abandonment in the Carpathians', Ecosystems *(2008)*: doi.org/10.1007/s10021-008-

9146-z.

220 Alexander Prishchepov et al., 'Effects of Institutional Changes on Land Use: Agricultural Land Abandonment during the Transition from State-command to Market-driven Economies in Post-Soviet Eastern Europe', Environmental Research Letters (2012): doi.org/10.1088/1748-9326/7/2/024021; Natalia Kolecka et al., 'Understanding Farmland Abandonment in the Polish Carpathians', Applied Geography (2017): dora.lib4ri.ch/wsl/islandora/object/wsl:14215.

221 Ana Kovsnikovskaya, 'What is Happening to 100 Million Hectares of Forests in Russia?', Greenpeace International (2019): https://greenpeace.org/international/story/20631/what-is-happening-to-100-millionn-hectares-of-forests-in-russia/.

222 Irina Kurganove, 'Carbon Cost of Collective Farming Collapse in Russia', Global Change Biology (2013): doi.org/10.1111/gcb.12379.

223 Bo Huang et al., 'Predominant Regional Biophysical Cooling from Recent Land Cover Changes in Europe', Nature Communications (2020): doi.org/10.1038/s41467-020-14890-0.

224 Emma van der Zanden et al., 'Trade-offs of European Agricultural Abandonment', Land Use Policy (2017): doi.org/10.1016/j.landusepol.2017.01.003.

225 Sivan Kartha and Kate Dooley, 'The Risks of Relying on Tomorrow's "Negative Emissions" to Guide Today's Mitigation Action', Stockholm Environment Institute (2016): https://mediamanager.sei.org/documents/publications/Climate/SEI-WP-2016-08-Negative-emissions.pdf.

226 Kim Naudts et al., 'Europe's Forest Management Did Not Mitigate Climate Warning', Science (2016): doi.org/10.1126/science.aad7270; 'Watch How Europe is Greener Now Than 100 years Ago', Washington Post, 12 April 2014: https://www.washingtonpost.com/news/worldviews/wp/2014/12/04/watch-how-europe-is-greener-now-than-100-years-ago/.

227 Samuel Zipper et al., 'Land Use Change Impacts on European Heat and Drought: Remote Land-atmosphere Feedbacks Motogated Locally by Shallow Groundwater', Environmental Research Letters (2019): doi.org/10.1088/1748-9326/abodb3.

228 Bo Huang et al., 'Predominant Regional Biophysical Cooling from Recent Land Cover Changes in Europe': dot.org/10.1038/s41467-020-14890-0.

229 'Sweden: Taking Forestry Back to the Future', Fern (2020): https://www.fern.org/news-resources/Sweden-taking-forestry-to-the-future-2140/.

230 Matt McGrath, '"Wrong Type of Trees" in Europe Increased Global Warming', BBC News, 5 February 2016: https://www.bbc.co.uk/news/science-environment-35496350; Naudts et al., 'Europe's Forest Management Did Not Mitigate Climate Warming': doi.org/10.1126/science.aad7270.

231 'EU Biodiversity Strategy for 2030: Bringing Nature Back into Our Lives', European Commission (2020): https://www.arc2020.eu/wp-content/uploads/2020/05/Biodiversity-Strategy_draft_200423_ARC2020.pdf.

232 Heiko Schumacher et al., 'More Wilderness for Germany: Implementing an Important Objective of Germany's National Strategy on Biological Diversity', Journal for Nature Conservation (2018): doi.org/10.1016/j.jnc.2018.01.002.

14. 산림변천

233 Bill O'Driscoll, 'A Centrury Ago, Pennsylvania Stood Almost Entirely Stripped of Trees', Pittsburgh City Paper, 19 August 2015: https://www.pghcitypaper.com/Pittsburgh/a-century-ago-pennsulvania-stood-almost-entirely-stripped-of-trees/Content?oid=1848219.

234 Kathleen Buckingham', The Restoration Diagnostic Case Example: New England Restoration', World Resources Institute (2015): https://files.wri.org/s3fs-public/WRI_Restoration_Diagnostic_Case_Example_NewEngland_1.pdf.

235 Jonathan Thompson et al., 'Four Centuries of Change in Northeastern United States Forests', PLOS One (2013): doi.org/10.1371/journal.pone.0072540.

236 David Foster et al., 'New England's Forest Landscape Ecological Legacies and Conservation Patterns Shaped by Agrarian History', Havard Forest (2008): https://harvardforest.fas.havard.edu/sites/harvardforest.fas.harvard.edu/files/publications/pdfs/Foster_NE_Forest_Landscape_2008.pdf.

237 David Foster et al., 'Wildlands and Woodlands', Harvard Forest (2017): https://wildlandsandwoodlands.org/sites/default/files/Wildlands%20and%20Woodlands%202017%20Report.pdf.

238 The Complete Poetical Works of Henry Wadsworth Longfellow: https://www.gutenberg.org/files/1365/1365.txt.

239 Lee Klinger, 'Ecological Evidence of Large-scale Silviculture by California Indians', in Wahinkpe Topa and Aka Don Trent Jacobs (eds.), Unlearning the Language of Conquest (Austin: Texas University Press, 2006): https://www.researchgate.net/publication/282780008_Ecological_evidence_of_large-scale_silviculture_by_California_Indians.

240 Gordon Bonan, 'Forest, Climate and Public Policy: A 500-year Interdisciplinary Odyssey', Annual Review of Ecology, Evolution and Systematics (2016): https://www.annualreviews.org/doi/abs/10.1146/annurev-ecolsys-121415-032359.

241 Gabriel Popkin, 'How Small Family Forests Can Help Meet the Climate Challenge', Yale Environment 360 (2020): https://e360.yale.edu/features/how-small-family-forests-can-help-meet-the-climate-challenge.

242 'Planting Trees is No Panacea for Climate Change', University of California, Santa Cruz (2020): https://www.sciencedaily.com/release/2020/05/200507143008.htm.

243 Grant Domke et al., 'Greenhouse Gas Emissions and Removals from Forest Land; Woodlands, and Urban Trees in the United States, 1990-2018', US Forest Service (2020): https//www.nrs.fs.fed.us/pubs/59852.

244 Kathleen Buckingham and Craig Hanson, 'The Restoration Diagnostic Case Example: China Loess Plateau', World Resources Institute (2015): https://files.wri.org/s3fs-public/WRI_Restoration_Diagnostic_Case_Example_China.pdf.

245 X. M. Feng et al., 'Revegetation in China's Loess Plateau is Approaching Sustainable Water Resource Limits', Nature Climate Change (2016): doi.org/10.1038/nclimate3092.

246 Rui Li et al., 'Ecosystem Rehailitation on the Loess Plateau', in Tim McVicar et al., (eds.) Regional Water and Soil Assessment for Managing Sustainable Agriculture in China and Australia, China-Australia Centre of International Agricutural Research (2002): https://pdfs.semanticscholar.org/28d3/8ac92cf0966ab8142f34745bc4d9d8b28784.pdf.

247 Karen Holl and Pedro Brancalion, 'Tree Planting is Not a Simple Solution', Science (2020): doi.org/10.1126/science.aba8232.

248 Fangyuan Hua et al., 'Tree Plantations Displacing Native Forests: The Nature and Drivers of Apparent Forest Recovery on Former Croplands in Southwestern China from 2000 to 2015', Biological Conservation (2018): doi.org/10.1016/j.biocon.2018.03.034.

249 Minghong Tan and Xiubin Li, 'Does the Green Great Wall Effectively Decrease Dust Storm Intensity in China? A Study Based on NOAA NDVI and Weather Station Data', Land Use Policy (2015): doi.org/10.1016/j.landusepol.2014.10.017.

250 Jon Luoma, 'China's Reforestation Programs: Big Success or Just an Illusion?', Yale Environment 360 (2012): https://e360.yale/edu/features/chinas_reforestation_programs_big_success_or_just_an_illusion.

251 Shioxing Cao et al., 'Excessive Reliance on Afforestation in China's Arid and Semi-arid Regions: Lessons in Ecological Restoration', Earth-Science Reviews (2011): doi.org/10.1016/j.earscirev.2010.11.002.

252 Fred Pearce, 'Great Wall of Trees Keeps China's Deserts at Bay', New Scientist (2014): https://www.newscientist.com/article.mg22429994-900.

253 Ibid

254 'Accounting Reveals That Costa Rica's Forest Wealth is Greater Than Expected', World Bank (2016): https://www.worldbank.org/en/news/feature/2016/05/31/accounting-reveals-that-costa-ricas-forest-wealth-is-greater-than-expected.

255 Leighton Reid et al., 'The Ephemerality of Secondary Forests in Southern Costa Rica', Conservation Letters (2018): doi.org/10.1111/conl.1267.

256 Pekka Kauppi et al., 'Forest Resources of Nations in Relation to Human Well-being', PLOS One (2018): doi.org/10.1371/journal.pone.0196248.

257 Kathleen Buckingham and Craig Hanson, 'The Resotation Diagnostic Case Example: South Korea', World Resources Institute (2015): https://files.wri.org/s3fs-public/WRI_Restoration_Diagnostic_Case_Example_SouthKorea.pdf.

258 Kathleen Buckingham and Craig Hanson, 'The Restoration Dianostic Case Example: Panama Canal Watershed', World Resources Institute (2015): https://files.wri.org/s3fs-pub:ic/WRI_Restoration_Diagnostic_Case_Example_Panama.pdf.

259 Robert Hailmayr et al., 'Impacts of. Hilean Forest Subsiies of Forest Cover, Carbon and Biodiversity', Nature Sustainability (2020): doi.org/10.1038/s41893-020-0547-0.

260 Soumitra Ghosh and Larry Lohmann, 'Compensating for Forest Loss or Advancing Forest Destruction?', World Rainforest Movement (2019): https://wrm.org.uy/wp-content/uploads/2019/09/WRM-Compensatory-Afforestation-in-India-2019.pdf.

261 'The Impact of EU Consumption on Deforestation', European Commission (2019): https://ec.europa.eu/environment/forests/impact_deforestation.htm.

15. 심을것인가 내버려 둘 것인가

262 'Rebuilding the Amazon Rainforest One Tree at a Time', Amazing Forest (2011): https://www.24-7pressrelease.com/press-release/217869/rebuilding-the-amazon-rainforest-one-tree-at-a-time.

263 https://www.bonnchallenge.org.

264 John Vidal, 'A Eureka Moment for the Planet: We're Finally Planting Trees Again', Guardian, 13 February 2018: https://www.theguardian.com/commentisfree/2018/feb/13/worlds-lost-forests-returning-trees

265 'Five Years after the New York Declaration on Forests', Federal Ministry for the Environment, Germany *(2019)*: https://forestdeclaration.org/summary.

266 Simon Lewis et al., 'Restroring Natural Forests is the Best Way to Remove Atmospheric Carbon', Nature *(2010)*: https://www.nature.com/articles/d41586-019-01026-8

267 Simon Lewis and Charlotte Wheeler, 'The Scandal of Calling Plantations "Forest Restoration" is Putting Climate Targets at Risk', The Conversation *(2019)*: https://theconversation.com/the-scandal-of-calling-plantations-forest-restoration-is-putting-climate-targets-at-risk-114858.

268 Gregg Marland, 'The Prospect of Solving the CO2 Problem through Global Reforestation', US Department of Energy *(1988)*: https://books.google.co.uk/books/about/The_Prospect_of_Solving_the_CO_2_Problem.html?id=RxQbNQAACAAJ&redir_esc=y.

269 Glen Peters, 'The "Best Available Science" to Inform 1.5℃ Policy Choices', Nature Climate Change *(2016)*: doi.org/10.1073/pnas.1710465114.

270 Bronson Griscom et al., 'Natural Climate Solutions', Proceedings of the National Academy of Sciences *(2017)*: doi.org/10.1073/pnas.1710465114.

271 Thomas Crowther et al., 'Natural Climate Solutions', Proceedings of the National Academy of Sciences *(2017)*: doi.org/10.1073/pnas.1710465114.

272 Jean-Francois Bastin et al., 'Mapping Tree Density at a Global Scale', Nature *(2015)*: doi.org/10.1038/nature14967.

273 Aisling Irwin, 'The Ecologist Who Wants to Map Everything', Nature *(2019)*: doi.org/10.1038/d41586-019-02846-4.

274 Erle Ellis etal., 'Planting Trees Won't Save the World', New York Times, 2 December 2020: https://www.nytimes.com/2020/02/12/opinion/trump-climate-change-trees.html.

275 Irwin, 'The Ecologist Who Wants to Map Everything': doi.org/10.1038/d41586-019-02846-4.

276 'Driving "Carbon Neutral": Shell's Restoration and Conservation Project in Indonesia', World Rainforest Movement *(2020)*: https://wrm.org.uy/articles-from-the-wrm-bulletin/section1/driving-carbon-neutral-shells-restoration-and-conservation-project-in-Indonesia/.

277 'Biosphere-Atmosphere Fluxes', Weizmann Institute of Science: https://www.weizmann.ac.il/EPS/Yakir/biosphere-atmosphere-fluxes.

278 Yakir Preisler et al., 'Mortaility Versus Survival in Drought-affected Aleppo Pine Forest Depends on the Extent of Rock Cover and Soil Stoniness', Functional Ecology *(2019)*: doi.org/10.1111/1365-2435.13302.

279 'Turning the Desert Green', KKL-JNF: https://www.kkl-jnf.org/forestry-and-ecology/afforestation-in-israel/turning-the-desert-green/.

280 'From "Improving Landscapes', to Conserving Landscape: The Need to Stop Afforestation in Sensitive Nature Ecosystems in Israel and Conserve Israel's Natural Landscapes', Society for the Protection of Nature in Israel *(2019)*: https://natureisrael.org/cms_

uploads/Publications/Afforestation_Ecology_Damage_SPNI_2019.pdf; Guy Rotem et al., 'Ecological Effects of Afforestation in the Northern Negev', Society for the Protection of Nature in Israel (2014): http//www.teva.org.il/_uploads/dbsattachedfiles/forestation_nothern_negevspni_eng_finalmay2014.pdf.

281 Brandon Keim, 'Not Everything Needs to be a Forest', Anthropocene (2019): https://anthropocenemagazine.org/2019/12/savannas-should-not-be-forests/.

282 Kate Parr and Caroline Lehmann, 'When Tree Planting Actually Damages Ecosystems', The Conversation (2019): https://theconversation.com/when-tree-planting-actually-damages-ecosystems-120786.

16. 자라게 하라

283 Yunxia Wang et al., 'Upturn in Secondary Forest Clearing Buffers Primary Forest Loss in the Brazilian Amazon', Nature Sustainability (2020): doi.org/10.1039/s41893-019-0470-4; Yunxia Wang et al., 'Mapping Tropical Disturbed Forests Using Multi-decadal 30m Optical Satellite Imagery', Remote Sensing of Environment (2019): doi.org/10.1126/science.aau3445.

284 Philip Curtis et al., 'Classifying Drivers of Global Forest Loss', Science (2018): doi.org/10.1126/science.aau3445.

285 Richard Houghton et al., 'A Role for Tropical Forests in Stabilizing Atmospheric CO_2', Nature Climate Change (2015): doi.org/10.1038/nclimate2869.

286 Thomas Rudel, 'When Fields Revert to Forest: Development and Spntaneous Reforestation in Post-war Puerto Rico', Professional Geographer (2004): doi/10.1111/0033-0124.00233.

287 Fei Yuan et al., 'Forestation in Puerto Rico, 1970s to Present', Journal of Geography and Geology (2017): doi.org/10.5539/jgg.v9n3p30.

288 Susanna Hecht et al., 'Globalization, Forest Resurgence, and Environmental Politics in El Salvador', World Development (2004): doi.org/10.1016/j.worlddev.2005.09.005.

289 Doribel Herrador-Valencia et al., 'Tropical Forest Recovery and Socio-economic Change in El Salvador: An Opportunity for the Introduction of New Approaches to Biodiversity Protection', Applied Geography (2011): doi.org/10.1016/j.apgeog.2010.05.012.

290 Camila Rezende et al., 'Atlantic Forest Spontaneous Regeneration at Landscape Scale', Biodiversity Conservation (2015): doi.org/10.1007/s10531-015-0980-y.

291 Deborah Zabarenko, 'Tropical Rainforests are Regrowing. Now what?', Reuters (2009): https://www.reuters.com/article/us-rainforests/

292 Robin Chazdon et al., 'The Potential for Species Conservation in Tropical Secondary Forests', Conservation Biology (2009): doi.org/10.1111/j.1523-1739.2009.01338.x; Robin Chazdon, 'Carbon Sequestration Potential of Second-growth Forest Regeneration in the Latin American Tropics', Science Advances (2016): doi.org/10.1126/sciadv.1501639.

293 Susan Cook-Tatton et al., 'Mapping Carbon Accumulation Potential from Global Natural Forest Regrowth', Nature (2020): doi.org/10.1038/s41586-020-2686-x.

294 Robin Chazdon, Second Growth: The Promise of Tropical Forest Regeneration in an Age of Deforestation (Chicago: Chicago University Press, 2014)

295 Danae Rozendaal et al., 'Biodiversity Recovery of Neotropical Secondary Forests',

Science Advances (2019): doi.org/10.1126/sciadv.aau3114.

296 Tim Radford, 'Natural Forests are Best at Storing Carbon', Climate News Network (2020): https://climatenewsnetwork.net/natural-forests-are-best-at-storing-cabon/.

297 Renato Crouzeilles et al., 'Ecological Restoration Success is Higher for Natural Regeneration Than for Active Restoration in Tropical Forests', Science Advances (2017): doi.org/10.1126/sciadv.1701345.

298 'Mangrove Restoration: To Plant or Not to Plant?, Wetlands International, https://www.wetlands.org/publications/mangrove-restoration-to-plant-or-not-to-plant/.

299 Ariel Lugo, 'Emerging Forests on Abandoned Land: Puerto Rico's New Forests', Forest Ecology and Management (2003): doi.org/10.1016/j.foreco.2003.09.012.

300 Mary Duryea and Eliana Kampf, 'Wind and Trees: Lessons Learned from Hurricanes', University of Florida (2007): https://hort.ifas.ufl.edu/woody/documents/FR173.pdf.

301 Maria Uriarte et al., 'Hurricane María Tripled Stem Breaks and Doubled Tree Mortality Relative to Other Major Storms', Nature Communications (2019): doi.org/10.1038/s41467-019-09319-2.

302 Chazdon, Second Growth.

17. 혼농임업

303 Deborah Goffner et al., 'The Great Green Wall for the Sahara and the Sahel Initiative as an Opportunity to Enhance Resilience in Sahelian Landscapes and Livelihoods', Regional Environmental Change (2019): doi.org/10.1007/s10113-09=19-01481-z.

304 'World Leaders Renew Commitment to Strenthen Climate Resilience through Africa's Great Green Wall', UN Convention to Combat Desertification (2015): https://www.unccd.int/news-events/world-leaders-renew-commitment-strengthen-climate-resilience-through-africas-great.

305 Fred Pearce, 'Interview: Can't See the Desert for the Trees', New Scientist (2008): https://www.newscientist.com/article/mg19726491-700.

306 Chris Reij et al., 'Agroenvironmental Transformation in the Sahel: Another Kind of "Green Revolution"'. International Food Policy Research Institute (2009): https://core.ac.uk/download/pdf/6257709.pdf.

307 Charlie Pye-Smith, 'The Quiet Revolution: How Niger's Farmers are Re-greening the Croplands of the Sahel', World Agroforestry Centre (2013): http://www.worldagroforestry.org/publication/quiet-revolution-how-nigers-farmers-are-re-greening-croplands-sahel.

308 'Tony Rinaudo', Right Livelihood Foundation (2018): https://www.rightlivelihoodaward.org/laureates/tony-rinaudo/; 'The Forest Maker', World Vision (2020): https://www.worldvision.com.au/global-issues/work-we-do/poverty/forest-maker.

309 John Carey, 'The Best Strategy for Using Trees to Improve Climate and Ecosystems? Go Natural', Proceedings of the National Academy of Science (2020): doi.org/10.1073/pnas.2000425117.

310 Michael Mortimore, Mary Tiffen and Francis Gichuki, More People, Less Erosion:

Environmental Recovery in Kenya (Chrishester: Wiley, 1993).

311 Peter Holmgren, 'Not All African Land is Being Degraded', Ambio *(1994)*: https://www.researchgate.net/publication/282684048.

312 Robert Zommer et al., 'Trees on Farms: An Update and Reanalysis of Agroforestry's Global Extent and Socio-ecological Characteristics', World Agroforestry Centre *(2014)*: http://apps.worldagroforestry.org/sea/Publications/files/workingpaper/WP0182-14.pdf.

313 Katie Reytar et al., 'Deforestation Threatens the Mekong, but New Trees are Growing in Surprising Places', World Resources Institute *(2019)*: https://www.wri.org/blog/2019/10/deforestation-threatens-mekong-new-trees-are-growing-surprising-places.

314 Patrick Jagoret et al., 'Long-term Dynamics of Cocoa Agroforests: A Case Study in Central Cameroon', Agroforestry Systems *(2011)*: doi.org/10.1007/s10457-010-9368-x.

315 'Agroforestry is "Win Win" for Bees and Crops, Study Shows', University of Reading *(2020)*: https://phys.org/news/2020-06-agroforestry-bees-crops.html#:~:text=The%20study%2C%20led%20by%20the,poliinator%2-numbers%20and%20increases%20pollination.

316 James Robson, 'Local Approaches to Biodiversity Conservation: Lessons from Oaxaca, Southern Mexico', International Journal of Sustainable Development *(2008)*: doi.org/10.1504/IJSD.2007.017647.

317 Claire Kremen and Adina Merenlender, 'The Important Complementary Role of Working Landscapes for Protected Area Effectiveness', Breakthrough Institute *(2018)*: https://thebreakthrough.org/issues/conservation/the-important-complementary-role-of-working-landscapes-for-protected-area-effectiveness.

318 Arild Angelsen and David Kaimowitz, 'Agricultural Technologies and Tropical Deforestation', CAB International *(2001)*: http://www.cifor.org/publications/pdf_files/Books/CAngelsen0101E0.pdf.

319 Vincent Ricciardi et al., 'How Much of the World's Food Do Smallholders Produce?', Global Food Security *(2018)*: doi.org/10.1016/j.gfs.2018.05.002.

320 Fred Pearce, 'Will Intensified Farming Save the Rainforests?', New Sciences *(2009)*: doi.org/10.1073/pnas.0812540106.

321 Thomas Rudel et al., 'Agricultural Intensification and Changes in Cultivated Areas, 1970-2005', Proceedings of the National Academy of Sciences *(2009)*: doi.org/10.1073/pnas.0812540106.

322 Simon Lewis et al., 'Restoring Natural Forests is the Best Way to Remove Atmospheric Carbon', Nature *(2019)*: doi.org/10.1038/d41586-019091926-8.

323 May Muthuri, 'Could Tree Regeneration Hold out Hope for Africa's Vulnerable Smallholder Farmers?', Regreening Africa *(2020)*: https://regreeningafrica.org/project-updates/could-tree-regeneration-hold-out-hope-for-africas-vulnerable-smallholder-farmers/.

324 Mulugeta Lemenih and Habtemariam Kassa, 'Re-Greening Ethiopia: History, Challenges and Lessons', Forests *(2014)*: doi.org/10.3390/f5081896; Peter Cronkleton et al., 'How Do Property Rights Reforms Provide Incentives for Forest Landscape Restoration? Comparing Evidence from Nepal, China and Ethiopia', International Forestry Review *(2017)*: http://www.cofor.org/publications/pdf_files/articles/ACronkleton1701.pdf.

325 Ibid.

326 'Abrha Weatsbha Community, Ethiopia, Case Study', Equator Initiative *(2013)*: https://www.equatorinitiative.org/wp-content/uploadis/2017/05/case_1370354707.pdf.

327 Charlie Pye-Smith, 'Friendly Fire', New Scientist *(1997)*: https://www.newscientist.com/article/mg15621083-200.

328 Lorin Hancock, 'Forest Fires: The Good and the Bad', WWF: https://www.worldwildlife.org/stories/forest-fires-the-good-and-the-bad.

329 Richard Schiffman, 'Lessons Learned from Centuries of Indigenous Management', Yale Environment 360 *(2018)*: https://e360.yale.edu/fearures/lessons-learned-from-centuries-of-indigenous-forest-management.

18. 원주민들의 노력

330 https://sizeofwales.org.uk/tag/wapichan/.

331 https://en.wikipedia.org/wiki/Dadanawa_Ranch.

332 Fergus MacKay, 'The Wapichan People and the Guyanese Government Agree Terms of Reference for Formal Land Talks', Forest People Programme *(2016)*: https://www.forestpeople.org/index.php/en/enewsletters/fpp-e-newsletter-august-2016/news/2016/07/wapichan-people-and-guyanese-government-agree.

333 John Vidal, 'Conrad Gorinsky Obituary', Guardian, 12 September 2019: https://www.theguardian.com/science/2019/sep/12/conrad-gorinsky-obituary.

334 Mathew Hallett et al., 'Impact of Low-Intensity Hunting on Game Species in and around the Kanuku Mountains Protected Area, Guyana', Frontiers in Ecology and Evolution *(2019)*: doi.org/10.3389/fevo.2019.00412.

335 James McDonald, 'Indigenous Reserves and the Future of the Amazon', JSTOR Daily, 3 December 2018: https://daily.jstor.org/indigenous-reserves-and-the-future-of the-amazon/; Barbara Zimmerman, 'Rain Forest Warriors: How Indigenous Tribes Protect the Amazon', National Geographic *(2013)*: https://www.nationalgeographic.com/news/2013/12/131222-amazon-kayapo-indigenous-tribes-deforestation-environment-climate-rain-forest/.

336 Kathryn Baragwanath and Elia Bayi, 'Collective Property Rights Reduce Deforestation in the Brazilian Amazon', Proceeding of the National Academy of Sciences *(2020)*: doi.org/10.1073/pnas.1917874117.

337 Fred Pearce, 'Give Forests to Local People to Preserve Them', New Scientist *(2014)*: https://www.newscientist.com/article/dn25943.

338 'Secure Land Rights Essential to Protect Biodiversity and Cultures within Indigenous Lands', University of East Anglia *(2020)*: https://www.eurekalert.org/pub_releases/2020-05/uoea-slro51320.php.

339 Allen Blackman et al., 'Titling Indigenous Communities Protects Forests in the Peruvian Amazon', Proceedings of the National Academy of Sciences *(2017)*: doi.org/10.1073/pnas.1603290114.

340 Christoph Nolte et al., 'Governance Regime and Location Influence Avoided Deforestation Success of Protected Areas in the Brazilian Amazon', Proceedings of the National Academy of Sciences *(2013)*: doi.org/10.1073/pnas.1214786110.

341 Elaine Lopes et al., 'Mapping the Socio-ecology of Non-timber Forest Products *(NTFP)* Extraction in the Brazilian Amazon: The Case of Açaí *(Euterpe precatoria Mari)* in Acre',

Landscape and Urban Planning (2019): doi.org/10.1016/j.landurbanplan.2018.08.025.

342 'Biodiversity Highest on Indigenous-managed Lands', University of British Columbia (2019): https://www.sciencedaily.com/releases/2019/07/190731102157.htm.

343 Donald Hughes and Subash Chandran, 'Sacred Groves around the Earth: An Overview', in P.S.Ramakrishnan et al. (eds), Conserving the Sacred for Biodiversity Management (New Delhi: Oxford University Press, 1998).

344 'New Initiative will Conserve Sacred Sites Rich in Biodiversity', Environmental News Service (2006): http://www.ens-newswire.com/ens/mar2006/2006-03-19-01.asp.

345 Kai Schmidt-Soltau, 'Conservation-related Resettlement in Central Africa: Environmental and Social Risks', Development and Change (2003): doi.org/10.1111/1467-7660.00317.

346 Daniel Brockington and James Igoe, 'Eviction for Conservation: A Global Overview', Conservation and Society (2006): http://www.conservationandsociety.org/article.asp?issn=0972-4923:year=2006;wolume=4;issue=3;spage=424;epage=470;aulast=Brockington.

347 Ines Ayari and Simon Counsell, 'The Human Cost of Conservation in Republic of Congo', Rainforest Foundation (2017): https://www.rainforestfoundationuk.org/media.ashx/the-human-impact-of-conservation-republic-of-congo-2017-english.pdf.

348 'Nouabale-Ndoki National Park', World Conservation Society: https://programs.wcs.org/congo/Wild-Places/Nouabale-Ndoki-National[Park.aspx.

349 John Vidal, 'Armed Ecoguards Funded by WWF "Beat up Congo Tribespeople"', Guardian, 7 February 2020: https://www.theguardian.com/global-development/2020/feb/07/armed-ecoguards-funded-by-wwf-beat-up-congo-tribespeople.

350 John Nelson, 'Letter: Forest Peoples' Rights', New Scientist (2016): https://fdocuments.us/document/fly-by-chaos.html.

351 'EXPOSED: WWF Execs KNEW They were Funding Rights Abuses in Africa, but Kept Report under Wraps', Survival International (2019): https://www.survivalinternational.org/news/12247.

352 'Atrocities Prompt US Authorities to Halt Funding to WWF, WCS, in Major Blow to Conservation Industry', Survival International (2020): https://www.survivalinternational.org/news/12475.

353 Douglas Sheil and Eric Meijaard, 'Purity and Prejudice: Deluding Ourselves about Biodiversity Conservation', BioTropica (2010): doi.org/10.1111/j.1744-7429.2010.00687.x.

354 Richard Schiffman, 'Lessons Learned from Centuries of Indigenous Management', Yale Environment 360 (2018): https://e360.yale.edu/features/lessns-learned-from-centuries-of-indigenous-forest-management.

19. 지역공동체 산림

355 Hanna Aho, 'Nepal Shows How Forest Restoration Can Help People, Biodiversity and the Climate', Fern (2018): https://www.fern.org/news-resources/Nepal-shows-how-forest-restoration-can-help-people-biodiversity-and-the-climate-122/.

356 Peter Gill, 'In Nepal, Out-migration is Helping Fuel a Forest Resurgence', Yale En-

vironment 360 (2019): https://e360.yale.edu/features/in-nepal-out-migration-is-helping-fuel-a-forest-resurgence.

357 Harini Nagendra, 'Drivers of Reforestation in Human-dominated Forests', Proceedings of the National Academy of Sciences (2007): doi.org/10.1073/pnas.0702319104.

358 Kiran Paudyal et al., 'Ecosystem Services from Community-based Forestry in Nepal: Realising Local and Global Benefits', Land Use Policy (2017): doi.org/10.1016/j.landusepol.2017.01.046.

359 Rabin Raj Niraula et al., 'Measuring Impacts of. Community Forestry Program through Repeat Photography and Satellite Remote Sensing in the Dolakha District of Nepal', Journal of. Environmental Management (2013): doi.org/10.1016/j.jenvman.2013.04.006.

360 Rabin Raj Niraula and Niroj Timalsina, 'Changing Face of the Churia Range of Nepal: Land and Forest Cover in 1992 and 2014', Helvetas (2015): https://www.academia.edu/13650797/Changing_Face_of_the_Churia_Range_of_Nepal_Land_and_Forest_Cover_in_1992_and_2014

361 Johan Oldekop et al., 'Reductions in Deforestation and Poverty from Decentralized Forest Management in Nepal', Nature Sustainability (2019): doi.org/10.1038/s41893-019-0277-3; Joe Stafford, 'New Research Shows Community Forest Management Reduces Both Deforestation and Poverty', Manchester University (2019): https://www.manchester.ac.uk/discover/news/new-research-shows-community-forest-management-reduces-both-deforestation-and-poverty/.

362 Garrett Hardin, 'The Tragedy of the Commons', Science (1968): doi.org/10.1126/science.162.3859.1243.

363 Garrett Hardin, 'Who Benefits? Who Pays?', from Filters against Fally (New York: Viking Penguin, 1985): http://www.garretthardinsociety.org/articles/art_sho_benefits_sho_pays.html.

364 Elinor Ostrom et al., 'Revisiting the Commons: Local Lessens, Global Challenges', Science (1999): doi.org/10.1126/science.284.5412.278; Elinor Ostrom, Governing the Commons (Cambridge: Cambridge University Press, 1990): https://wrf.tw/ref/Ostrom_1990.pdf.

365 Walter Block, 'Review of Elinor et al., 'Reviving the Commons: Local Lessons, Global Challenges', Science (1999): doi.org/10.1126/science.284.5412.278; Elinor Ostrom, Governing the Commons (Cambridge; Cambridge University Press, 1990): https://wrf.tw/ref/Ostrom_1990.pdf.

366 'Obituary: Elinor Ostrom', The Economist, 30 June 2012: https://www.economist.com/obituary/2012/06/30/elinor-ostrom

367 David Bray, 'Toward "post-REDD+ landscapes" Mexico's Community Forest Enterprises Provide a Proven Pathway to Reduce Emissions from Deforestation and Forest Degradation', CIFOR (2010): https://www.cifor.org/publications/pdf_files/infobrief/3272-infobrief.pdf.

368 Barbara Pazos-Almada and David Bray,' Community-based Land Sparing: Territorial Land-use Zoning and Forest Management in the Sierra Norte of Oaxaca, Mexico', Land Use Policy (2018): doi.org/10.1016/j.landusepol.2018.06.056.

369 Caleb Stevens et al., 'Securing Rights, Combating Climate Change', World Resources Institute (2014): https:///www.wri.org/publication/securing-rights-combating-climate-change.

370 Fred Pearce, 'Clausing the Gap', Rights and Resources Initiative (2016): https://rightsandresources.org/wp-content/uploads/RRI-2016-Annual-Review.pdf.

371 Luciana Porter-Bolland et al., 'Community Managed Forests and Forest Protected Areas: An Assessment of their Conservation Effectiveness across the Tropics', Forest Ecology and Management (2012): doi.org/10.1016/j.foreco.2011.05.034.

372 Stevens et al., 'Securing Rights, Combating Climate Change': https://www.wri.org/publication/securing-rights-combating-climate-change.

373 Ashwini Chhatre and Arun Agrawal, 'Trade-offs and Synergies between Carbon Storage and. Ivelihood Benefits from Forest Commons', Proceedings of the National Academy of Sciences (2009): doi.org/10.1073/pnas.0905308106.

374 'Tribes Have Right to Maintain Relationship with Land', Hindu Business Line (2013): https://www.thehindubusinessline.com/economy/tribes-have-right-to-maintain-relationship-with-land-sc/article23104022.ece.

375 Fabio Suzart de Albusquerque et al., 'Supporting Underrepresented Forests in Mesoamerica', Natureza and Conservacao (2015): doi.org/10.1016/j.ncon.2015.02.001.

376 Jennifer Devine et al., 'Drugs Trafficking, Cattle Ranching and Land Use and Land Cover Change in Guatemala's Maya Biosphere Reserve', Land Use Policy (2020): doi.org/10.1016/j.landusepol.2020.104578.

377 Ileana Gomez and Ernesto Medez, 'Association of Forest Communities of Petén, Guatemala', CIFOR (2005): http://www.cifor.org/publications/pdf_files/books/bcifor0801.pdf.

378 John Nittler and Henry Tschinkel, 'Community Forest Management in the Maya Biosphere Reserve: Protection through Profits', unpublished report submitted to USAID and others (2005); Benjamin Hodgdon et al., 'Deforestation Trends in the Maya Biosphere Reserve, Guatemala', Rainforest Alliance (2015): https://www.rainforest-alliance.org/sites/default/files/2016-08/MBR-Deforestation-Trends.pdf.

379 Liza Grandia, 'Trickster Ecology: Climate Change and Conservation Pluralism in Guatemala's Maya Lowlands', in Evan Berry and Robert Albro (eds), Church, Cosmovision and the Environment (London: Taylor & Francis, 2018): doi.org/10.4324/9781315103785.

380 'Carmelita Cooperative: History and Present': https://turismocooperativacarmelita.com/en/Carmelita-cooperative/history-present/.

381 https://mayanutinstitute.org/.

382 'Community: The Secret of Stopping Deforestation in Guatemala', Rainforest Alliance (2018): https://www.rainforest-alliance.org/articles/community-the-secret-to-stopping-deforestation-in-guatemala; '25-Year Extension Granted to Community Forest Concession in Guatemala', Forest Journal (2019): https://www.forestryjournal.co.uk/news/18115779.25-year-extension-granted-community-forest-concession-guatemala/.

383 Jaye Renold and Laura Sauls, 'Paying with Their Lives to Protect the Forest', The Years Project: https://theyearsproject.com/learn/news/paying-with-their-lives-to-protect-the-forest.

384 Dave Hughell and Rebecca Butterfield, 'Impact of FSC Certification on Deforestation and the Incidence of Wildfires in the Maya Biosphere Reserve', Rainforest Alliance (2008): http://dk.fsc.org/preview.impacts-of-fsc-in-the-guatemala-maya-biosphere-reserve.a-240.pdf.

385 Kendra McSweeney et al., 'Why Do Narcos Invest in Rural Land?', Journal of Lat-

in American Geography (2016): doi.org/10.1353/lag.2017.0019.

20. 아프리카의 전망

386 Betsy Beymer-Farris, 'Taming the Tiger: The Political Ecology of Prawn Production in Tanzania', University of Illinois at Urbana-Champaign (2011): http://core.ac.uk/download/pdf/4834267.pdf

387 'Protest against Commercial Shrimp Farming in Rufiji Delta, Tanzania', Environmental Justice Atlas: https://ejatlas.org/conflict/protest-against-sommercial-shrimp-farming-in-rujifi-delhi-tanzania.

388 'WWF Scandal (Part 3): Embezzlement and Evictions in Tanzania', REDD-Monitor (2012): https://redd-monitor.org/2012/05/09/wwf-scandal-part-3-corruption-and-evictions-in-tanzania/.

389 Emmanuel Mbiha and Ephraim Senkondo, 'A Socio-economic Profile of the Rufiji Floodplain and Delta: Selection of Four Additional Pilot Villages'. Rufiji Environmental Management Project (2001): http://coastalforests.tfcg.org/pubs/REMP%200720TR206%20vol%202%20Selection%20of%20Four%20Additional%20Pilot%20Villages.pdf.

390 Marieke Wit et al., 'Chainsaw Millings: Supplier to Local Markets', European Tropical Forest Research Network (2010): https://www.researchgate.net/publication/304110668_Chainsaw_milling_supplier_to_local_markets.

391 Bronson Griscom et al., 'Natural Climate Solutions', Proceedings of the National Academy of Sciences (2017): doi.org/10.1073/pnas.1710465114; Bronson Griscom, 'How Green is Your Chainsaw?', Cool Green Science (2013): https://blog.nature.org/science/2013/10/08/how-green-is-your-chainsaw/.

392 Fred Pearce, 'No, My President', New Scientist (2000): https://www.newscientist.com/article/mg16722484-800.

393 'Water Towers', Kenyan Water Towers Agency: https://watertowers.go.ke/water-towers/.

394 'Kenyan Communities Report Illegal Evictions during COVID-19', Community Land Action Now (2020): https://www.forestpeople.org/sites/default/files/documents/2020.07.23%20CLAN%20Statement_FINAL_.pdf.

395 Chris Lang, 'EU Scraps US$35Million Conservation and Climate Change Programme in Kenya over Forced Evictions', REDD-Monitor (2020): https://redd-monitor.org/2020/10/01/eu-scraps-us35-million-conservation-and-climate-change-programme-in-kenya-over-forced-evictions/.

후기

396 http://www.nationalparkcity.london/launch.

397 Wesley Stephenson, 'Gardens Help Towns and Cities Beat Countryside for Tree Cover', BBC News, 17 October 2020: https://www.bbc.co.uk/news/science-environment-54311593.

398 Dorian Gerhold, Wandsworth Past (London: Historical Publications, 1998), pp.114-

16.

399 'Ecology and Nature', Friends of Wandsworth Common: https://www.wandsworthcommon.org/the-common-wwco/#ecology-and-nature.

400 Edward Ng et al., 'A Study on the Cooling Effects of Greening in a High-density City: An Experience from Hong Kong', Building and Environment (2012): doi.org/10.1016/j.buildenv.2011.07.014

401 Jared Ulmer et al., 'Multiple Health Benefits of Urban Tree Canopy: The Mounting Evidence for a Green Prescription', Health and Place (2016): doi.org/10.1016/j.healthplace.2016.08.011.

402 Laurence Jones et al., 'Developing Estimates for the Valuation of Air Pollution Removal in Ecosystem Accounts: Final Report', Office for National Statistics (2017): http://nora.nerc.ac.uk/id/eprint/524081/7/N524081RE.pdf.

403 David Rojas-Rueda et al., 'Green Spaces and Mortality', Lancet Planetary Health (2019): doi.org/10.1016/S2542-5196(19)30215-3.

404 Michelle Konda et al., 'Health Impact Assessment of Philadelphia's 2025 Tree Canopy Cover Goals', Lancet Planetary Health (2020): doi.org/10.1016/S2542-5196(20)30058-9.

405 Qing Li, 'Effect of Forest Bathing Trips on Human Immune Function', Environmental Health and Preventive Medicine (2010): doi.org/10.1007/s12199-008-0068-3.

406 Ng et al., 'A Study on the Cooling Effects of Greening in a High-density City': doi.org/10.1016/j.buildenv.2011.07.014.

407 Thomas Astell-Burt and Xiaoqi Feng, 'Association of Urban Green Space with Mental Health and General Health Among Adults in Australia', JAMA Network (2019): doi.org/10.1001/jamanetworkopem.2019.8209.

408 'I-Tree Eco Projects Completed', Forest Research: https://www.forestresearch.gov.uk/research/i-tree-eco/i-tree-eco-projects-completed/.

409 David Nowak and Eric Greenfield, 'The Increase of Impervious Cover and Decrease of Tree Cover within Urban Areas Globally (2012-2017)', Urban Forestry and Urban Greening (2020): doi.org/10.1016/j.ufug.2020.126638.

옮긴이의 말

지금 내가 하고 있는 일은 5년 전만 하더라도 전혀 예상하지 못했다. 1년 전의 내 삶도 그 이전 5년 전에 전혀 예상하지 못했다. 동남아 열대지역에서 무슨 일을 하게 되리라고는 전혀 생각할 수도 없었고, 심지어 5년 전에는 러시아 타이가 지역에서 어떤 다른 일을 하고 있었다. 누구는 인생을 이렇게 계획 없이 살고 있느냐고 지적할지도 모르겠다. 하지만 내 인생 근처에 머물렀던 사람이라면 그렇게 깎아내리지만은 않을 것 같다. 인생이란 그런 것 같다. 한 치 앞을 모르는 것.

동남아 열대우림에서 일을 하게 되니, 열대우림이라는 지역에 대해 조금 더 친숙한 정보를 갖고 싶었고 특히 산림 분야의 전문적인 내용을 알아보고 싶어서 찾아낸 책이 바로 이 책이다. 단순히 읽어 내려가다가 조금 더 공부하듯이 혹은 연구하듯이 한 줄 한 줄 머릿속에 넣고 싶어져서 일부분은 번역해 나가면서 읽게 되었고, 결국 저작권을 받아서 번역하게 되었다.

전문 번역인이 아니라는 이유가 정확하지 않은 번역의 변명이 될 수는 없다는 나름의 철학을 가지고 번역 과정을 거치다 보니 몇 가지 원칙을 세워야 했다. 그 원칙들에 관해 설명해야 독자들이 읽어 나가기에 오해가 없을 것 같다.

첫 번째로 지역명에 대한 번역은 구글 검색 및 구글 지도에서 원문을 입력하여 검색된 발음으로 표기하였고, 독자들의 혼동을 피하고자 원문의 원어를 괄호 안에 표기하였다.

두 번째로 읽어 나가는 흐름에 방해가 될 수도 있겠지만 본 번역서를 읽고자 하는 분들은 일반적 과학 교양 상식보다는 전문적인 정보를 얻기 위한 목적이 더 많을 것으로 생각되어 정확한 정보제공에 무게를 실었다. 그래서 몇 가지 단어들에 대해서 사전적 번역이 아닌 의역을 하였으며 그러한 경우에는 괄호 안에 원문의 단어를 넣었다.

예를 들어, 본서를 번역하면서 고민을 많이 했던 단어가 천연림, 자연림, 즉 인류에 의해 간섭받지 않았다는 의미로 'natural forest', 'pristine forest', 'intact forest', 'wild forest'라는 용어들이 원문에 빈번하게 사용되었는데 'natural reforest'라는 단어는 학계에서 자주 사용되는 '천연림'이라는 용어를 사용하기도 하고, 문맥에 따라서는 인간이 인위적으로 간섭하지 않았다는 의미로 '무간섭 산림'으로 번역하기도 하였다. 또한 빈번하게 사용되는 'pristine forest'라는 단어는 기본적으로 '원시림'이라고 번역했으나 문맥상 'natural forest'의 개념으로 '천연림'이라고 번역하기도 하였다. 'intact forest'는 지칭 대상의 산림이 '손상되지 않은' 혹은 '외부의 영향을 받지 않은' 그래서 자연적인 산림으로서의 기준을 갖추고 있다는 의미로서 '온전한 산림'이라고 기본적으로 번역하였으나 역시 문맥에 따라서 '천연림'으로 번역하기도 하였다.

또 하나 번역하기 곤란한 단어는 'patch'였는데, 이 단어는 이 책 이외의 다른 많은 책 혹은 논문들에서도 빈번하게 접하지만 딱히 우리나라 말로 표현하기가 까다로운 단어이다. 사전적 의미는 '(특히 주변과는 다른 조그만)부분, (구멍 난 데를 때우거나 장식용으로 덧대는 데 쓰이는 조각)*으로 표현되어 있다. 그러나 넓은 황폐한 지역에 부분적으로 숲이 형성되었을 경우 'patches of forest'와 같이 기술되어 있으면, 숲 부분 혹은 산림 조각 등의 표현은 꽤 어색하다. 이러한 경우는 문맥상 '산림 지역들'이나 '산림 구역들'과 같이 문맥상의 의역을 선택하였다.

* 네이버사전

만약 옮긴이의 단어 선택이 적절치 않았다고 하더라도 좀 더 나은 이해를 위한 선택이었음을 너그럽게 이해해 주리라 믿는다.

마지막으로, 원서에서 가장 많이 빈번하게 쓰였던 단어 중 하나는 단연 'tree'였다. 이 단어는 단수로 쓰이거나 복수로 쓰이기도 했는데, 아주 임의적일 테지만 원서의 문맥상 자연스럽게 나무 혹은 나무들이라고 번역했다. 그리고 수목 혹은 식생이라는 단어를 선택하기도 했다.

번역하면서, 어떤 지역의 사례가 소개될 때마다 구글 지도를 이용해 간접적인 여행의 기쁨을 누리는 부가적인 재미가 있었다. 세계 일주, 그것도 많은 사람들이 경험해 보지 못한 오지를 중심으로 월드 투어를 하는 호사를 누린 것이다. 저자 및 역자와 유사한 직업으로 오지 여행의 경험이 많은 독자분들은 이 책에서 소개되는 지역들이 단 한 번의 여행을 위해서 몇 개월에 걸쳐 해당 지역에 대한 사전 지식을 쌓고 여러 차례 비행기와 배를 갈아타고 (그것도 지역에서는 안전이 보장되지 않는 세스나 같은 경비행기와 스피드 보트라고 하는 소형 선박을 타야 할 경우도 많은 것이다!) 그러고 나서도 4륜구동 트럭을 타고 몇 시간씩 이동해야 하는 곳들이기에 옮긴이가 '호사'라는 단어로 표현하고자 싶은 심정을 이해할 것이다. 정말 감사한 일이다.

출판사 설립에서부터 저작권 협의, 원래 하려고 했던 번역을 한 후 결국 편집프로그램을 직접 배워서 마무리하다 보니, 오십이 넘기 전에 시작했던 일이었는데 결국 오십을 넘겨 끝내게 되었다. 반백 년이라는 세월을 살아보니 나 스스로와 주변 사람에게 도움이 되는 일을 하는 것보다 해가 되는 일을 하지 않는 것이 더 어렵다는 사실을 깨닫게 된다. 인류가 자연환경에 끼치는 영향도 비슷할 수 있겠다는 생각이 든다. 다른 어떤 책에서는 자연에 있어서 인류는 '질병' 같은 것이라고 극단적으로 표현하기도 했다. 그러한 점에서 저자가 일관되게 주장하는 인간이 해야 할 일, 즉 제발 자연 스스로가 하게 내버려두라는 호소는 제법 울림이 큰 것이다.

돈을 벌고자 번역을 한 일도 아니고, 저자에게 미안한 말이지만 혹은 저자도 알고 있겠지만, 돈이 될 만한 책도 아니다. 출판을 의뢰한 모든 출판사에서 거절을 받고 출판사까지 설립하게 된 이유이다. 오히려 출판이라는 종이 낭비로 지구상 어디에서인가 이 책으로 인해 벌목 행위가 벌어졌으리라는 생각하니 마음이 무겁다. 이 책을 번역함으로써 1조 그루의 나무로 한 발 더 진행되기를 기원할 뿐이다.

2025년 2월

말레이시아 쿠알라룸푸르에서

1조 그루의 나무

다시, 지구를 푸르게

초판 발행 2025년 2월 27일

지은이 프레드 피어스(Fred Pearce)

옮긴이 마르코 김(Marco Kim)

저자권자 도서출판 IMPIAN
발행인 김예은
발행처 노북(no book)
주 소 서울특별시 서초구 강남대로53길 8 11층
전 화 050-71319-8560
팩 스 050-4211-8560
출판등록 2018년 7월 27일
등록번호 제2018-000072호
E-mail nonbookorea@gmail.com

ISBN 979-11-90462-56-3 [03400]

+ 노엔북은 노북(no book)의 임프린트입니다.